普通高等教育“十一五”国家级规划教材
“十四五”时期水利类专业重点建设教材

水文学原理（第2版）

主编　缪韧　李红霞　覃光华　宋克超

中国水利水电出版社
www.waterpub.com.cn
·北京·

内 容 提 要

本教材共16章，包括：绪论、河流和流域特征、降水、植物截留与填洼、土壤水、下渗、蒸发与散发、产流机制、流域产流、河槽洪水演算、流域汇流、湖泊湿地水文、寒区水文、森林水文、数字流域、数字流域水文模拟。

本教材不仅适用于高等学校水文与水资源工程专业，还可作为需要学习“水文学原理”课程的水利类、地学类、资源与环境类、农业类和林业类等相关专业的本科教材，也可作为相关专业研究生和科技人员的参考用书。

图书在版编目（CIP）数据

水文学原理 / 缪韧等主编. -- 2版. -- 北京 : 中国水利水电出版社, 2022.5
普通高等教育“十一五”国家级规划教材 “十四五”时期水利类专业重点建设教材
ISBN 978-7-5226-0761-0

Ⅰ. ①水… Ⅱ. ①缪… Ⅲ. ①水文学—高等学校—教材 Ⅳ. ①P33

中国版本图书馆CIP数据核字(2022)第101503号

书 名	普通高等教育“十一五”国家级规划教材 “十四五”时期水利类专业重点建设教材 **水文学原理（第2版）** SHUIWENXUE YUANLI
作 者	主编 缪 韧 李红霞 覃光华 宋克超
出版发行	中国水利水电出版社 （北京市海淀区玉渊潭南路1号D座 100038） 网址：www.waterpub.com.cn E-mail：sales@mwr.gov.cn 电话：（010）68545888（营销中心）
经 售	北京科水图书销售有限公司 电话：（010）68545874、63202643 全国各地新华书店和相关出版物销售网点
排 版	中国水利水电出版社微机排版中心
印 刷	天津嘉恒印务有限公司
规 格	184mm×260mm 16开本 14印张 341千字
版 次	2007年9月第1版第1次印刷 2022年5月第2版 2022年5月第1次印刷
印 数	0001—2000册
定 价	**42.00元**

第2版前言

本教材第1版是根据普通高等教育“十一五”国家级规划教材编制计划编写完成的，本次修编过程中得到了中国水利水电出版社的关心和支持。

本教材是水文与水资源工程专业的专业基础课教材，也是水文与水资源工程本科专业最重要的核心课程教材。编写时考虑到了水利类、地学类、资源与环境类、农业类和林业类等相关专业的需要，使教材自成体系，只需要有本科高等数学知识就可学习本教材。因此，本教材不仅适用于水文与水资源工程专业本科“水文学原理”课程教学使用，也可作为需要学习“水文学原理”课程的相关专业的本科教材，对需要了解水文学知识的各专业研究生和科技人员也有参考价值。

本教材取材广泛，内容通俗，是在广泛参考前人教材的基础上，吸收了水文学的最新发展成果汇集而成的。编写时对水文学的核心内容做了提炼，对涉及有关自然地理学的概念从水文学的角度做了界定。章节安排前后照应，内容安排上先易后难，先具体，后抽象，使教材富有逻辑性。

本次修编重点针对第1版中的第1章和第12～15章，做了大量修改、补充和完善；其次，对每章补充了思考题，全书补充更新了参考文献；再次，对第1版中的部分插图进行了修改和优化；最后对第1版教材使用过程中发现的错误和不妥进行了全面的修正。全书第1～4章由覃光华修编，第5～7章、第11～12章由宋克超修编，第8～10章、第13～16章由李红霞修编。全书由缪韧统稿。

研究生张利平、尹兆锐参与了本次修编的作图。感谢他们的辛勤劳动和对水文学的热爱。

限于编者的水平有限，书中难免会有不当之处。诚恳希望读者不吝指出，以便再版时修改和完善。

编　者

2021年10月

第 1 版前言

本教材是根据普通高等教育“十一五”国家级规划教材编制计划编写完成的，编写过程中得到了中国水利水电出版社的关心和支持。

《水文学原理》是水文学与水资源工程专业的专业基础课教材，也是水文学与水资源工程本科专业最重要的核心课程教材。编写时照顾到了地学类、水利水电类、国土资源与环境类、农业和林业类相关专业的需要，使教材自成体系，只需要有本科高等数学知识就可学习本教材。因此，本书不仅适用于水文学与水资源工程专业本科“水文学原理”课程教学使用，也可作为需要学习“水文学原理”课程的地学类、水利水电类、国土资源与环境类、农业和林业类相关专业学生的本科教材，对需要了解水文学知识的各专业研究生和科技人员也有参考价值。

本书取材广泛，内容通俗易懂，是在广泛参考前人教材的基础上，吸收了水文学的最新发展成果汇集而成的。编写时对水文学的核心内容做了提炼，对涉及自然地理学的概念从水文学的角度做了界定，增加了地理信息系统、数字水文等新内容。章节安排前后照应，内容安排上先易后难，先具体、后抽象，使教材富有逻辑性。

研究生徐尧、宋莉莉参加了书稿的整理和内容的讨论，并对全书进行了校对，书中全部插图也是由他们绘制完成的。因此，本书也倾注了两位研究生的辛勤劳动和他们对水文学的挚爱。

编　者

2007 年 6 月

目 录

第一章　绪　　论

水文现象是指自然界中水的运动变化和存在状态的现象。水是人类生存环境中必不可少的要素，与人类的生活和生产活动息息相关，因此，水文现象是自然界中十分重要的现象。研究水文现象的目的是为了更好地认识自然和利用自然。在全球水资源可利用量日益匮乏的今天，为了合理地利用、开发和保护地球上的水资源，研究水文现象的规律就显得更为重要。

第一节　水文现象及水文学的研究内容

一、水文现象

水文学是研究地球上各种水体的一门科学。水体是指以一定形态（气态、液态、固态）存在于自然界中的水的总体，包括大气中的水汽，地面上的河流、湖泊、沼泽、海洋、冰川，地面以下的地下水等。

地面与地表：地面指地球大地固体表面；地面（包括地面本身）与大气之间的所有物体的集合称为地表。地面没有厚度，地表则是一个立体。因此，森林、河流、湖泊、沼泽、海洋都是地表的要素。

地球上的水主要受太阳辐射和地心引力两种作用而不停地运动，其表现形式可概括为四大类型，即降水、蒸发、渗流和径流，统称为水文现象。降水的形式有雨、雪、雾、霰、雹等，凡空气中的水汽以任何方式冷凝并降落在地表的都属降水。蒸发则是地表向空中散发水分，这种使水上升成为水汽的途径有植物截留蒸发、植物叶面散发、地面蒸发、陆地水面蒸发和海洋蒸发等 5 种。

所谓植物截留蒸发是指那些并未落到地面而被植物截留了的降水被蒸发的现象；所谓植物叶面散发是指从植物叶孔中逸出水汽的现象，有时也称为蒸腾，其本质上是土壤中的水分通过植物根系吸收，再通过枝干输送，最后经植物叶孔散发而进入空气中。

渗流是水从地表渗到地下，以及在地下土壤及岩石孔隙中流动的水流。渗流可分为两步：下渗（或入渗）是指地表水经过土壤或破碎岩石表面进入地下的过程；渗透是指水分在土壤及岩石孔隙内的运动。

径流是指大气降水到达陆地地表上，除掉蒸发而余存在地表或地下的流动水流，径流最终可以汇入河槽、湖泊和水库。径流因降水形式和补给来源的不同，可分为降雨径流和融雪径流，我国大部分河流以降雨径流为主。渗流和径流的概念内涵有交叉，以渗流形式在土壤中流动的水流，最终能够到达河槽、湖泊和水库的水流也是径流。

从陆地地表和地下汇入河槽后，向流域出口断面汇集的水流称为河川径流。河川径流按其来源分为地面径流、壤中流和地下径流三种。地面径流又称地表径流，是指在地面上流动的水流，包括坡地漫流和河槽水流；壤中流是水分在土壤中沿土层坡度倾向流动的水流；地下径流是水在地下含水层内流动的水流。壤中流又可分为快速壤中流和慢速壤中流，前者在近地面的表层土壤中流动，速度接近地面径流，后者在较深的土层中流动，速度接近地下径流。在各种水文现象中，和人类经济活动关系最密切的就是河川径流，是水文学研究的主要对象。

水文现象是指上述水体的形成、运动、分布及相互之间的联系和转化这些有关水的现象；因此，水文学的研究内容十分广泛，形成了水文气象学、陆地水文学、海洋水文学、地下水水文学等许多分支学科。

二、水文学研究的内容

水文学研究地球上各种水体数量的形成、运动、分布规律及相互之间的联系和转化，同时也研究各种水体的物理和化学性质。因此，水文学的研究内容十分丰富，随着水文学的发展，逐渐形成了研究重点和研究对象各有侧重的水文学分支。这些分支按研究的水体不同，可分为以下学科。

1. 水文气象学

水文气象学主要研究大气中水分的形成、水汽的输送及分布规律。

2. 地表水文学

地表水文学又分为海洋水文学和陆地水文学两大类。

（1）海洋水文学。主要研究海水的物理性质、化学性质、海水的运动和各种海洋现象的发生、发展规律及其内在联系。海水的物理化学性质包括温度、盐度、密度、水色、透明度等；海洋现象包括洋流、潮汐、波浪、泥沙等。

（2）陆地水文学。主要研究大陆表面上各种水体的水文现象，按研究水体的不同又可分为：①河川水文学；②湖泊（水库）水文学；③沼泽水文学；④冰川水文学；⑤河口水文学。

3. 地下水文学

地下水文学又称水文地质学，主要研究地壳表层内地下水的形成、分布与运动规律及其物理化学性质。

一般狭义的水文学是指陆地水文学。水文气象学、海洋水文学、水文地质学通常有专门的学科进行研究。本课程基本上是研究陆地水文的水文现象和原理，重点是与人类生活和生产关系最为密切的河川水文学，对于湖泊、沼泽、冰川等水体的水文现象，仅作简要介绍。

水文学原理主要是研究河流、湖泊、冰川、地下水、河口等水体（其中主要是河流）的水文现象和水文规律，以水文循环为核心、河流水文规律为重点，阐明水文循环各要素和水文现象的物理机制和相互转化关系及其时空变化规律。

第二节　水文现象的基本特性及研究

一、水文现象的基本特性

水文现象受气候和自然地理因素的综合影响，处于不断的运动变化之中，而这些因素的组合和变化决定了水文规律变化的基本特点。这些基本特点可归纳为以下两个方面。

1. 水文现象时程变化的周期性与随机性的对立统一

所谓周期性是指水文现象的过程，大致以某一时间长度为循环周期。如河流的水量变化，在一年之中有丰水期、枯水期，尽管各年的总水量有大有小，但各年水量变化的丰枯交替过程是相似的，一般河流均有以年为时段的周期。例如，河流每年最大和最小流量的出现虽无固定的时日，但最大流量每年都发生在多雨的汛期，而最小流量多出现在雨雪稀少的枯水期，这是由于四季的交替变化是影响河川径流的主要气候因素。又如，靠冰川或融雪补给的河流，因气温具有年变化的周期，所以随气温变化而变化的河川径流也具有年周期性，其年最大冰川融水径流一般出现在气温最高的夏季 7、8 月。有些人在研究某些长期观测的资料时发现，水文现象还有多年变化的周期性。

所谓随机性是指水文现象的（某一固定长度，例如年）过程，不会完全一样。如河流每一年的流量变化过程，实际上不会完全重复，每年的最大与最小流量的具体数值也各不相同，这些水文现象的发生在数值上都表现为随机性，也就是带有偶然性。这是因为影响河川径流的因素极为复杂，各因素本身也在不断地发生着变化，在不同年份的不同时期，各种因素间的组合也不完全相同，所以，受其制约的水文现象的变化过程，在时程上和数量上都没有重复再现过，都具有随机性。

2. 水文现象地区分布的相似性与特殊性的对立统一

不同流域所处的地理位置如果相近，气候因素与地理条件也相似，由其综合影响而产生的水文现象在一定范围内也具有相似性，表现在地区的时空分布上有一定规律。如在湿润地区的河流，其水量丰富，年内分配也比较均匀，而在干旱地区的大多数河流，则水量不足，年内分配也不均匀。又如，同一地区的不同河流，其汛期与枯水期都十分相近，径流变化过程也都十分相似。

另一方面，相邻流域所处的地理位置与气候因素虽然相似，但由于地形地质等条件的差异，从而会产生不同的水文变化规律。这就是与相似性对立的特殊性。如在同一地区，山区河流与平原河流，其洪水运动规律就各不相同；地下水丰富的河流与地下水贫乏的河流，其枯水水文动态就有很大差异。

由于水文现象具有时程上的随机性和地区上的特殊性，故需要对各个不同流域的各种水文现象进行年复一年的长期观测，积累资料，进行统计并分析其变化规律。又由于水文现象具有地区上的相似性，故只需有目的地选择一些有代表性的河流设立水文站进行观测，将其成果移用于相似地区即可。为了弥补观测年限的不足，还应对历史上和近期发生过的大暴雨、大洪水及特枯水等进行调查研究，以便全面了解和分析水文现象周期性、随机性的变化规律。

二、水文现象的研究方法

由上述水文现象的基本特征可知，对水文现象的分析研究，都要以实际观测资料为依据。按不同目的要求，可把水文学常用的研究方法归结为成因分析法、数理统计法和地理综合法三类。

1. 成因分析法

根据水文站网和室外、室内试验的观测资料，从物理成因出发，研究水文现象的形成过程，以阐明水文现象的本质及其内在联系，揭示水文现象的成因规律，建立水文现象各要素间的定性或定量关系。成因分析法建立在水文过程的物理基础之上，比之单纯用经验方法或统计方法更具科学性。但由于影响水文现象的因素极其复杂，其形成机理还不完全清楚，因而本法在定量方面仍然存在着很大困难，目前尚不能完全满足人类生产活动的需要。

2. 数理统计法

基于水文现象具有的随机特性，可以根据概率理论，运用数理统计方法，处理长期实测所获得的水文资料，求得水文现象特征值的统计规律，为工程规划、设计提供所需的设计水文数据。这种方法是根据过去与现在的实测资料来统计外推水文现象未来的变化，而不去阐明水文现象的因果关系。如果本法与物理成因法结合起来运用，可望获得比较满意成果。

3. 地理综合法

由于气候因素和地形地质等因素的分布具有地区特征，从而使水文现象的变化在地区的分布上也呈现出一定的规律性。因此，可建立水文现象的地区性经验公式，也可与地图结合在一起绘制水文特征的等值线等，以分析水文现象的地区特性，揭示水文现象的地区分布规律。自然地理相似的流域，其水文现象和水文特征也相似，可以将一个地区的水文特征值直接移用于另一个地区，这种方法通常称为水文比拟法，也属地理综合法。地理综合法特别适用于无资料（或资料不全）地区的各种水文分析计算及水资源评价任务。另外，在水文站网布设时，如果充分考虑水文现象具有地带性规律的特点，则可以用最少的测站观测到的资料，去解决各种自然地理特点相同流域的水文分析和计算问题。

在解决实际问题时，以上三类方法常常同时使用，相辅相成、互为补充。经过多年实践，我国已初步形成一种具有自己特点的研究方法，概括为“多种方法、综合分析、合理选定”的原则。在使用时，应根据工程所在地的地区特点，以及可能收集到的资料情况，对采用的方法有所侧重，以便为工程规划设计提供可靠的水文依据。

第三节 水分循环与水量平衡方程

一、地球上水的分布及储量

地球上的地理圈是由大气圈、水圈、岩石圈和生物圈所构成。地球表面的岩石、土壤、水和植被等构成了大气圈的下垫面，也可以说下垫面是不同性质的地球表面，如陆面、水面、雪面等的统称。水圈包括地球上所有形式的水，主要有地面水、地下水、大气水和生物水四大部分。地面水包括海洋、湖泊、河流、冰川、沼泽等水体储存的水，它是地球上水量的主要组成部分；地下水通常指地面以下地壳表层中储存于土壤和岩层裂隙中的水；大气水是指地球大气层中的水汽；生物水是指地球上一切生物有机体内的水分。

据估算地球上水的总量约为 13.86 亿 km^3。海洋中的水量约为 13.38 亿 km^3，占地球总水量的 96.5%，可见海洋聚集了地球上水量的绝大部分。陆地中的水量约为 48.51 亿 km^3，占地球总水量的 3.5%。地球大气层中的水汽总量约为 1.29 万 km^3，占总水量的 0.001%，所占比例微乎其微。

据估算地球上淡水总量约为 3503 万 km^3，占地球总水量的 2.5%；淡水资源中河流、湖泊的总水量约为 9.3 万 km^3，占地球淡总水量的 0.27%，这部分水与人类生产关系最为密切，是水文学的主要研究对象。大陆冰川与永久雪盖总水量约为 2436 万 km^3，占地球淡水总量的69.6%，为地球上最大的淡水水体，但目前尚难以开发利用。地下水（重力水和毛管水）中的淡水储量约为1053万km^3，占地球总淡水量的30.1%，其中相当一部分可开发利用，是人类生产生活所需淡水资源的重要来源之一。大气水也属于淡水资源，其量虽不多，但却是各种水体中最活跃的一个因素，大气水因降水而减少却又通过各种水体的蒸发而得到补充，在一定时段内保持动态平衡。

表1-1 地球主要水体的水量分布

主要水体		水量/km^3	占全球总水量的百分比/%	占全球淡水量的百分比/%
海洋		13.38×10^8	96.5	—
陆地	冰川和积雪	24.36×10^6	—	69.6
	地下水	10.53×10^6	—	30.1
	湖泊	9.1×10^6	—	0.26
	江河	2120	—	0.006
	淡水总量	35.03×10^6		
	总水量	48.51×10^6	3.5	—
大气		1.29×10^4	0.001	0.04
合计		13.86×10^8	100	—

二、自然界的水分循环

地球上的各种水体，在太阳辐射的作用下，不断地因蒸发而变成为水汽进入大气，再由气流的水平输送和上升凝结形成降水，落回地面或海洋。落到地面的雨水，一部分蒸发返回大气，另一部分以地面径流和地下径流的形式注入海洋。自然界中水分不断蒸发、输送和凝结，形成降水、径流的循环往复过程，称为水文循环。水文循环对人类的生存和各项生产活动具有重大的意义，正是由于水分循环，才提供了江河、湖泊等水体的淡水资源，以及江河的水能资源。自然界的水分循环如图1-1所示。

水分循环的能量是太阳辐射。水在自然界中循环的路径极其复杂，且不断地变化。大气环流机制和海陆分布决定了地球上大气水汽的运行规律，而地表的植被、地形、地貌性质和地面以下的土壤及地质情况则决定了地表、地下径流的运动规律。水分循环的范围贯穿整个水圈，向上延伸到10km左右，下至地表以下平均1km深处。根据水分循环过程的整体性和局部性，可把水分循环分为大循环与小循环两类。由海洋蒸发的水汽降到大陆后又流归海洋的循环，称为大循环；海洋蒸发的水汽凝结后成为降水又直接降落在海洋上或者陆地上的降水在没有流归海洋之前，又蒸发到空中去的这些局部循环，称为小循环。陆地上小循环之所以重要，在于地方性蒸发所产生的水汽，既增加了当时大气中的水汽含量，又改变了大气的物理状态，因此创造了降水的有利条件，直接影响到人类的经济活动。

研究水分循环的目的，在于认识水分循环的客观规律，了解水分循环各项影响因素的内在联系，为改造自然和利用自然，开发利用水利、水能资源提供理论根据。

三、影响水分循环的因素

影响水分循环的因素很多，可以归纳为4类：①气象因素，如温度、风速、风向、湿度等；②自然地理条件，如地形地貌、地质构造、土壤和植被情况等；③人类活动，包括

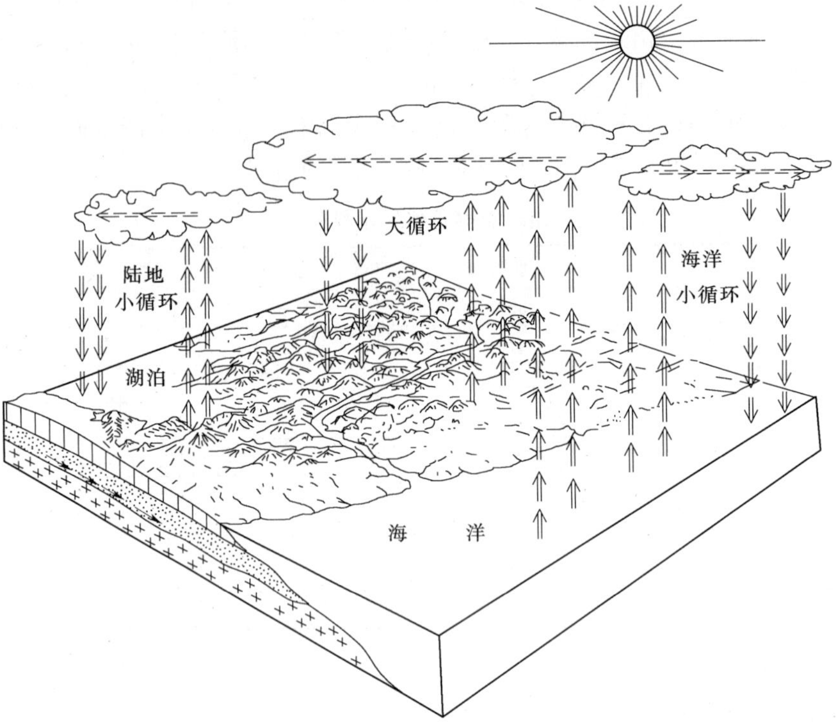

图 1-1　自然界的水分循环示意图

各种水利措施和农业措施等；④地理位置。

在以上 4 类因素中，气象因素是起主导作用的因素。因为在水分循环的 4 个环节中有 3 个（蒸发、水汽输送、降水）取决于气象条件。径流虽受地形地貌、地质构造、土壤和植被等下垫面条件的影响，但径流的形成及其时空变化在很大程度上仍取决于气象条件。自然地理条件主要是通过蒸发和径流来影响水分循环的，有利于蒸发的地区，水文循环活跃，而有利于径流的地区，不利于水分循环。人类活动对水分循环的影响，主要表现在调节了径流，加大了蒸发，增加了降水等水分循环环节上，总之，人类活动是通过改变下垫面性质，进而影响水分循环各环节的。

四、我国水分循环的路径和系统

由于我国的地理位置以及与各大洋的相对位置关系，使我国受到的大气环流和季风的影响情况，决定了我国的水汽来源为太平洋水汽源地、印度洋水汽源地、大西洋水汽源地、北冰洋水汽源地和鄂霍次克海水汽源地，相应地形成了我国五大水分循环系统。

（1）太平洋水分循环。我国有相当长的海岸线濒临太平洋，由于太平洋中的海洋暖流流经我国东南沿海，暖流洋面温度高，蒸发旺盛，洋面上空的暖湿空气受东南季风和台风的影响，大量向内陆输送。进入大陆后，又与西伯利亚冷空气团交锋，成为华东、华北地区的主要降水。降水分布从东南沿海向西北内陆递减，我国的主要河流如长江、黄河、淮河、珠江和浙、闽、台的河流其水源主要来自这一循环的降雨，这些河流均注入太平洋。

（2）印度洋水分循环。印度洋是我国南方主要水汽来源之一。冬季有明显湿舌从孟加拉湾延伸向我国的西南部，形成这一地区的冬季降水；夏季由于印度洋低压的发展，盛行西南季风，把大量的水汽输送到我国西南、中南、华东以至河套以北地区，成为我国夏季的主要降水源泉。所形成的降水，一部分由西南地区的一些河流，如雅鲁藏布江、怒江等汇入印度洋；另一部分降水还参与了太平洋的水分循环。

（3）大西洋水分循环。我国西北新疆内陆地区的水分循环，主要是内陆水分循环系统，其西去太平洋甚远，但由于高空西风疾行，地势平坦，仍有少量大西洋水分于春季随气旋东来，参与内陆水分循环。

（4）北冰洋水分循环。北冰洋水汽借强盛的北风随西伯利亚气团进入我国西北。当西伯利亚气团强盛时，也可深入我国腹地，但其水汽含量很少，引起的降水量并不多。流入北冰洋的河流有额尔齐斯河。

（5）鄂霍次克海水分循环。鄂霍次克海和日本海的湿冷气团，在春夏之间随东北季风遁入我国东北北部地区，形成降水后转换成的径流，经黑龙江注入鄂霍次克海。

此外，华南地区受热带辐合带的影响，可把南海的水汽输送到华南地区，形成降水后经珠江流入南海。

五、水量平衡原理和方程

水量平衡是物质不灭定律在水文学中的具体表现，它是研究水文现象的基本工具。自然界的水分循环，从长期来看，大体上是不变的。从海洋蒸发出来向陆地输送的水分经过降雨，以径流的形式又回到海洋。根据物质不灭定律可知：对于任一区域，在任意时段内，来水量等于出水量与区城内蓄水变量之和，即水分循环过程中应收支平衡，这就是水量平衡原理。根据此原理可以列出水量平衡方程式，用水量平衡方程式可对水文循环建立定量关系，从而了解水文循环要素，如降水、蒸发、径流之间的数量关系，这对于水资源评价、水文水利计算、水文预报都具有重要意义。例如，在已知某些要素条件下，推求另一未知的要素，比如已知径流量和降水量，推算蒸发量、下渗量等。在水文分析计算中，还常常通过水量平衡来确定并消除某些要素在测定中的可能误差以及评估计算成果的精度。

1. 地球的水量平衡

海洋和陆地上，在多年平均情况下，水量并无明显的增减趋势。对于海洋，多年平均蒸发量 $\overline{E}_s$ 等于多年平均降水量 $\overline{P}_s$ 与（从河流流入的）多年平均径流量 $\overline{R}_s$ 之和，其平衡方程式为

$$\overline{E}_s = \overline{P}_s + \overline{R}_s \tag{1-1}$$

对于陆地，多年平均降水量 $\overline{P}_c$ 等于多年平均蒸发量 $\overline{E}_c$ 与（从河流流出的）多年平均径流量 $\overline{R}_c$ 之和，平衡方程式为

$$\overline{P}_c = \overline{E}_c + \overline{R}_c \tag{1-2}$$

将上两式相减，注意 $\overline{R}_c = \overline{R}_s$，即得全球的水量平衡方程式：

$$\overline{P}_s + \overline{P}_c = \overline{E}_s + \overline{E}_c \tag{1-3}$$

此式表明，海洋与陆地的蒸发量，等于降落在海洋与陆地上的降水量。

2. 通用的水量平衡方程式

为写出通用的水量平衡方程式，今划出地面的某一部分作为研究对象。这部分地面具有湖泊、沼泽等水体，并纵横交错着许多进出水道，沿这块地面的边界想象地做出一个垂

直的柱体，柱体底部为地面以下某一深度的水平面，假设该水平面上下的水量不进行交换。根据水量平衡原理可知：在某一定时段内，进入此柱体内的水量，减去自该柱体流出的水量，应当等于该柱体内的蓄水变量。

水量平衡的收入部分，包括：①时段内的降水量 P；②时段内的凝结量 X，指水分蒸发至空中凝结，尚未变成降水的水分；③由河流流入的径流量 $\sum R_{地下、入}$；④由地下流入的径流 $\sum R_{地下、入}$；⑤柱体内时段初的蓄水量 $W_{初}$。

支出部分包括：①陆地（土壤、植物）蒸发及水面（包括冰面、雪面）蒸发 E；②由河流流出的径流量 $\sum R_{地面、出}$；③由地下流出的地下径流量 $\sum R_{地下、出}$；④柱体内时段末的蓄水量 $W_{末}$；⑤用水量 Y，包括灌溉用水量、工业用水量，外流域引水量及其他用水量，这部分水量除外流域引水量外，均有部分水量回归区域河槽，因此，它们指的是净耗水量。

上列各要素都以水深单位 mm 表示。由此可以得出任意范围的地区在任意时段的通用水量平衡方程式如下：

$$P + X + \sum R_{地面、入} + \sum R_{地下、入} + W_{初} = E + \sum R_{地面、出} + \sum R_{地下、出} + Y + W_{末} \tag{1-4}$$

3. 流域水量平衡方程

对于一个天然流域，如果地面分水线与地下分水线一致（称为闭合流域），则不可能有水从外流域经地面或地下流入，如果将时段内的凝结量计入蒸发，即 E 认为是净蒸发，于是，闭合流域给定时段的水量平衡方程可写为

$$P = E + R_{地面} + R_{地下} + Y + W_{末} - W_{初} \tag{1-5}$$

对于非闭合流域，上式中应计入与相邻流域的交换水量 Z。

第四节 水文学的发展

水文学与其他自然科学一样，是在人类生活需要和生产实践的推动下发展起来的，经历了萌芽到成熟，由定性到定量，由经验到理论的发展过程。

1. 萌芽时期

古代的人们为了利用河流灌溉、掌握河水消退规律开始了原始的水位、雨量和水流特性的观察。公元前 3500—前 300 年，埃及人以因灌溉引水对尼罗河水位进行了观测，至今在崖壁上还保存有公元前 2200 年所刻的水尺。公元前 2000 多年，我国人民为了防止黄河洪水，就开始注意对水位和天气状况的观察；2000 多年前建成的都江堰至今仍发挥巨大效益。

2. 奠基时期

水文学逐渐形成一门学科是在 14—16 世纪，随着各种水文仪器的出现，以及水力学、气象学的发展，才逐渐奠定了水文学的稳固基础，从而成为一门系统的科学。如毕托管、瓦尔德曼流速仪的出现，水力学中的伯努利定律、谢才公式、达西定律、曼宁公式的提出等。这些都为研究水流运动提供了观测数据和计算基础。1574 年，法国学者 Pierre Perrault（1608—1860 年）第一次根据塞纳河观测的降雨和径流资料，计算出塞纳河在伯格底以上流域的年径流量是年降水量的 1/6，这是人们第一次建立的年降雨径流之间的定量关系。这一结论的公布，被认为是现代水文学的开始。

3. 发展时期

水文学研究在1850—1950年发展很快。其特点是：水文学逐渐形成一门系统的学科。随着人们对水文规律的深入研究，水文学在生产实践中逐渐得到广泛的应用，并推动水文学向现代化方向发展。由于水利、水电、交通事业的大量发展，提出了许多水文问题，从而大大推动了工程水文学的发展；由于防洪和工程管理运行的需要，促进了水文预报和水文计算工作的开展；为了满足水文计算和水文预报对水文资料的需求，水文站网也得到了发展。这一时期，水文学除了应用传统的水文相关和经验公式之外，还相继出现了结合成因分析的水文预报和水文计算方法，如用于洪水计算的推理公式和相关因数预报方法等；同时对水文过程的物理机制进行观测、实验研究及深入分析，如谢尔曼的单位线，霍顿的下渗理论，海森、耿贝尔的水文统计理论，爱因斯坦提出的泥沙推移理论等。

4. 现代化时期

这一时期指20世纪50年代至今。一方面，由于水文科学理论的深入发展和其他学科的渗透，如概率论与统计学、计算数学、系统工程学、气象学等，水文计算和水文预报出现了许多新方法；另一方面，由于计算机的应用和遥感、遥测等新技术的应用，水文学进入现代化时期，如各类水文模型的提出、最大降水的估算、水文资料的存储和检索系统的出现等。同时也形成了一些新的水文分支学科，如随机水文学、城市水文学、生态水文学、冰雪水文学、同位素水文学等。

20世纪后期水文科学的发展，出现了新的形势：首先，由于新技术特别是计算机的应用、使水文信息（实时资料）的获取、传递和处理大大方便迅速，节省了大量人力和时间。其次，由于工农业和城市建设的需要，工程水文学得以迅速发展。最后由于生产和生活用水的增长，环境污染日趋严重，出现了水资源紧张局面，使水文学特别侧重于水资源研究，不仅注重水量还要注重水质；不仅注重洪水还要注重枯水；不仅研究一条河流、一个流域的水文特性，还要研究跨流域、跨地区的水资源联合调度问题；不仅要研究短期、近期的水文预报，还要研究长期的水文趋势预估。从此，水文科学进入了一个现代化的新时代。

同时，随着电子计算技术的发展，出现了许多水文数学模型，为水文科学的进一步发展开创了新途径。一系列的随机水文模型、系统模型，集总式水文模型、分布式水文模型等，推动了水文预报和水文水资源系统分析的发展。

20世纪70年代以来，卫星技术在水文上的应用迅速发展。卫星技术在水文研究方面包括降水量的估算、雪和冰情的探测，地表水系的研究，包括水系形态和海岸线变动以及洪水淹没的范围、水面特性研究、地下水研究、蒸发量的研究等。各个国家开始应用卫星图片和遥感技术研究水文和水资源问题。

70年代中期开展的国际水文合作，兴起了全球性的水文科学研究和国际水文十年(IHD)、世界气象组织（WMO）的业务水文计划（OHP)、联合国教科文组织国际水文计划（IHP）等。广泛的国际合作促进了全球水文、水资源知识的交流，推动了水文科学的发展。

这一时期，我国水文站网、水文预报等发展迅速。截至2020年，国家基本水文站有3265处；专用水文站4492处；水位站16068处；雨量站53392处，墒情站4218处，报汛报旱站71177处，可以基本掌握我国主要河流的水文情势。我国水文预报自50年代初开始，也提出了具有中国特色的洪水预报方法。同时，除广泛调查历史洪水外，90 年代又发展了古洪水研究，利用放射性同位素碳十四获得约距今 10000 年以来的古洪水资料，在长江三峡、黄河小浪底等水利枢纽工程的洪水计算中取得了有巨大意义的成果。70 年代以来，我国还相继编辑出版了《全国可能最大降水等值线图》和《全国暴雨参数等值线图》等，为我国的暴雨洪水研究和计算做出了贡献。

随着现代空间对地观测技术及计算机技术的飞跃发展，地理信息系统（ GIS)、遥感技术（RS)、全球卫星定位系统（GPS）与水文学的结合，使得数字流域和数字水文模拟得以实现。遥感技术、全球卫星定位系统为数字流域和数字流域水文模型提供了考虑空间变异性的分布式数据源，地理信息系统则为数字流域和数字水文流域模型的建立和应用提供了技术平台。

当前，水文学的研究领域正在不断扩大，现代科学技术如遥感技术、计算技术，人工智能技术、大数据处理技术等，正在渗入水文学的各个领域，使传统的水文学方法出现很大的进展；人类活动、气候变化、生态环境问题等也对水文学产生了多方面的影响，使得水文学研究出现了新的发展，水文学与气象学、生态学、环境学、社会学等的交叉研究，将会促进水文学的进一步发展。

思　考　题

1. 分析典型水文现象发生的空间层位或场所，并解释下垫面的含义。

2. 人类有哪些活动直接或间接地影响自然界水循环？

3. 用通用水量平衡方程描述任一研究对象，在任一时段内的水量平衡方程，并用文字说明方程中各符号的含义。

4. 试分析水文现象的基本特性与相应的研究方法。

5. 两个邻近的流域（在气候、植被、地形、土壤等基本一致），其中一个有资料，一个缺少资料，利用其中有观测资料的流域进行水文分析计算得到的成果，为什么可以移用到另外一个缺少资料的流域？

第二章　河流和流域特征

汇集地面径流与地下径流的天然水道中流动的水流称为河流。供给河流地面径流和地下径流的集水区域称为流域。流域内各大小河流构成的脉络相通的水道系统称为水系或河系。河流和流域的特征是由一定的气候条件和地理环境决定的，气候条件影响河流的形成、发育和水情；而流域是径流的发生之源，河系是径流的汇聚输送之路，因此，流域的特征是影响径流形成和变化过程的重要因素，反映了地理环境对径流的作用。对河流及流域特征进行定性分析和定量计算的目的就在于掌握河流与流域特征值与各水文要素间的关系，为解决径流形成和汇流计算等问题提供基本的依据。

第一节　河流及特征

一、河流的形成与分段

降雨形成的地面径流在重力的作用下沿着一定的路径流动，长期侵蚀地面，冲成沟壑，形成溪流，最后汇集成河流。河流流经的谷地称为河谷，河谷底部有水流的部分称为河床或河槽。面向下游，左边的河岸称为左岸，右边的河岸称为右岸。河流是水文循环的一条主要路径，地球上的各种水体中，河流的水面面积和水量最小，但它和人类的关系却最为密切。一条河流沿水流方向，自高向低可分为河源、上游、中游、下游和河口 5 段。河源是河流的发源地，多为泉水、溪涧、冰川、湖泊或沼泽等地点；上游紧接河源，多处于深山峡谷中，坡陡流急，河谷下切强烈，常有急滩或瀑布，河床多为基岩，河床稳定；中游河段坡度渐缓，河槽变宽，河床多为砂卵石，两岸间有滩地出现，冲淤变化不明显，河床较稳定；下游是河流的最下段，一般处于平原区，河槽宽阔，河床坡度和流速都较小，河床多为冲积层，淤积明显，浅滩和河湾较多；河口是河流的终点，即河流注入干流、海洋或内陆湖泊的地方。河流在靠近河口的河段因流速骤减，泥沙大量淤积，往往形成三角洲。直接流入干流的河流称为该干流的一级支流，流入干流一级支流的河流称为该干流的二级支流，依此类推。流入海洋的河流，称为外流河，如长江、黄河等。流入内陆湖泊或消失于沙漠中的河流，称为内流河或内陆河，如新疆的塔里木河和青海的格尔木河等。

二、河流基本特征

1. 河流的长度 L

自河源沿主河道至河口的距离称为河流长度，简称河长，以 km 计，可在适当比例尺的地形图上量得。

2. 河流的断面

河流的断面有横断面和纵断面之分。垂直于水流方向的断面称为横断面。横断面一般形状如图 2－1 所示。断面内自由水面高出某一水准基面的高程称为水位。枯水期水流所占部分为基本河床，又称为主槽；洪水泛滥所及部分为洪水河床，又称为滩地。只有主槽而无滩地的断面称为单式断面，有主槽又有滩地的断面称为复式断面。河流横断面能表明河床的横向变化，断面内通过水流的部分称为过水断面，其面积称为过水断面面积，以 m^2 计。过水断面面积的大小随断面形状和水位而变。

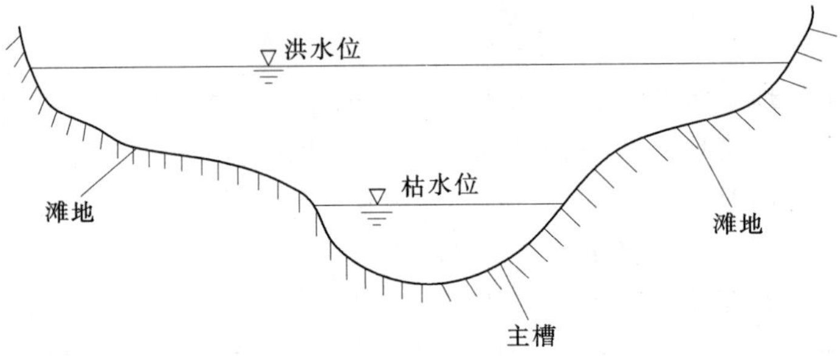

图 2－1　河流横断面示意图

河流中沿水流方向各横断面最大水深点的连线称为深泓线。沿深泓线的水流切面称为河流的纵断面，如图 2－2 所示。由于河流纵断面的下边界是河底，所以河流纵断面能反映河床的沿程变化。

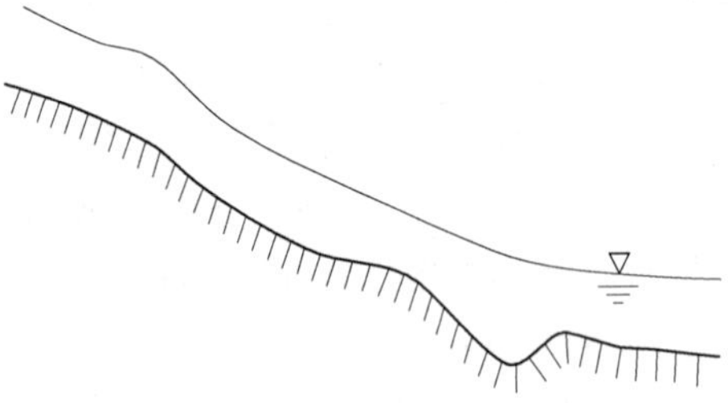

图 2－2　河流纵断面示意图

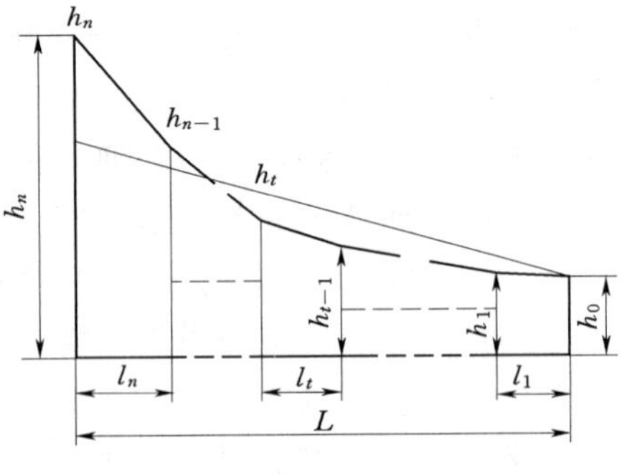

图 2－3　河底纵比降示意图

3. 河流纵比降

任意河段两端（水面或河底）的高差 Δh 称为落差，单位河长的落差称为河段纵比降，简称比降，用小数或千分数（‰）表示，如图 2－3 所示。常用的比降有水面比降和河底比降。河流沿程各河段的比降都不相同，一般自河源向河口逐渐减小。水面比降随水位的变化而变化，河底比降则较稳定，通常河流的比降指的是河底纵比降。河底纵比降可在河流纵断面图上读取河底高程及河段长度数值后按下式计算：

$$J=\frac{(h_0+h_1)l_1+(h_1+h_2)l_2+\cdots+(h_{n-1}+h_n)l_n-2h_0L}{L^2}(i=1,2,\cdots,n) \tag{2-1}$$

式中　J——河流的比降；

h_i——自上游到下游沿程各点河底高程，m；

l_i——相邻两点间的距离，m；

L——全河流的长度，m。

三、水系及河流地貌定律

1. 河流的分级

水系又称河系或河网，如图2-4所示。水系中直接流入海洋、湖泊的河流称为干流，流入干流的河流称为支流。为了区别干支流，自然地理学家们在20世纪曾提出了多种河流分级法则，如格雷夫利厄斯（Gravelius）分级法、霍顿（Horton）分级法、斯特拉勒（Strahler）分级法、施里夫（Shreve）分级法、沙伊达格（Scheidagger）分级法。实际工作中常采用的分级法是霍顿分级法和斯特拉勒分级法。

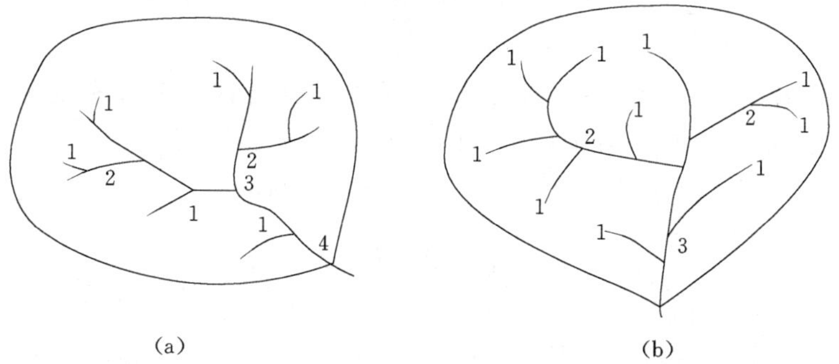

图2-4 河流分级示意图

（a）霍顿分级；（b）斯特拉勒分级

（1）霍顿河流分级法。①直接发源于河源的小河流为1级河流；②只接纳1级河流汇入的河流称为2级河流；③只接纳1、2级河流汇入的河流称为3级河流；依次分级，直至所有干、支流命名完为止。

（2）斯特拉勒河流分级法。①直接发源于河源的小河流为1级河流；②两条同级别的河流汇合而成的河流级别比原来高一级；③两条不同级别的河流汇合而成的河流的级别为两条河流中较高的河流的级别。

2. 河流地貌定律

人们发现，自然界的水系在发育过程中遵循一定的规律，并归纳成一些河流地貌定律，如霍顿提出的河数律、河长律、面积律和河流比降律等。

（1）河数律。指水系中任一级河流的数目与该级河流的级别呈反几何级数关系，级数首项为1，公比近似于分叉比，即

$$N_i = R_B^{\Omega - i} \qquad (i = 1, 2, \cdots, \Omega) \tag{2-2}$$

式中 N_i——第i级河流数；

R_B——河流分叉比，即某一级河流数与高一级河流数之比，表达式为$R_B = N_{i-1}/N_i$；

Ω——水系中最高的河流级别。

（2）河长律。指水系中各级河流的平均河长与该河流级别i近似于正几何级数关系，级数的首项为第一级河流的平均河长，公比为河长比，即

$$\overline{L}_i=\overline{L}_1 R_L^{i-1} \qquad (i=2,3,\cdots,\Omega) \qquad (2-3)$$

其中
$$R_L=\overline{L}_i/\overline{L}_{i-1} \qquad (2-4)$$

式中 $\overline{L}_1$、$\overline{L}_i$——第1级和第 i 级河流的平均河长；

R_L——河长比，即某一级河流的平均长度与低一级河流的平均长度之比。

（3）面积律。根据河长律可导出面积律如下：

$$\overline{F}_i=\overline{F}_1 R_F^{i-1} \qquad (i=2,3,\cdots,\Omega) \qquad (2-5)$$

其中
$$R_F=\overline{F}_i/\overline{F}_{i-1} \qquad (2-6)$$

式中 $\overline{F}_1$、$\overline{F}_i$——第1级和第 i 级河流的平均流域面积；

R_F——面积比，即某级河流的平均流域面积与低一级河流的平均流域面积之比。

（4）河流比降律。指水系中任一级河流的平均比降与该河流级别呈正几何级数关系，级数的首项为第一级河流的平均比降，公比为河流比降之比，即

$$\overline{J}_i=\overline{J}_1 R_J^{\Omega-i} \qquad (i=2,3,\cdots,\Omega) \qquad (2-7)$$

其中
$$R_J=\overline{J}_i/\overline{J}_{i-1} \qquad (2-8)$$

式中 $\overline{J}_1$、$\overline{J}_i$——第1级和第 i 级河流的平均比降；

R_J——河流比降比，即某级河流的平均比降与高一级河流的平均比降之比。

一般说来，不同级别的河流的分叉比、河长比、面积比、比降比并不严格相同，只能说近似为常数，应用时可取各级河流的平均值。实践证明，霍顿的地貌律理论符合天然河流水系组成的基本规律。

随着地理信息系统（GIS）技术在水文学中的应用和发展，基于数字高程模型（DEM）的水系自动提取技术已经比较成熟，水系自动提取技术内容将在本书第十五章作详细讨论。我们将会看到，河流分级法在水系的自动提取技术中有重要应用。

第二节 流域与水系特征

一、流域的基本特征

汇集地面径流和地下径流的区域称为流域，也就是分水线包围的区域。分水线有地面、地下之分。当地面分水线与地下分水线相重合时，称为闭合流域，否则称为非闭合流域，如图2-5所示。在实际工作中，除有石灰岩溶洞等特殊的地质情况外，对于一般流域，当对所论问题无太大影响时，多按闭合流域考虑。

流域是相对于某一出口断面而言的，当不指明断面时，即指河口断面以上的集水区域。

1. 流域面积 F

流域分水线包围区域在水平方向的投影面积，记为 F，以 km^2 计。分水线是相邻两流域的边界线，又称为分水岭。分水线两侧的降水，分别汇聚到两条不同的河流中去。在山丘地区，分水岭一般是山峰岭脊的连线。可在适当比例尺的地形图上勾绘出流域分水

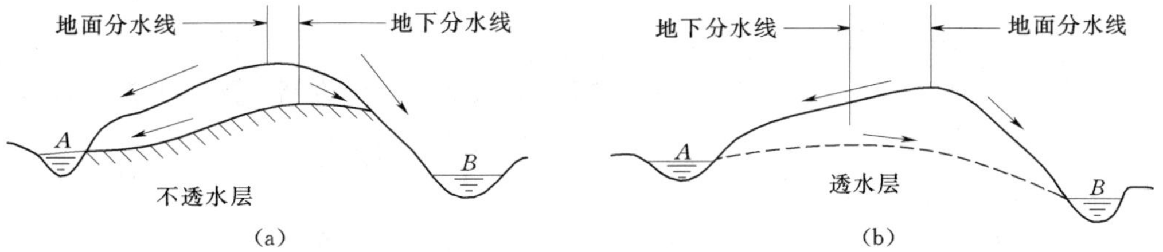

图 2-5　地面分水线与地下分水线示意图

(a) 地下分水线由基岩倾向决定；(b) 地下分水线由地下水力坡度方向决定

线，量出流域面积。勾绘分水线一般是在较大比例尺的地形图上进行，勾绘方法如图 2-6 所示。图中虚线即为分水线，分水线与出口断面包围的闭合区域即为控制断面以上的流域。勾绘分水线应注意，分水线与每条等高线的相交处要保持垂直，因为水流方向总是垂直于等高线。若分水线与等高线斜交，则意味着有水流穿过分水线，如图 2-6 (b) 所示，这与分水线的定义显然不符。应用这一法则可检验分水线的勾绘是否合理。分水线的正确绘制如图 2-6 (c) 所示。

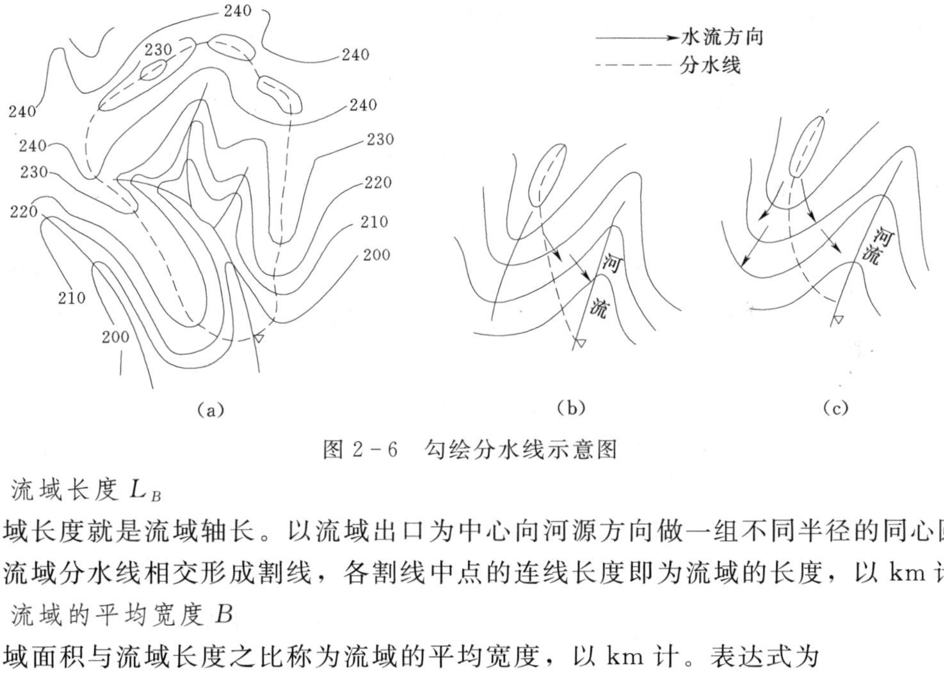

图 2-6　勾绘分水线示意图

2. 流域长度 L_B

流域长度就是流域轴长。以流域出口为中心向河源方向做一组不同半径的同心圆，每个圆与流域分水线相交形成割线，各割线中点的连线长度即为流域的长度，以 km 计。

3. 流域的平均宽度 B

流域面积与流域长度之比称为流域的平均宽度，以 km 计。表达式为

$$B=\frac{F}{L_B} \tag{2-9}$$

4. 流域形状系数 χ

流域平均宽度与流域长度之比称为流域形状系数。表达式为

$$\chi=\frac{B}{L_B} \tag{2-10}$$

扇形流域的形状系数较大，狭长形流域则较小，所以流域形状系数在一定程度上以定量的

方式反映了流域的形状。

5. 流域平均高度和流域平均坡度

将流域地形图划分为100个以上的正方格，依次定出每个方格交叉点上的高程以及与等高线正交方向的坡度，取其平均值即为流域的平均高度和平均坡度。

6. 流域自然地理特征

流域自然地理特征包括流域的地理位置、气候特征、下垫面条件等。

（1）地理位置。流域的地理位置用流域所处的经纬度来表示，它们可以反映流域所处的气候带，说明流域距离海洋的远近，从而反映流域地区水文循环的强弱。

（2）气候特征。包括降水、蒸发、湿度、气温、气压、风等要素。它们是河流形成和发展的主要影响因素，也是决定流域水文特征的重要因素。

（3）下垫面条件。下垫面是相对于大气圈而言的地球表面，流域的下垫面条件指流域的地形地貌、地质构造、土壤和岩石性质、植被、湖泊、沼泽、河网等情况，这些要素以及上述河道特征、流域特征都反映了每一水系形成过程的具体条件，并影响径流的变化规律。

在天然情况下，水文循环中的水量、水质在时间上和地区上的分布与人类的需求是不相适应的。为了解决这一矛盾，长期以来人类采取了许多措施，如兴修水利、植树造林、水土保持、城市化等措施来改造自然以满足人类的需要。人类的这些活动，在一定程度上改变了流域的下垫面条件，从而引起了水文特征的变化。因此，当研究河流及径流的动态特性时，需要对流域的自然地理特征及其变化情况进行专门的研究。

二、水系的基本特征

水系的基本特征主要指流域中水系的形状特征和河网的密度，水系的基本特征影响着河网中的水流向流域出口断面汇集的快慢情况。任何事物的形状都是在一定的观测尺度下表现出的形态，因此，水系的形状特征也必须指明其观测尺度才有意义。

1. 水系形状

水系的形状指干流与其下一级支流在地理上的分布形态。显然，这个定义指明了水系形状的观测尺度是干流和它的下一级支流，也就是说，在这个观测尺度，我们只能看到干流和它的下一级支流，更小的支流已经看不出来了。水系的形状特征可分为以下几种类型，如图2-7所示。

（1）扇形水系。支流的排列和分布呈扇形分布，干支流汇合点较为集中，如华北的北运河、永定河、大清河、子牙河、南运河等五河，于天津汇入海河。

（2）羽形水系。干流比较长，支流从左右两岸相间汇入干流，呈羽状，如滦河水系。

（3）平行状水系。由几个近乎平行的支流至入海口附近汇入干流，如苏北的沂沭河，淮河蚌埠以上的涡河、颍河和洪河等支流。

（4）混合状水系。较大河流大多包括以上两种或三种的组合排列状态，称为混合状水系。

水系的形态决定了流域形状，并对流域汇流有一定的影响。扇状水系汇水时间短，集流快，洪水往往表现为陡涨陡落，洪水历时短。羽毛状水系暴雨洪水过程较平缓。

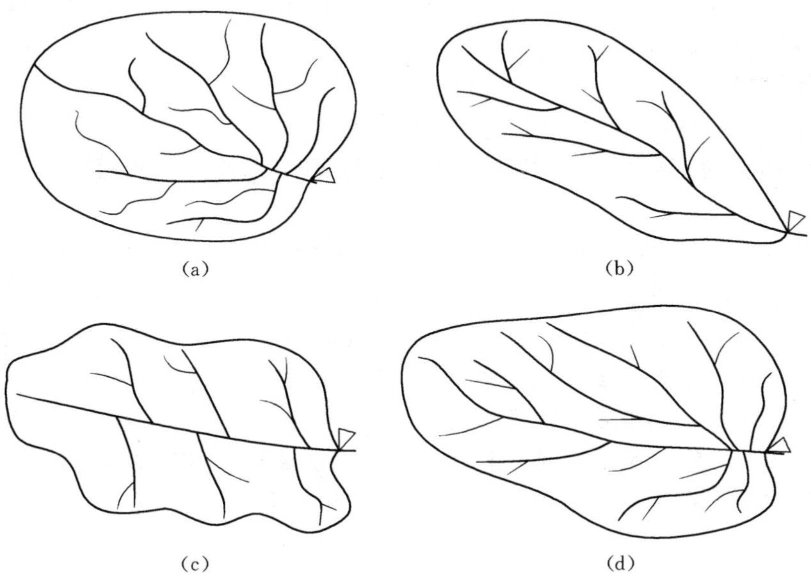

图 2-7　水系形状图
(a) 扇形水系；(b) 羽形水系；(c) 平行状水系；(d) 混合状水系

2. 河网密度 ϕ

流域内河流干支流总长度与流域面积的比值称为河网密度，以 km/km^2 计。表达式为

$$\phi = \frac{\sum L_i}{F} \tag{2-11}$$

河网密度大，易于水流汇聚，因而洪水汇流时间短。

第三节　径流形成过程概述

径流是由降水形成的，沿着流域地面和地下向河川、湖泊、水库、洼地等汇集流动的水流。其中，沿着地面流动的水流称为地面径流；沿土壤、岩石孔隙流动的水流称为壤中流和地下径流；汇集到河流后，在重力作用下沿河床流动的水流称为河川径流。径流因降水形式和补给来源的不同，可分为降雨径流和融雪径流。我国大部分河流以降雨径流为主。

从降水落到流域表面至水流汇聚到流域出口断面的整个物理过程称为径流形成过程。径流形成过程是地球上水文循环中的重要一环。在水文循环过程中，大陆上降水的 34% 转化为地面径流和地下径流汇入了海洋，其余的以蒸发的形式又返回到空中，成为大气中的水汽，并参与内陆水文循环。径流形成过程又是一个复杂多变的过程，与人类同洪旱灾害进行斗争以及进行水资源的开发利用和水环境保护等生产经济活动密切相关。因此，揭示和了解径流的变化规律，分析它与其他水文要素以及各影响因素之间的相互关系，掌握径流形成的基本理论与分析计算方法是十分重要的。

径流的形成过程是一个相当复杂的过程，为了便于分析，一般把径流的形成过程概括为产流过程和汇流过程两个阶段。

一、产流过程

为叙述方便，先熟悉产流过程涉及的有关概念。

（1）坡面和坡地。流域内河槽两侧的陆地地面称为坡面，坡面以下的陆地则称为坡地。

（2）植物截留。降水被植物茎叶拦截，滞留在植物枝叶上的现象称为植物截留。植物截留的雨水水分在雨后将以蒸发的形式返回空中。

（3）填洼。流域内坡面上流动的水流向坡面上的洼地汇集，并积蓄于洼地的现象称为填洼。洼地积蓄的雨水水分在雨后也将以蒸发的形式返回空中。

（4）下渗。水分从地表渗入地下的现象。

（5）下渗损失。流域坡面上的降雨渗入地下的水量中，不能成为径流的那部分水量。这部分水量暂时蓄存在流域地下的土壤孔隙或岩石裂隙中，雨后仍将以蒸发的形式返回空中。

降落到流域内的雨水，除直接降落在水面上的雨水外，一般不会立即产生径流，而是在满足雨期蒸发、植物截留、填洼和下渗损失之后才能产生地表和地下径流。雨期蒸发、植物截留、填洼和下渗损失统称径流损失，降落的雨水不能形成径流的水量称为径流损失量。降雨经雨期蒸发、植物截留、填洼和下渗损失之后成为净雨，降雨扣除径流损失后的雨量称为净雨量。净雨在流域坡地上向河槽汇集，在河网中流动就形成河川径流。显然，净雨量和它形成的径流量在数量上是相等的，但两者的过程却完全不同，净雨是径流的来源，而径流则是净雨汇流的结果；净雨在降雨结束时就停止了，而径流却要延续很长时间。通常把降雨经植物截留、填洼、下渗形成径流损失之后，成为净雨的过程称为产流过程，因而，净雨量也称为产流量。在流域前期极端干旱的情况下，降雨产流过程中的损失量称为流域最大损失量，记为 I_m。

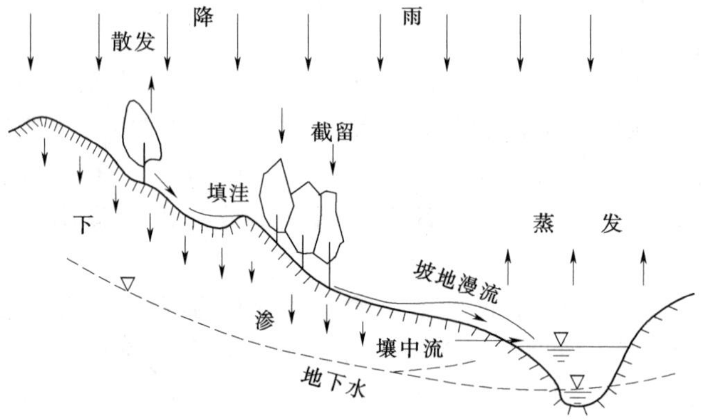

图 2-8　径流形成过程示意图

流域的径流形成过程如图 2-8 所示。降雨开始之初，除少量直接降落在河面上的雨水形成径流外，大部分雨水都被植物枝叶拦截，滞留在植物枝叶上。如果降雨很小，全部雨水都可能被截留，不会有雨水降落到地面上。如果降雨较大，植物枝叶将最大限度地吸附雨水，直到达到其最大截留能力时，后续降雨才落到地面。滞留在植物枝叶上的截留水量，在雨后最终消耗于蒸发。降雨较大时，截留自降雨开始时发生，至叶面达到最大截留能力时为止。落到地面的雨水将向地面下渗，降雨强度小于土壤下渗强度时，雨水将全部渗入地下；降雨强度大于土壤下渗能力时，雨水按下渗能力下渗，超出下渗的雨水成为超渗雨。超渗雨形成的地面水流首先就近填充地面上大大小小的洼地，并积蓄于洼地，开始填洼过程。随着降雨持续进行，满足了填洼量的地方开始产生坡面漫流，并逐渐形成沟流，最后注入河网形成地面径流。下渗进入地下的水分，首先被土壤吸收，使土壤含水量不断增加。满足了土壤吸收量后继续下渗的雨水将沿着土壤孔隙流动，下渗水量超出土壤持水能力时，下渗水到达地下水面，沿地下水坡度缓慢向河槽汇聚，以地下水的形式补给河流，就成为地下径流。在有些坡地，由于表土层薄且疏松透水，下部有相对不透水层，渗入土壤中的水分可在表土层形成部分饱和层，部分水分沿相对不透水层侧向流动，从坡侧土壤孔隙流出，注入河槽形成表层流（通常称为壤中流）。

下渗过程自地面有雨滴开始，一直持续至降雨终止。下渗过程中，随土壤含水量不断增加，土壤下渗能力不断下降，当土壤含水量达到饱和后，下渗能力将趋于稳定的最小值，土壤的最小下渗能力值称为饱和下渗率。

流域产流过程又称为流域蓄渗过程，在这一阶段，流域对降雨量进行了一次再分配：一部分水量下渗满足土壤吸水需要而保存在土壤中，这部分水量在雨后将提供土壤蒸发；满足土壤持水能力后下渗的那部分水量成为地下径流净雨量（有相对不透水层时，还包括壤中流净雨量）；超过土壤下渗的那部分水量成为地面径流净雨量。

需要注意的是，如果本流域的河流切割地层浅，可能部分地下径流将流向外流域，这时，本流域的河川径流中可能只包括部分浅层地下径流，这样的流域称为地下水补给区，接纳地下径流的外流域称为地下水排泄区。

二、汇流过程

净雨在坡地上从地面和地下汇入河网的过程称为坡地汇流过程，然后再沿着河网汇集到流域出口断面的过程称河网汇流过程，坡地汇流过程和河网汇流过程合称为流域汇流过程。流域汇流将对净雨在时程上进行两次再分配。

1. 坡地汇流过程

流域内，坡地汇流首先是在雨强大于土壤下渗能力的地方发生，如透水性较差的地区（包括不透水地面），或因土壤湿润而下渗能力小的地方（如河边的坡脚）。随着降雨的持续，坡地汇流面积逐渐扩大，有时可扩展到全流域。降雨停止后，坡地汇流并不立即停止，而要持续一段时间，直到离河网最远一点的坡地水流进入河槽之后，坡地汇流才停止。坡地汇流分为三种情况：

（1）超渗雨满足了填洼后产生的地面净雨沿坡面流到附近河网的过程，这个过程称为坡面漫流过程或坡面汇流过程。坡面漫流是由无数股彼此时分时合的细小水流所组成，通常没有明显的固定沟槽，雨强很大时可形成片流。坡面漫流经由坡面注入河网，形成地面径流。大雨时地面径流是构成河流洪峰的主要水源。坡面漫流的流程较短，一般不超过数百米，由于流程短、历时不长，所以其汇流过程对大流域的汇流影响很小，但对汇流历时较小的小流域，坡面汇流过程却是不可忽视的。

（2）表层流净雨沿坡地侧向经表层土壤孔隙流入河网，形成表层流径流，表层流（壤中流）流动比地面径流慢，到达河槽也较迟，但对历时较长的暴雨，数量可能很大，往往成为某些河流水量的主要组成部分。表层流和地面径流有时能相互转化，例如，在坡地上部渗入土中流动的表层流，可在坡地下部流出，以地面径流形式流入河槽；部分地面径流也可能在坡面漫流过程中渗入土壤中流动成为表层流。这就是实际工作中有时把表层流并入地面径流的原因。对均质土壤，不会形成表层流。

(3) 地下净雨向下渗透至地下潜水面或深层地下水体后，沿水力坡度最大的方向流入河网，称为坡地地下水汇流。深层地下水汇流很慢，所以降雨过后，深层地下水流可以维持很长时间，较大河流可以终年不断。地下水流在枯水季节补给河流的水量称为河流的基流。

经坡地汇流调蓄后进入河网的水流流量过程比净雨过程更平缓，持续时间更长，也就是说，坡地汇流对净雨在时程上进行了第一次再分配。

2. 河网汇流过程

各种成分径流经坡地汇流注入河网，从支流到干流，从上游向下游，最后流出流域出口断面。坡地水流进入河网后，使河槽水量增加，水位升高，形成河流洪水的涨水阶段。在涨水阶段，河槽要储存一部分水量，随着降雨和坡地径流量的逐渐减少直至完全停止，河槽水量开始减少，储存的水量逐渐流出流域，形成河流洪水的退水阶段。河中水量涨水蓄存、退水消退的现象称为河槽调蓄。调蓄结果使流域出口断面流量过程比河网入流流量过程更为平缓，持续时间延长，也就是说，河槽调蓄对净雨在时程上进行了第二次再分配。

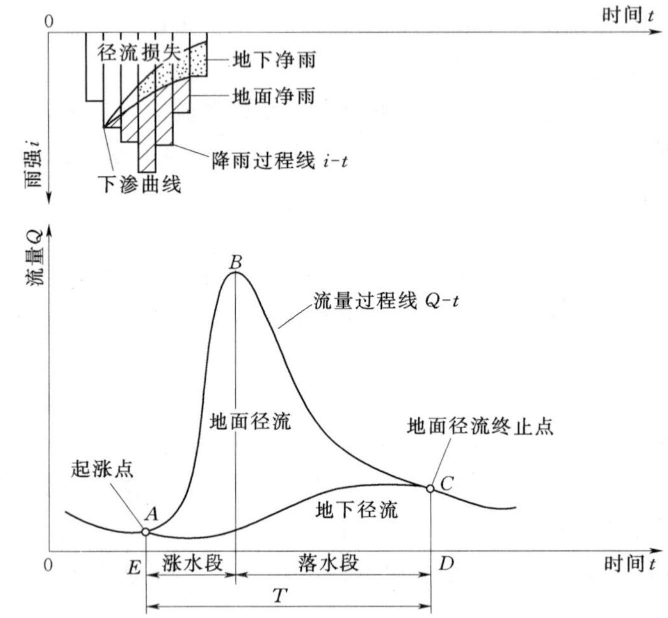

图 2-9　流域降雨-径流关系

产流和汇流是从降雨开始到水流流出流域出口断面经历的全过程，必须指出，产流和汇流在时间上并无截然的分界，而是同时交错进行的。

图 2-9 是一次降雨-径流对应示意图，从图中可以看出，降雨过程的降雨量被流域下垫面分配为径流损失、地下净雨、地面净雨三部分；对应形成的径流过程则是流域坡地江流和河槽调蓄对净雨在时程上分配的结果。

第四节　影响径流的主要因素

从径流形成过程可知，各种气象自然地理因素，如降水、蒸发、地形地貌、地质构造、土壤和植被、湖泊沼泽等，都不同程度地影响着河川径流。

1. 流域的气象条件

流域的气象条件是影响径流量的决定性因素，其中以降水和蒸发最为重要，直接影响流域内的径流量和损失量。降雨过程对径流形成过程影响最大，例如，在相同的降雨量条件下，降雨强度越大，降雨历时越短，则流量越大，径流过程变化迅速；反之，则流量小，径流过程平缓。蒸发是流域内的水分由液态变为气态的现象。由于降雨时的空气比较湿润，蒸发量较小，对一次降雨洪水形成过程而言，蒸发的影响作用不大。但无雨时，由于空气干燥、气温高，流域内的土壤水分大都消耗于蒸发，因此，对一年的径流形成过程而言，蒸发的影响作用将非常大。我国湿润地区年降水量的30%～50%、干旱地区年降水量的80%～95%都消耗于蒸发，其剩余部分才形成径流。其他气象因素如气温、湿度、风等，都通过降水和蒸发对径流产生间接作用。而以冰雪融水补给的河流，其径流变化与气温变化密切相关，有季节变化与日内变化之分。

2. 流域的地理位置

流域的地理位置是以流域所处的地理坐标，即经度和纬度来表示的，它说明流域离开海洋有多远以及它与别的流域和山岭的相对位置。流域和山岭的相对位置与内陆水分小循环的强弱有关。

3. 流域的地形特性

流域的地形特性包括流域的平均高程、坡度、切割程度等，它们都直接决定着径流的汇流条件。地势越陡，切割越深，坡地漫流和河槽汇流时的流速越大，汇流时间越短，径流过程则越迅急，洪峰流量越大。因此，在地形起伏较大的山区河流，径流的变化较平原地区强烈。

4. 流域形状和面积

流域的长度决定了地面径流汇流的时间，狭长地形较宽短地形的汇流时间长，汇流过程平缓。大流域的径流变化较小流域的要平缓得多，这是因为大流域面积较大，各种影响因素有更多机会能相互平衡、相互作用，从而增大了它的径流调节能力，而使径流变化趋于相对稳定。

5. 流域的植被

植物枝叶对降水进行截留，增加了地面粗糙程度，减缓了坡地漫流的速度，增加了水分下渗的机会，枯枝落叶和杂草可改变土壤结构，减少了水分蒸发。

6. 流域内的土壤及地质构造

土壤的物理性质、含水率和岩层的分布、走向、透水岩层的厚薄、储水条件等都明显地影响着流域的下渗水量、地下水对河流的补给量以及流域地表的冲刷程度等，因而在一定程度上影响着径流及泥沙情势。岩溶地区的水文过程另具有其独特性。

7. 湖泊和沼泽

湖泊和沼泽通过对流域蓄水量的调节作用影响径流的变化，又能通过对气象因素，特别是蒸发的影响而影响径流量的大小，这种影响作用在干旱地区比湿润地区更为显著。

8. 水利化措施

全国范围内改造自然的水利化措施包括：通过林牧、水土保持等坡面措施，增加了土壤入渗能力，减少了水土流失；通过旱地改水田、坡地改梯田等农业措施，增加了田间蓄水能力；修建塘堰、水坝，扩大了蓄水面积，加大了流域对降水的调节能力，改变了径流的时程分配；修建引水工程，调剂了地区间的水量余缺。这些措施改变了流域的自然地理面貌，增强了内陆水分循环，影响到径流的形成与变化过程。因之，在收集与分析水文资料时，要考虑到已经实施了的和将要实施的水利化措施对径流的影响。

第五节　流量过程及其组成

1. 流量过程线的特征点

一次降雨在出口断面形成的洪水流量过程线如图 2-10 所示。典型洪水过程线退水段有 3 个较为明显的曲线变化点。A 点为起涨点，AB 为比较陡的涨水段，C 为峰值，退水段第一个反曲点 D 为坡面漫流注入河槽的终止时刻。此后，出口断面的流量是依靠流域和河网内已有的蓄水量逐渐排出来维持的。E 点为退水段上的第二个转折点，该点后，退水过程更加平缓。该点标志着地面径流河槽退水的终止。此后的退水流量是靠壤中流和地下水对河网的补给来维持的，因此，E 点也标志着地面径流的终止。F 点标志着壤中流中止，此后的退水流量完全是靠缓慢流动的地下水对河网的补给来维持的。流量过程线的形状，综合反映了流域的产流、汇流特征。

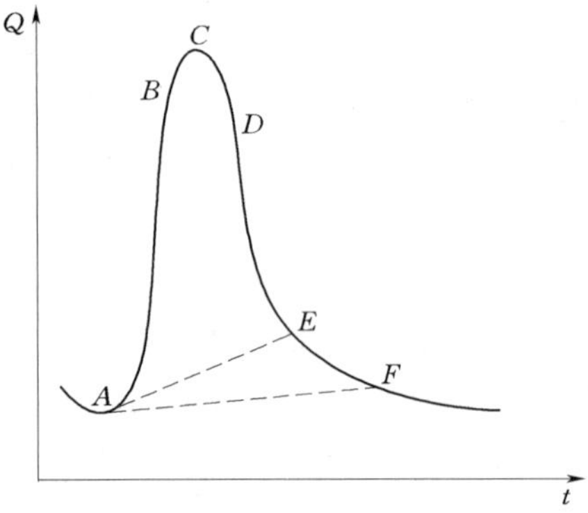

图 2-10　洪水流量过程线

2. 流量过程的水源组成

一次降雨在流域出口断面形成的流量过程的总径流是由汇流速度不同的径流组成的，不同速度的径流量占总径流量的比重称为流量过程的水源组成，组成总径流的各分径流称为流量过程的水源成分。过去常把流量过程的水源成分划分为地面径流和地下径流两种。后来，通过大量的实验和观测发现，在有些流域，壤中流占有很大的比例。由于壤中流汇流的特点并不完全与地面径流相同，为了更好地用数学方法模拟径流过程，对于壤中流占有较大比例的流域，把流量过程线的水源成分划分为 3 种，即地面径流、壤中流、地下径流。近年来，对流量过程线的水源组成做了更深入的分析研究，水源成分划分就更细了。根据对降雨响应的快慢，一般划分为以下 6 种成分：

（1）超渗坡面流。指当降雨强度大于下渗强度时，降雨产生的地面径流。

（2）饱和坡面流。在土壤饱和的面积上，有后续降雨时，即发生饱和坡面流。

（3）回归流。在暴雨期间，坡地上的相对不透水层出露地表，壤中流被迫回到地面，称为回归流。

（4）饱和壤中流（快速壤中流）。表层土壤达到饱和后的壤中流称为饱和壤中流。除非表层有大的孔道，壤中流总是比坡面流慢，然而在上述各种水流较小和表层饱和的情况下，饱和壤中流有可能成为洪峰流量的主要水源。

(5) 非饱和壤中流（慢速壤中流）。当表层土壤尚未达到饱和，仅在相对不透水层上形成较薄的一层临时饱和层，这时形成的壤中流称为非饱和壤中流。由于其出流较慢，量也小，一般不易成为洪峰的主要来源。

(6) 地下径流。由于地下水的水力坡度和透水率比壤中流小，渗流历时长，所以成为河流枯水的主要水源。根据其流动速度的差异，又可分为快速及慢速两种地下水径流。

水源划分在水资源评估和水文预报领域有十分重要的意义。必须着重指出，就目前的水文科学水平，要精确划分地面径流、壤中流和地下径流是非常困难的，所以在实际应用中，有时只把实测的总径流过程划分为地面径流过程和地下径流过程，相应地，净雨也只划分为地面净雨和地下净雨。由于快速壤中流与地面径流的性质相近，这种情况下通常把它归并到地面径流中，称其为直接径流。慢速壤中流与地下径流的性质相近，慢速壤中流则归并到地下径流中，统称地下径流。

第六节　径流的表示方法和度量单位

径流的量常用流量、径流量、径流深、径流模数、径流系数的大小来表示。

(1) 流量。单位时间内通过河流某一断面的水量称为流量，记为 Q，以 m^3/s 计。流量随时间的变化过程，用流量过程线表示，如图 2-10 中的 $Q-t$ 线，图中各时刻的流量是瞬时值。流量过程线的上升部分为涨水段，下降部分为退水段，最高点称为洪峰流量，简称洪峰，记为 Q_m。水文学科中常用的流量还有日平均流量、月平均流量、年平均流量、多年平均流量及指定时段的平均流量等。

(2) 径流量。径流量指时段 T 内通过河流某一断面的总水量，记为 W，以 m^3、万 m^3 或亿 m^3 计，有时也用时段平均流量与时段的乘积为单位，如 $(m^3/s)\cdot d$，$(m^3/s)\cdot M$ 等。

(3) 径流深。将径流量平铺在整个流域面积上所得的水层深度，记为 R，以 mm 计。按下式计算：

$$R=\frac{W}{1000F}=\frac{QT}{1000F} \tag{2-12}$$

式中　W——时段 T 内的径流量，m^3；

Q——时段 T 内的平均流量，m^3/s；

T——计算时段，s；

F——流域面积，km^2。

(4) 径流模数。流域出口断面流量与流域面积之比值称为径流模数，记为 M，以 $L/(s\cdot km^2)$ 计，按下式计算：

$$M=\frac{1000Q}{F} \tag{2-13}$$

对 Q 赋予不同意义，径流模数也有不同的含义，如 Q 为洪峰流量，相应的 M 称洪峰流量模数；Q 为多年平均流量，相应的 M 为多年平均流量模数等。

（5）径流系数。某一时段的径流深 R 与相应时段内的流域平均降雨深度 P 之比称为径流系数，记为 α，按下式计算：

$$\alpha=\frac{R}{P} \tag{2-14}$$

因 $R<P$，故 $\alpha<1$。当 R 和 P 取多年平均值时，相应的 α 称为多年平均径流系数。

第七节　河川径流情势及我国河川径流分布

一、河川径流情势

河川径流情势指河川径流的时程变化特征，包括径流的年内变化，年际变化，洪、枯水特征及水温冰情等。洪、枯水特征在相应课程中讨论，以下仅讨论径流的年内变化和年际变化。河川径流在一年内的时程变化过程及特性，称为年内分配；径流在多年期间的变化特性称为年际变化。

1. 径流的年内变化

逐日平均流量过程线，实际上表示了径流年内的变化，但这种方法由于所取时段太短（以 d 表示），不便于定量表示径流分配特征。目前常用以下两种方法表示径流分配特征。

（1）以月（季）或旬的径流量占年径流量的百分比表示。

（2）以综合反映河川径流年内分配不均匀的特征值表示。如用年内分配不均匀系数 C 表示，计算式为

$$C=\sqrt{\frac{1}{12}\sum_{i=1}^{12}(K_i-1)^2}\,,\qquad K_i=Q_i/\overline{Q} \tag{2-15}$$

式中　Q_i——各月平均流量，m^3/s；

$\overline{Q}$——年平均流量，m^3/s。

在研究年内分配及进行水利计算时，常采用水文年度。水文年度一般是按照洪、枯水期在一年内的周期变化特点来划分的，它的开始时间是枯水期结束（汛期开始）之日。如汉水流域从 6 月 1 日开始，东北地区从 5 月 1 日开始，南方各地从 3 月 1 日开始或 4 月 1 日开始。

径流的年内分配规律主要取决于补给水源，可以根据各个不同地区的代表站的典型流量过程线，综合分析得出各地区的年内分配规律。我国大部分河流以雨水补给为主，降水主要集中在夏秋季，所以我国大部分河流的夏秋季水量占全年总水量的 70%以上。我国河川径流年内分配总的特点是夏季丰水、冬季少水。

2. 径流的年际变化

径流的年际变化指年径流量的年际变化幅度和多年变化过程两个方面，年际变幅通常用年径流变差系数 C_v 以及实测最大年平均流量与最小年平均流量比值（年际极值比）来表示。多年变化过程则包括丰、平、枯水年组的特征及其周期规律。年径流 C_v 值，反映年径流在年际的相对变化程度。C_v 大，表明年径流的年际变化剧烈，不利于水资源的开发利用；C_v 小，表明年际变化平缓，有利于水资源的开发利用。C_v 的计算式如下：

$$C_v = \sqrt{\frac{1}{n-1}\sum_{i=1}^{n}(K_i - 1)^2}, \quad K_i = Q_i/\overline{Q} \tag{2-16}$$

式中　n——观测年数。

我国年径流的 C_v 值分布具有明显的地带性规律，表现出从东南向西北增大的趋势。长江以南一般在 0.4 以上，淮河、海河可达 1.0 以上，其中平原又大于山区。干旱地区、盆地间歇性河流在 0.8 以上，但西北内陆，以冰雪融水或地下水补给为主的河流 C_v 较小，一般为 0.1～0.3。

径流的年际变化中还存在着连续丰水年和连续干旱年的周期变化趋势。但周期长度和变幅是不相等的，即在周期性趋势下，仍然表现出年径流变化的随机性。

二、我国河川径流分布概况

我国年径流分布和年降水量分布一样，总的趋势是由南向北和由东向西递减；新疆、甘肃交界以西，则由西向东递减，具有明显的地域性分布规律。同时，由于我国地形错综复杂，加上下垫面条件的差异，使得年径流的分布更为复杂，呈现出局部多种非地域性变化。年径流不仅地区上变化明显，年内各月、年际亦有明显的不同。

1. 年径流的地理分布

我国多年平均年径流总量约 27115 亿 m^3，平均径流深 284mm，即年降水总量的 43.8%可以转化为河川径流。年径流地理分布总趋势由东南向西北递减。100mm 年径流深等值线大致与 400mm 年降水量等值线相当，走向一致，等值线以东为半湿润区和湿润区，等值线以西为半干旱区或干旱区。按径流深的大小，可划分为丰水、多水、过渡、少水、干涸 5 个明显不同的地带。

(1) 丰水带。年径流深大于 800mm，包括东南和华南沿海地区、台湾、海南、云南西南部及西藏东南部。年径流深的最大值在台湾中央山地和藏东南雅鲁藏布江下游靠近中印边界一带，可达 1000～3000mm。东南沿海主要山地 1600～2000mm。年径流系数一般在 0.5 以上，部分山地超过 0.8。

(2) 多水带。年径流深为 200～800mm，包括长江流域大部、淮河流域南部、西江上游、云南大部及黄河中上游一小部分地区。部分山地的年径流深可达 1000～2000mm。年径流系数一般为 0.4～0.6。

(3) 过渡带。年径流深为 50～200mm，包括大兴安岭、松嫩平原一部分、三江平原、辽河下游平原、华北平原大部、燕山和太行山、青藏高原中部、祁连山山区及新疆西部山区。此带内平原地区年径流深大部分为 50～100mm，年径流系数 0.1 左右。山区年径流深 100～200mm，年径流系数 0.2～0.4。

(4) 少水带。年径流深为 10～50mm，包括松辽平原中部、辽河上游地区，内蒙古高原南部、黄土高原大部、青藏高原北部及西部部分丘陵低山区。本带内平原地区和黄土高原年径流深一般为 10～50mm，部分山区可达 50mm 以上。年径流系数一般为 0.1 左右，个别地区小于 0.05。

(5) 干涸带。年径流深小于 10mm，包括内蒙古高原、河西走廊、柴达木盆地、准噶尔盆地、塔里木盆地、吐鲁番盆地。本带内不少地区基本不产流，年径流系数只有 0.01～0.03。

2. 径流的年内变化

径流的年内变化主要取决于河流的补给条件。我国大部分地区河川径流靠雨水补给，季节性变化剧烈，有明显的汛期和枯水期。汛期河水暴涨，容易泛滥成灾；枯水期水量很小，水源不足。汛期连续最大 4 个月径流量占年总径流量的 60%以上，其中长江以南、云贵高原以东和西南大部分地区为 60%～70%，松辽平原、华北平原、淮河流域大部分地区为 70%～80%，广大西部地区为 60%左右。以冰雪融水补给为主的河流，由于流域内热量的变化比雨量变化小，所以年内分配比较均匀。地下水补给比例大的河流，其年内变化也较小。大江大河因接纳了不同地区径流的汇入和地下径流的补给，径流的年内分配比较均匀。

3. 径流的年际变化

径流的年际变化在量上变化比降水大；在空间上，北方大于南方，水量越贫乏的地区，丰枯年间的水量相差越大。以历年最大最小年径流量的比值为指标，长江以南各河一般小于 3 倍；淮河、海滦河各支流可达 10～20 倍，部分平原河流甚至更大。年径流的变化，不仅存在丰、枯交替，而且存在连续枯水年和连续丰水年的情况。如黄河在近 60 年中出现过 1922—1932 年共 11 年的少水期，该段时间年径流的平均值比正常年份少 24%；也出现过 1943—1951 年连续 9 年的丰水期，该段年径流平均值比正常年份多 19%。松花江在近 80 年中也出现过 1898—1908 年连续 11 年和 1916—1928 年连续 13 年的少水期，平均年径流量比正常值少 40%；也出现过 1960—1966 年连续 7 年的丰水期，平均年径流量比正常值大 32%。海河近 60 年来连旱、连丰更频繁，如 1919—1923 年、1927—1931 年、1941—1943 年、1946—1948 年、1965—1968 年、1971—1972 年等连续 2～3 年甚至 5 年的干旱；也出现过 1954—1956 年、1963—1964 年等连续 2～3 年的洪涝。

思考题

1. 试分析为什么小流域河流切割地层较浅可能是造成流域不闭合的原因。

2. 从产生场所与流动特性角度出发，汇总并区分本章所提到的各种径流定义。

3. 分析典型单峰洪水流量过程线的不同涨落过程中，某一时刻总径流水量构成中，可能有哪些径流成分？

4. 某个较大闭合流域连续两个月没有降雨，试解释河道内仍然有一定水流的原因。

5. 某水文测站控制的流域面积 F 为 800km^2，多年平均降雨量 P 为 1600mm，流域出口断面多年平均流量 Q 为 $30\text{m}^3/\text{s}$。若假设每年均为 365 天，求该流域多年平均径流量 $W(\text{m}^3)$、多年平均径流深 R(mm)、多年平均蒸发量 E(mm)、径流模数 $M[\text{m}^3/(\text{s}\cdot\text{km}^2)]$。

第三章　降　　水

大气中的水汽饱和凝结后，以液态或固态的形式到达地面的现象称为降水。降水的主要形式是降雨和降雪，其他形式还有雹、霰、露、霜等。降水是水文循环的重要环节，是地球上陆地内各种水体的直接或间接的补给源。因此，降水量和降水特征，对各种水体的水文特征和水文规律具有决定性的影响。由于降水资料较其他水文要素更易直接观测，故其在水文分析计算、水资源计算、水文预报中，成为最直接的依据和输入项。本章主要研究降水特征、流域平均降水量的计算、降水的影响因素和我国降水分布规律。

第一节　降水类型及时空分布

一、降水的形成

自海洋、河湖、水库、潮湿土壤及植物叶面等蒸发出来的水汽进入大气后，由于分子本身的扩散和气流的传输作用而分散于大气中。空气中的水汽含量有一定的限度。在一定温度下，空气中最大的水汽含量称为饱和湿度。空气温度越高，其饱和湿度越大，即空气温度越高，空气所能保持的水汽越多。如果空气中的水汽含量达到了饱和或过饱和，多余的水汽就要发生凝结。

如果地表附近的潮湿空气与更冷温度（低于露点）的地表物接触，空气温度下降于露点以下，空气所能保持的水汽量将小于现有水汽量。于是，多余水汽发生凝结，地表就形成露和霜。

如果地面有湿热的未饱和空气团在某种外力作用下上升，上升高度越高，气压越低。因此，在上升过程中这团空气的体积就要膨胀。在与外界没有发生热量交换，即在绝热条件下，气团体积膨胀的结果必然导致气团温度下降，这种现象称为动力冷却。当气团上升到一定高度，温度降到其露点温度时，这团空气就达到了饱和状态，再上升就会过饱和而发生凝结形成云滴。云滴在上升过程中不断凝聚，相互碰撞，合并增大。一旦云滴不能被上升气流所顶托时，在重力的作用下就会落到地面成为降水。

降水时，气温很低，冰晶和水滴形式的云滴都存在于空气中。如果云底气温低于0℃，云中水滴将蒸发，而冰晶将不断凝华长大成雪花，落到地面就成为降雪；如果气温较高，空气中仅有水滴，落到地面就成为降雨。

由上述可知，水汽、上升运动和冷却凝结是形成降水的三个因素。在水汽条件具备的情况下，只有空气冷却，水汽才能凝结形成降水，而促使水汽冷却凝结的主要条件是空气的垂直上升运动。当湿空气在某种外力作用下被抬升后就会促使空气冷却，导致降水。

二、降水类型

在我国，降水的主要形式是降雨，所以，降雨既是气象学研究的重点，也是水文学研究的重点。由气象学关于降水形成的物理机制可知，气流上升产生动力冷却而凝结，是形成降雨的先决条件，而水汽含量的大小及动力冷却程度则决定着降雨量和降雨强度的大小。根据气流上升冷却的原因不同，可把降雨划分为以下 4 种类型。

1. 对流雨

因地表局部受热，气温向上递减率过大、大气稳定性降低，下层空气膨胀上升与上层空气形成对流运动。上升的空气形成动力冷却而导致的降雨称为对流雨。因对流上升速度快，形成的云多为垂直发展的积状云。对流雨一般降雨强度大，历时短，雨区比较小。

2. 地形雨

空气在移动过程中，遇山脉的阻挡，气流被迫沿迎风坡上升，由于动力冷却而成云致雨，称为地形雨。此外，山脉的形状对降雨也有影响，如喇叭口、马蹄形的地形，若它们的开口朝向气流来向，则易使气流辐合上升，产生较大的降雨，如图 3-1 所示。地形雨的降雨特性，因空气本身温湿特性、运行速度以及地形特点而异，差别较大。

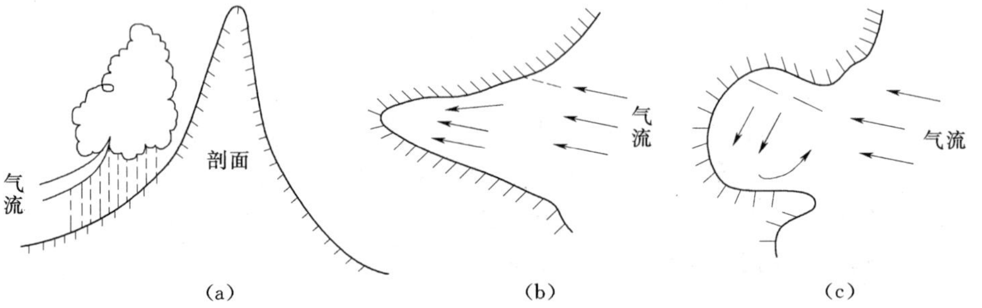

图 3-1 地形对气流的影响示意图

(a) 地形抬升；(b) 喇叭口地形内气流辐合；(c) 马蹄形地形内气流辐合

3. 锋面雨

两个温湿特性不同的气团相遇时，在其接触区由于性质不同来不及混合而形成一个不连续面，称为锋面。所谓不连续面实际上是一个过渡带，所以又称为锋区。锋面与地面的交线称为锋线，习惯上把锋线简称为锋。锋面的长度从几百公里到几千公里不等，伸展高度低的离地 1～2km，高的达 10km 以上。由于冷暖空气密度不同，暖空气总是位冷空气上方。在地转偏向力的作用下，锋面向冷空气一侧倾斜，冷气团总是楔入暖气团下部，暖空气沿锋面上升。由于锋面两侧温度、湿度、气压等气象要素有明显的差别，因此，锋面附近常伴有云、雨、大风等天气现象。锋面活动产生的降水统称锋面雨。

锋面随冷暖气团的移动而移动。若按运动学观点分类，可分为冷锋、暖锋、静止锋和锢囚锋。

(1) 冷锋。冷气团起主导作用，推动锋面向暖气团一侧移动，这种锋称为冷锋，如图 3-2 (a) 所示。根据移动的快慢，冷锋又分为两类：移动慢的称为缓行冷锋，移动快的称为急行冷锋，这两种冷锋天气有明显的差异。缓行冷锋锋面坡度小，约为 1%，移动缓慢，锋后的冷空气迫使暖空气沿锋面稳定滑升。雨区出现在锋后，多为稳定性降水，雨区稍窄，在300km以内。如果锋前的暖空气不稳定，在地面锋线附近常出现积雨云和雷阵雨天气。急行冷锋坡度大，约1.25%～2.5%，锋后的冷空气移动快，迫使暖空气产生强烈的上升运动。因此，急行冷锋过境时，往往乌云翻滚，狂风大作，电闪雷鸣，大雨倾盆。降雨强度大，历时较短，雨区窄，一般仅数10km。

（2）暖锋。暖气团起主导作用，推动锋面向冷气团一侧移功，这种锋称为暖锋。暖锋锋面坡度较小，约为2%。暖空气沿锋面缓慢上升，在上升过程中绝热冷却，水汽凝结成雨，如图3-2（b）所示。暖锋的雨区出现在锋线前，宽度常为300～400km，沿锋线分布较广，降雨强度不大，但历时较长。在夏季，当暖气团不稳定时，也可出现积雨云和雷阵雨天气。

（3）静止锋。冷暖气团势均力敌，在某一地区停滞少动或来回摆动的锋称为准静止锋，简称静止锋。如图3-2（c）所示。静止锋坡度小，约为0.5%。有时甚至小到0.3%，沿锋面上滑的暖空气可以一直伸展到距地面锋线很远的地方，所以云、雨区范围很广。降雨强度小，但持续时间长，可达10天或半月，甚至一个月。

（4）锢囚锋。当3种热力性质不同的气团相遇，如冷锋追上暖锋或两条冷锋相遇，暖空气被抬离地面，锢囚在高空，称为锢囚锋，如图3-2（d）所示。由于锢囚锋是两条移动的锋相遇合并而成，所以它不仅保留了原来锋面的降水特性，而且锢囚后暖空气被抬升到锢囚点以上，上升运动进一步发展，使云层变厚，降水量增加，雨区扩大。

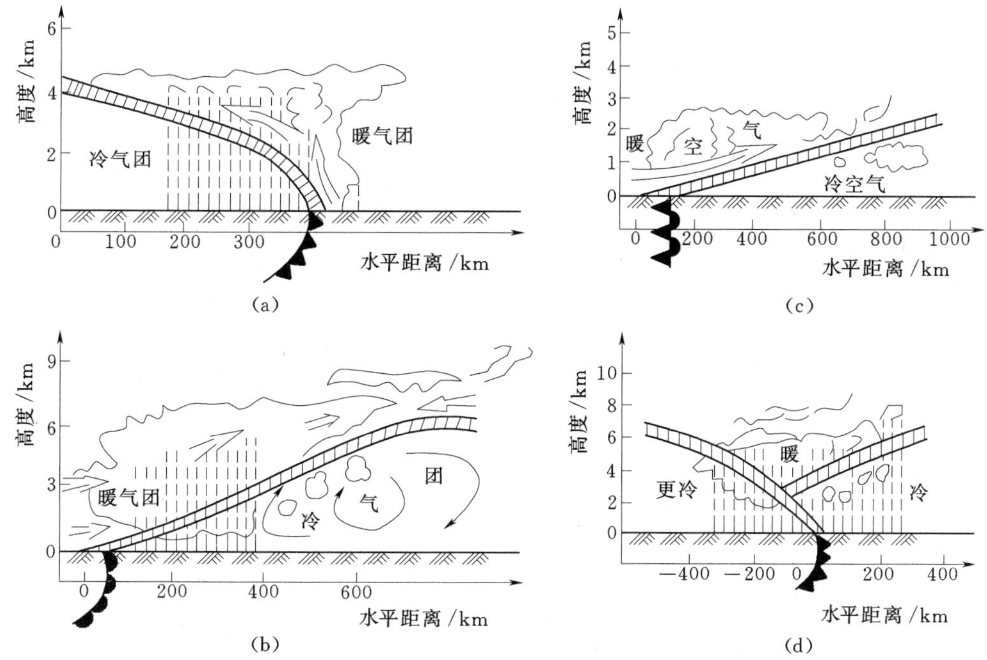

图3-2　锋面类型示意图

（a）冷锋；（b）暖锋；（c）静止锋；（d）锢囚锋

4. 气旋雨

气旋是大气中的水平气流呈旋转状态的大型涡旋，在北半球，涡旋呈逆时针旋转；在南半球则是呈顺时针旋转。在同一高度上，气旋中心的气压比四周低，四周气流向低压区辐合将引起气旋中心区的气流上升，水汽因动力冷却而致雨。气旋或低气压过境带来的降雨称为气旋雨。按热力学性质分类，气旋可分为温带气旋和热带气旋两类，相应产生的降水称为温带气旋雨和热带气旋雨。

（1）温带气旋雨。温带地区的气旋多由锋面波动产生，称为锋面气旋，如图 3-3（a）所示。自气旋中心向前伸展出一条暖锋，向后伸展出一条冷锋。冷暖锋之间是暖气团，以北是冷气团。气旋是气流辐合上升系统，锋面上气流上升更为强烈，往往产生云、雨，甚至造成暴雨、雷雨、大风天气。一个发展成熟的气旋天气为：气旋前方是暖锋云系及伴随的连续降水天气，气旋后方是狭窄的冷锋云系和降水天气，气旋中部是暖气团天气，有层云或毛毛雨。

（2）热带气旋雨。热带气旋指发生在低纬度海洋上的强大而深厚的气旋旋涡。气象部门根据热带气旋地面中心附近风速的大小，将其分为 4 类：近中心最大风力 6～8 级为热带低压；8～9 级为热带风暴；10～11 级为强热带风暴；大于 12 级为台风。一个发展成熟的台风，从低空风场的水平结构可分为 3 个区域，如图 3-3（b）所示。自台风边缘向内到最大风速区外缘为外圈，风速向中心急增，风力在 6 级以上，半径为 200～300km；从

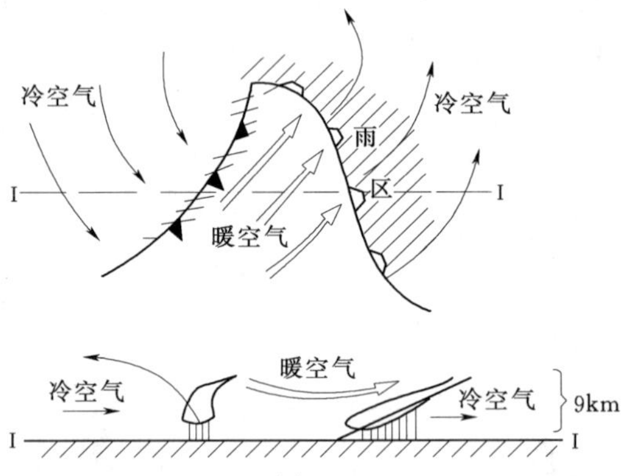

(a)

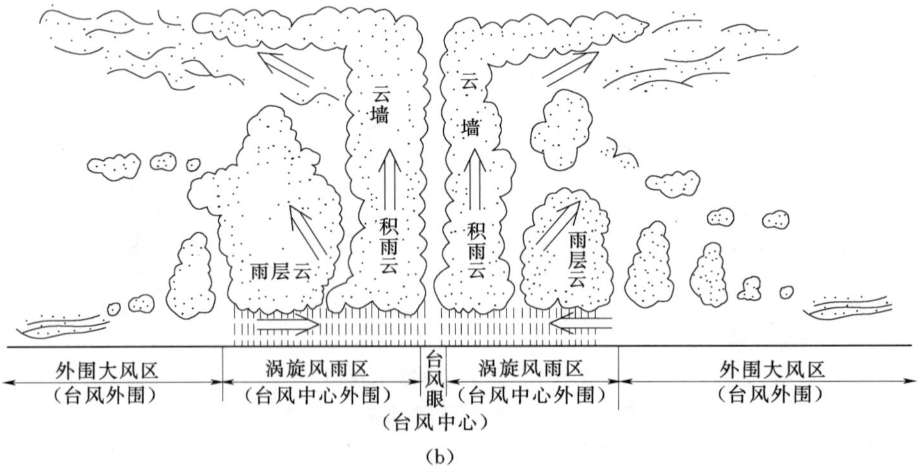

(b)

图 3-3 天气模式

(a) 温带地区气旋模式（上部为平面图，下部为Ⅰ-Ⅰ处剖面图）；(b) 台风天气模式

最大风速区外缘向内到台风眼壁为中圈，是台风中对流和风雨最强烈的区域，半径约为100km；内圈为台风眼区，风速迅速减小或静风，半径5～30km。台风大多产生在对流性云团中，由于上升气流不断加强，云区常可发展为宽几十千米、高10km的垂直云墙。云墙外有几条螺旋状积雨云带向中心汇合，螺旋状云带外面往往是由塔状对流云组成的外辐合云带。台风眼区由于有气流下沉，多晴空无云，台风区内水汽充沛，气流上升强烈，往往造成大量降雨，强度很大，分布不均匀。台风登陆后，若受地形和冷空气的影响，往往使暴雨加剧，导致洪水泛滥。

三、降雨的基本要素及时空分布特征

1. 降雨要素

降雨要素是刻画降雨的特征数值。

（1）降雨量。降雨量是在一定时段内降落在某一面积上的总雨量，如日降雨量是在一日之内降落在某一面积上的总雨量，此外，还常用年降雨量、月降雨量以及多少小时降雨量等表示。次降雨量是指某次降雨开始至结束时连续一次降雨的总量。降雨量通常以深度单位mm表示，意即在一定时段内降落在单位水平面积上的雨深。

（2）降雨历时。降雨历时是指一次连续降雨过程所持续的时间。

（3）降雨时间。降雨时间是指对应于某一降雨量而言的时段长，在降雨时间内，降雨不一定连续。例如，年最大3日降雨量指一年中，连续3日内总降雨量最大，这个雨量可能是由两场降雨的雨量组成的。

（4）降雨强度。降雨强度是指单位时间内的降雨量，以mm/min或mm/h计。

（5）降雨面积。降雨面积是指某次降雨所笼罩的水平面积，以km^2计。

2. 降雨的分级

国家气象局按降雨量划分的降雨强度等级见表3-1。

表3-1　　国家气象局颁布的降雨强度等级划分标准（内陆部分）

降雨强度等级	24小时降雨总量/mm	12小时降雨总量/mm	降雨强度等级	24小时降雨总量/mm	12小时降雨总量/mm
小雨、阵雨	0.1～9.9	≤4.9	暴雨	50.0～99.9	30.0～69.9
小雨～中雨	5.0～16.9	3.0～9.9	暴雨～大暴雨	75.0～174.9	50.0～104.9
中雨	10.0～24.9	5.0～14.9	大暴雨	100.0～249.9	70.0～140.0
中雨～大雨	17.0～37.9	10.0～22.9	大暴雨～特大暴雨	175.0～299.9	105.0～169.9
大雨	25.0～49.9	15.0～29.9	特大暴雨	≥250.0	≥140.0
大雨～暴雨	38.0～74.9	23.0～49.9			

水文部门将24小时降雨量大于50mm或1小时降雨量大于16mm的降雨称为暴雨；24小时降雨量大于100mm称为大暴雨；24小时降雨量大于200mm称为特大暴雨。

3. 降雨的时空分布特征表示方法

（1）降雨量过程线。以时段降雨量为纵坐标，时间为横坐标绘制而成的柱状图，它表示时段降雨量的变化过程。如以日降雨量为纵坐标，可绘制日降雨量过程。为了表示一次降雨的变化过程，常用更短的时段降雨量（如小时、分钟等）来绘制暴雨过程线，如图

3-4 所示。

（2）降雨量累积曲线。以横坐标为时间，以降雨开始到该时刻的累积降雨量为纵坐标绘成的曲线，如图 3-5 所示。自记雨量计的记录曲线，就是降雨量累积曲线，该曲线某段的坡度，即为该时段的平均降雨强度，即

$$i=\frac{\Delta P}{\Delta t} \tag{3-1}$$

式中　ΔP——Δt 时段内的降雨量，mm；

　　Δt——降雨时段长，以 h 或 min 计。

降雨量累积曲线上任一点的斜率即为该点相应时刻的瞬时降雨强度。将同一流域各雨量站的同一次降雨的累积曲线绘在一起，可用来分析降雨在流域上的分布及各站降雨在时程上的变化，并可用来校验观测资料的合理性。

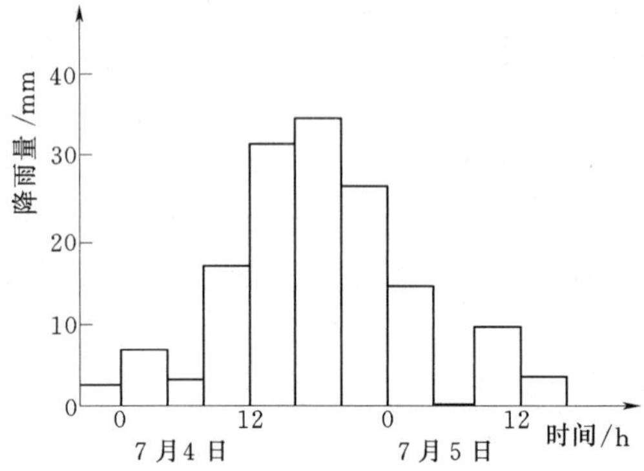

图 3-4　降雨量过程线

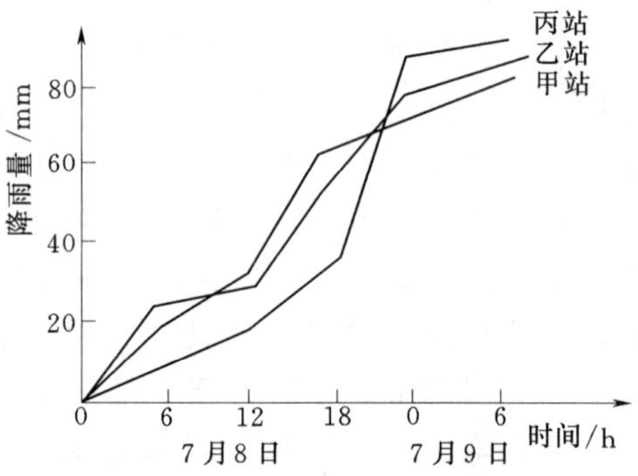

图 3-5　降雨量累积曲线

（3）等雨量线。对于面积较大的区域或流域，为了表示次、日、月、年降雨量的平面分布状况，可绘制等雨量线图，如图 3-6 所示。该图的作法与地形等高线图相似，首先将流域内各站雨量标注在相应位置上，然后根据其数值分布情况勾绘等值线，称其为等雨量线。等雨量线能清晰地反映一次降雨的空间分布。按各时段顺序雨量绘制的等雨量线图，还能反映暴雨中心的移动路线。等雨量线是研究降雨分布、暴雨中心移动及计算流域平均雨量的有力工具。但绘制等雨量线图时，要求有足够的且控制性较好的雨量站点，这样才能真实地反映降雨的空间分布，如测站稀少或控制不好，不能反映暴雨中心的极大值或暴雨的低值点，则所绘等雨量线的代表性很差，从而失去意义。地形和降水关系密切，在绘制等雨量线图时应考虑其影响，考虑降水量随高程增加的规律，考虑由于暴雨走向造成的迎风坡和背风坡的降水量的差异。

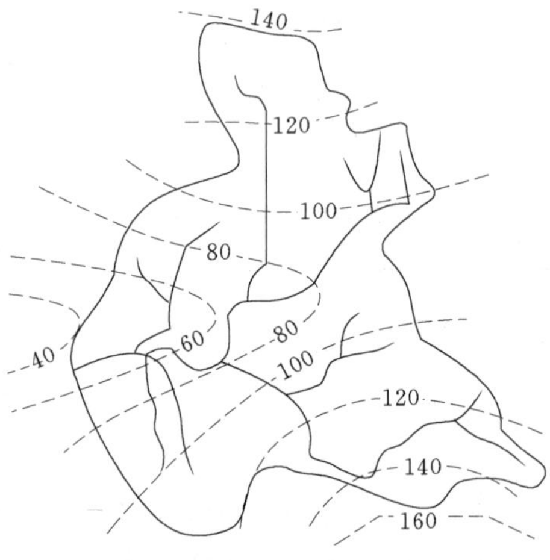

图 3-6　等雨量线图（单位：mm）

（4）降雨特性综合曲线。在作降雨径流分析时，常挑选降雨量大、历时短、强度大的暴雨着重进行综合分析，一般是绘制以下 3 种曲线来进行综合分析。

1）雨强-历时曲线。对于一场暴雨过程，选定不同的历时，分别统计各选定历时内的最大平均雨强，然后在方格纸上点绘强度-历时曲线。在降雨过程线上找出最大平均雨强，一般要采用滑动取值的方法。强度与历时的一般规律为：随着降雨历时的增加，平均强度逐渐减小，一般呈负指数关系，公式如下：

$$\bar{i}=St^{-n} \tag{3-2}$$

式中　t——暴雨历时，min；

S——经验参数，又称为雨力，mm；

n——暴雨衰减指数，随地区而变。

2）平均深度与面积关系曲线。对于一场降雨，以降雨中心（一场降雨的最大值位置）起，分别量取不同等雨量线所包围的面积，并计算此面积内的平均雨深，点绘平均雨深与相应面积的关系即可得到所需曲线，如图 3-7 所示。该曲线的规律是：随着面积的增大，平均雨深逐渐减小。一场降雨，不同历时的深度-面积曲线不同，为了便于比较，常把不同历时的深度-面积曲线绘在一起，称其为深度-面积-历时曲线，如图 3-7 所示。由图可知，较长历时的深度-面积曲线在上部，短历时的深度-面积曲线在下部，且不应相交。

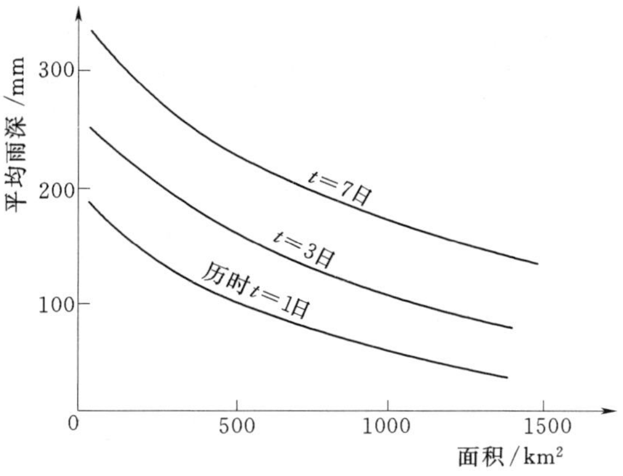

图 3-7　深度-面积-历时曲线

第二节　降雨量的计算及降雨资料的分析插补

一、降雨的观测

降雨量用降落在不透水平面上的雨水的深度来表示，该深度以 mm 计。降雨观测的方法有器测法、雷达测雨法、气象卫星云图估算法等方法。

1. 器测法

包括雨量器和自记雨量计两种仪器。

（1）雨量器。如图 3-8 所示，呈圆形，口径 200mm，其下部为储水瓶，用以收集雨水。量测降水量则用特制的雨量杯进行，分辨率 0.1mm。一般采用定时分段观测制，把一天 24 小时分成几个时段进行，并按北京标准时间以 8 时作为日分界点。

（2）自记雨量计。按工作原理不同有各种形式，常用的有虹吸式自记雨量计、翻斗式遥测雨量计、容栅式自记雨量计。

1）虹吸式自记雨量计能自动连续地把降雨过程记录下来。虹吸式自记雨量计的内部结构如图 3-9 所示，其工作原理如图 3-10 所示。雨水从承雨器 1 流入容器 8 内，器内的浮子 2 随着水面上升，由连杆 3 带动自记笔 4 在附于时钟 9 的记录纸 5 上画出曲线。当

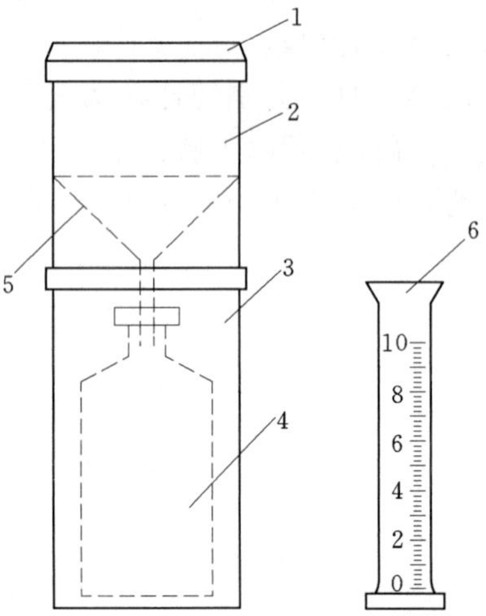

图 3-8　雨量器示意图

1—器口；2—承雨器；3—雨量筒；4—储水瓶；5—漏斗；6—雨量杯

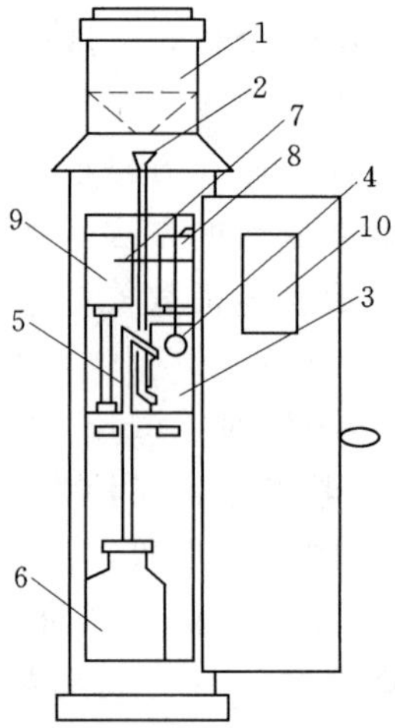

图 3-9　虹吸式自记雨量计示意图

1—承雨器；2—小漏斗；3—浮子式；4—浮子；5—虹吸管；6—储水瓶；7—自记笔；8—比挡；9—自记钟；10—观测窗

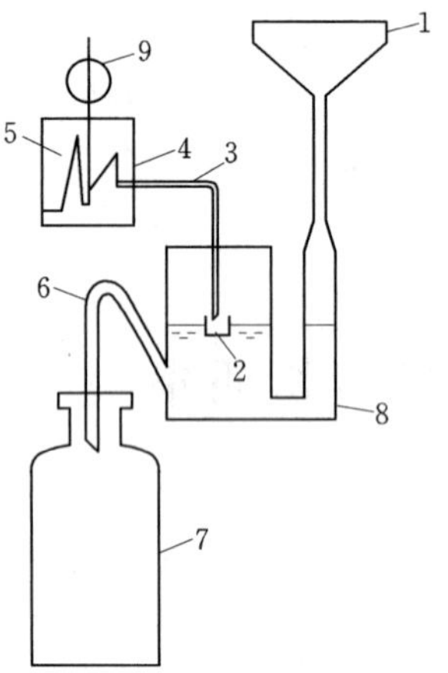

图 3-10　虹吸式自记雨量计工作原理

1—承雨器；2—浮子；3—连杆；4—自记笔；5—记录纸；6—虹吸管；7—储水瓶；8—容器；9—时钟

容器内的水面升至虹吸管 6 的喉部时，容器内的水就通过虹吸引管排至储水瓶 7，与此同时，自记笔也下落回原点，以后再随着降雨量的增加而上升。从虹吸式自计雨量计记录纸上，可以确定出降雨的起讫时间、雨量大小、降雨强度等的变化过程，是推求降雨强度和确定暴雨公式的重要资料。使用时，应和雨量器同时进行观测，以便核对。因为自计雨量计有时会出现较大的误差，特别是在暴雨强度很大的情况下。

2）翻斗式遥测雨量计使用两个翻斗轮流接水，其工作过程为：承雨器收集的雨水，经过漏斗注入计量翻斗，当翻斗所接雨水容积达到预定值时，由于重力作用使自己翻倒，雨水流出后，自己处于等待状态，另一翻斗处于接水工作状态。在翻斗侧壁上装有磁钢，它随翻斗翻动时从干簧管旁扫过，使干簧管通断状态发生变化。即翻斗每翻倒一次，干簧管便接通一次，送出一个开关信号（脉冲信号），每产生一个脉冲信号，便代表 0.2mm 降水，实现降水遥测的目的。

3）容栅式自计雨量计是利用储水室内浮子随雨量上升带动感应极板，使容栅移位感应器产生电容量的变化，经转换为位移量的原理测量降水量。

降雨量测器具设置场所的选择：避免强风吹袭，避免上升气流地带，半径 50m 内为开旷地，考虑通信、维护方便，考虑地形、高程因素，具代表性，避免设置于屋顶或山脊。

2. 雷达测雨法

气象雷达是利用云、雨、雪等对无线电波的反射现象来发现目标的。用于水文方面的雷达，有效范围一般是40～200km。雷达的回波可在雷达显示器上显示出来，不同形状的回波反映着不同性质的天气系统、云和降雨等。根据雷达探测到的降雨回波位置、移动方向、移动速度和变化趋势等资料，即可预报出探测范围内的降雨、强度以及开始和终止时刻。雷达测雨的优点有：①能观测区域雨量；②能观测短期雨量（暴雨）；③可以追踪云雾的移动。缺点是电波反射值有误差。

3. 气象卫星云图估算法

气象卫星按其运行轨道分为极轨卫星和地球静止卫星两类。目前地球静止卫星发回的高分辨数字云图资料有两种：一种是可见光云图，另一种是红外云图。可见光云图的亮度反映云的反照率。反照率强的云，云图上的亮度就大，颜色较白；反照率弱的云，亮度弱，色调灰暗。红外云图能反映云顶的温度和高度，云层的温度越高，云层的高度越低，发出的红外辐射越强。在卫星云图上，一些天气系统也可以根据特征云型分辨出来。

用卫星资料估计降雨的方法很多，目前投入水文业务应用的是利用地球静止卫星短时间隔云图资料，再用某种模型估算。这种方法可引入人—机交互系统，自动进行数据采集、云图识别、降雨量计算、雨区移动预测等项工作。

目前，雷达测雨和气象卫星资料估算降雨的精度还有待提高，尚不能满足工程水文各项计算的需要，但它们是今后降雨观测技术的发展方向。

二、流域平均降雨量计算

由雨量站观测的降雨量，只表示流域中某点或小范围的降雨情况，在水文计算时，需要计算全流域或全区域的平均降雨量。推求流域平均降雨量的常用方法有以下几种。

1. 算术平均法

以流域内各站降雨量的算术平均值作为流域平均降雨量，计算公式为

$$\overline{P}=\frac{1}{n}(P_1+P_2+\cdots+P_n) \tag{3-3}$$

式中　$\overline{P}$——流域平均降雨量，mm；

n——测站数；

P_1，P_2，…，P_n——各站同期降雨量，mm。

该法适用于流域内雨量站网密度较大且雨量站分布均匀的情况，并要求流域内地形起伏变化不大。

2. 泰森多边形法（面积加权平均法）

若流域内雨量站分布不均，采用泰森多边形法较算术平均法更合理和优越。其作法是：在地形图上标出各雨量站，就近连成三角形并尽可能成锐角。在连三角形时，对本流域雨量起一定控制作用的邻近流域的测站也应包括进去，然后对每个三角形的各边作垂直平分线，这些垂直平分线与流域边界构成以每个站为核心的多边形，如图3－11所示。图中虚线为三角

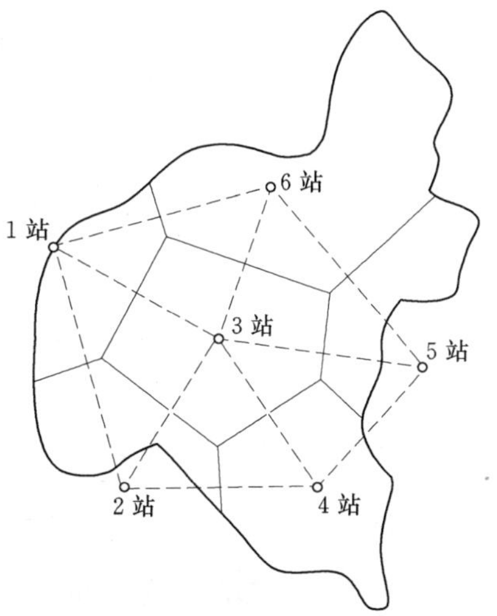

图3－11　泰森多边形法

网，实线为每个测站控制的多边形面积。在流域边界，如果多边形的一部分跨越边界，则只取用本流域内的那部分多边形面积。用求积仪量算每个测站的控制面积 f_i（或使用扫描仪把纸质地图变为电子地图后，用 AutoCAD 或者地理信息系统软件量算），该值与流域总面积 F 的比值作为该站的权重 α_i：

$$\alpha_i = \frac{f_i}{F} \tag{3-4}$$

然后用下式计算流域面平均雨量：

$$\overline{P} = \alpha_1 P_1 + \alpha_2 P_2 + \cdots + \alpha_n P_n \tag{3-5}$$

式中　f_i——流域内第 i 个雨量站的控制面积，km^2；

F——流域总面积，km^2；

α_i——第 i 个雨量站的权重；

P_i——流域内第 i 个雨量站的雨量，mm。

算例：某流域内共有雨量站 5 个，流域面积 $F=9.14km^2$，各站实测降雨量及控制面积见表 3-2，试求该流域平均降雨量 $\overline{P}$。

表 3-2　泰森多边形法计算流域平均降雨量

雨量站	实测降雨量 P_i /mm	控制面积 /km^2	权　重 α_i	$\alpha_i P_i$ /mm
1	10	0.22	0.02	0.2
2	20	4.02	0.44	8.8
3	30	1.35	0.15	4.5
4	40	1.6	0.18	7.2
5	50	1.95	0.21	10.5
总计		9.14	1	31.2

由式（3-5）得，$\overline{P}=31.2mm$。

如果站网稳定不变，采用此法较好；如果某个时期因个别雨量站缺测或缺报以及雨量站位置变动，将改变各站权重，给计算带来麻烦。

可以证明，在所有雨量站中，只有同一部分面积上的那一个雨量站，距离该部分面积上的任何一点最近。该法的原则是基于测站间的降水是呈线性变化的，这对于地形有较大起伏的流域不太符合实际情况，因此，若流域内或测站间有高大山脉，用此法会带来误差。

3. 等雨量线法

对于地形变化大、又有足够多的雨量站的区域，如果能够根据降雨资料结合地形变化绘制出等雨量线图，则可采用本法计算流域平均雨量。先用求积仪量算各相邻等雨量线间的流域内面积，然后用下式计算流域平均雨量：

$$\overline{P} = \frac{1}{F}(f_1 P_1 + f_2 P_2 + \cdots + f_n P_n) \tag{3-6}$$

式中　f_i——相邻两根等雨量线间的流域内面积，km^2；

P_i——相邻两根等雨量线的平均雨量值，mm。

算例：某流域等雨量线如图 3-6 所示，流域面积 $1200km^2$，图上部 120mm 等雨量线与流域边界包围的面积为 $105km^2$，下部 120mm 等雨量线与 140mm 等雨量线间的流域面积为 $160km^2$，因此 120mm 等雨量线与 140mm 等雨量间的流域内总面积为 $265km^2$。其余相邻等雨量线之间的流域内面积见表 3-3，试求该流域平均降雨量 $\overline{P}$。

表 3-3　等雨量线法计算流域平均降雨量

等雨量线值 /mm	相邻等雨量线之间的流域内面积 /km^2	面积权重 f_i/F	相邻等雨量线平均值 /mm	区域平均降雨量 /mm
40				
60	100	0.081	50.0	4.1
80	180	0.146	70.0	10.2
100	320	0.259	90.0	23.3
120	330	0.267	110.0	29.4
140	265	0.215	130.0	27.9
160	39.5	0.032	150.0	4.8
总计	1234.5	1.000		99.7

由表中计算结果可知，流域平均降雨量 $\overline{P}=99.7mm$。

等雨量线法理论上较完善，但要求有足够数量的雨量站，且每次降雨都必须绘制等雨量线图，并量算面积和计算权重，工作量相当大，故实际上应用不多，只有在分析大面积的特殊暴雨洪水时才使用。

4. 距离平方倒数法

此法为美国气象局系统首先采用，其做法是将区域（或流域）分成网格，如图 3-12 所示，各格点的雨量用其周围雨量点的值确定，再取各格点雨量的算术平均值即为流域的平均雨量。推求各格点雨量，是以格点周围各雨量站到该点距离平方的倒数为权重，用各站权重系数乘以各站同期降水量，取总和即得。如图中格点 j，雨量站 1 到该格点的横坐标为 Δx，纵坐标差为 Δy，则格点到雨量站的距离为

$$d=\sqrt{\Delta x^2+\Delta y^2}$$

雨量站 1 的权重系数为 $W=1/d^2$，格点 j 的雨量公式为

$$P_j=\frac{\sum_{i=1}^{n_j}P_iW_i}{\sum_{i=1}^{n_j}W_i} \tag{3-7}$$

式中　P_j——第 j 个格点的雨量，mm；

n_j——参加格点 j 雨量计算的雨量站数（图 3-12 中 $n_j=4$）；

P_i——参加格点 j 雨量计算的各雨量站的雨量，mm；

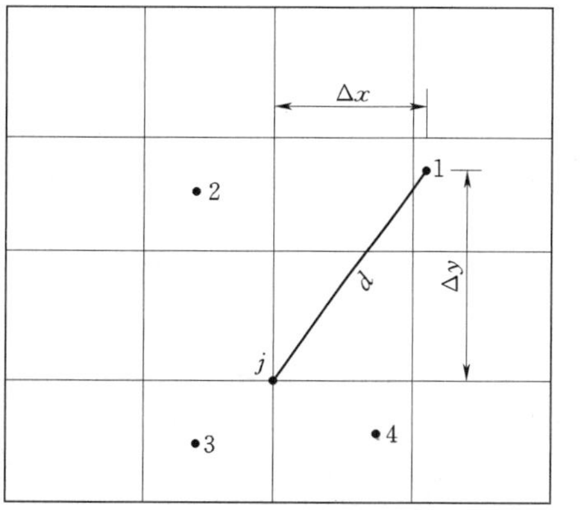

图 3-12　距离平方倒数法格点权重计算示意图

W_i——各雨量站对于格点 j 的权重。

取各格点雨量的平均即为流域或区域的面平均雨量。此法适于计算机处理，存在的问题是，计算机如何确定参与某个格点计算的雨量站数目？有的研究者采用以格点为中心作一定半径的圆，落在圆内的雨量站被选中参与计算。这种方法难以确定最终的合理半径，作者建议的方法是以格点为中心作 4 条射线，等分平面为 8 个区域，每个区域内如有雨量站，选最近的一个雨量站参与计算。

三、降雨资料的分析及插补

1. 降雨资料的合理性分析

在分析时，应着重分析各次降雨的成因、影响降雨的因素，深入了解降雨地区的地理特征，掌握该地区降雨在时程上、地区上分布的一般特性。分析途径有下列几种：

（1）利用本地区绘制的等雨量线图来审查个别站的降雨资料是否合理。

（2）从降雨类型、性质、地形等方面分析雨量资料是否合理。

（3）利用相邻站同时期的雨量、降雨强度及降雨历时作对比检查。

（4）利用双累积曲线分析技术，对测站记录的不一致性进行判别和校正。测站位置、仪器设备、观测方法的改变，会导致降水观测资料的相应变化，破坏历年资料的一致性，双累积曲线分析技术正是用来检查此种不一致的工具。做法是把本站记录的时间趋势与其他站进行比较。将所讨论测站的年或季累积值与邻近的一个或一组可靠测站的同样数的平均值分别作纵横坐标对应点绘于图上，如果曲线坡度不变那就证明被检查的测站全部资料是在原来相同的条件下和同一位置上观测的。图 3－13 是某流域 A 站年降雨量记录与周围相对稳定的 12 个站平均雨量（用 B 站雨量表示）绘制的曲线。从图中可以看出，A 站与周围 12 站观测资料的关系在 1955 年有一转折，说明 A 站观测条件在 1955 年有变化。据此，可将前一时间段的资料修正，以便与后一时间段的资料统一，或将后一时间段的资料修正统一于前一时间段。

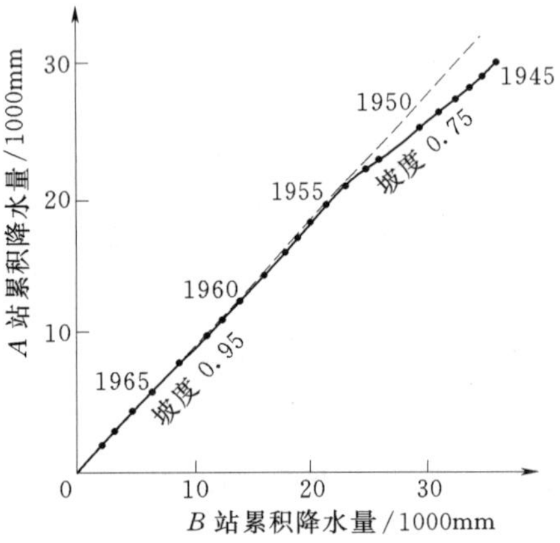

图 3－13　双累积曲线

2. 降雨资料的插补

由于缺测或仪器故障使资料短缺时，为了分析计算需要，对缺测资料要进行插补，常用的方法如下：

（1）算术平均法。如周围相邻 3 个站的多年平均降雨量与缺测站的多年平均降雨量相差在 10%以内，则可用这 3 个站的降雨量的平均值作为缺测站的估算值。

（2）比例法。如相邻站多年平均降雨量与缺测站多年平均值相差在 10%以上，用相邻站多年平均值的比例关系，用下式估算缺测站的降雨量：

$$P_x=\frac{1}{n}\left(\frac{\overline{P}_x}{\overline{P}_1}P_1+\frac{\overline{P}_x}{\overline{P}_2}P_2+\cdots+\frac{\overline{P}_x}{\overline{P}_n}P_n\right) \tag{3-8}$$

式中　P_x——缺测站插补的某年降雨量，mm；

$\overline{P}_x$——缺测站的多年平均降雨量，mm；

P_1、P_2、…、P_n——与 P_x 同期的相邻 n 个站的年平均降雨量，mm；

$\overline{P}_1$、$\overline{P}_2$、…、$\overline{P}_n$——相邻 n 站各站多年平均降雨量，mm。

（3）等雨量线法。前述两法主要用于插补年、月降雨量；对于暴雨量，可用等雨量线法插补。根据周围各站雨量绘制的等雨量线图，由缺测站的地理位置，用比例内插法求得缺测站的雨量值。

（4）图解相关法。选择与缺测站降雨类型相似、处于同一气候区及自然地理条件一致、资料完整的邻近雨量站作为参证站，建立两个站降雨量的相关关系，据以进行插补。

第三节　影响降雨的因素

研究影响降雨的因素对掌握降雨特性、判断资料的合理性、分析不同地区河流径流情势及洪水特点均有重要意义。

1. 地理位置的影响

一般来说，低纬度地区由于空气中水汽含量大，故降雨多。地球上降雨总的分布趋势是由赤道向两极递减。沿海地区雨量充沛，愈向内地雨量愈少。如我国青岛年降水量为646mm，济南为621mm，西安为566mm，兰州为325mm。华北地区因距热带海洋气团源地较远，降水量较华南地区少。

2. 气旋、台风途径的影响

我国江淮地区，由于气旋于春夏之间东移，形成这一地区的持续阴雨——梅雨天气。7、8月间锋面北移，华北地区雨量增加。台风对我国东南沿海各省的降雨影响颇大，影响我国的台风多数在广东、福建、浙江、台湾等省登陆。登陆后，有的绕向北上，在江苏北部或山东沿海再进入东海，有的可深入到华中内陆地区，减弱后变为低气压。台风经常登陆和经过的地方，容易形成暴雨或大雨。

3. 地形的影响

山地地形有强迫抬升气流的作用，从而使降雨量有随高程增加的趋势，降雨量增加的程度，则取决于水汽的含量。

台湾、湖南、广东、福建、浙江若干山地高雨区，就是山地抬升作用所造成的。西北内陆地区，由于水汽含量已少，即使有山地抬升，降水随高程的增加也不显著，如柴达木盆地西北部的阿尔金山，高出地面2000～3000m，但年降雨增加并不多。

山地抬升作用与坡度有关，坡度愈陡，降雨增率愈大，但当高程达到某一高度后，雨量即达到最大值，不再随高程增加。在山顶，气流又变通畅，阻拦作用减弱，降雨量有减小的趋势。山脉的缺口和海峡是气流的通道，由于在这些地方气流有加速作用，水汽难以停留，降雨机会少。如台湾海峡、琼州海峡两侧，雨量减少很多。阴山山脉和贺兰山脉之间的缺口，使鄂尔多斯和陕北高原的雨量减少。

4. 森林和水面

森林可减小气流运动速度，使潮湿空气积聚，有利于降雨。海面和湖面上空，由于气流阻力小而加速前进，减小了降雨的机会。温暖季节，水面上空有逆混现象，使气团不易上升，也不易降雨。海洋暖流所经之处，由于地面上空气团不稳定，则易降雨。

第四节 我国降水分布规律

1. 年降水量地理分布

我国大部分地区受东南和西南季风的影响，形成东南多雨、西北干旱的特点。全国多年平均降水量 648mm，低于全球陆面多年平均降水量 800mm，也小于亚洲陆面多年平均降水量 740mm。按多年平均降水量的多少，全国大致可分为 5 个带。

(1) 十分湿润带。年降水量超过 1600mm，年降水日数平均在 160 天以上。包括广东、海南、福建、台湾、浙江大部、广西东部、云南西南部、西藏东南部、江西和湖南山区、四川西部山区。

(2) 湿润带。年降水量 800～1600mm，年降水日数平均 120～160 天。包括秦岭—淮河以南的长江中下游地区、云南、贵州、四川和广西大部分地区。

(3) 半湿润带。年降水量 400～800mm，年降水日数平均 80～100 天，包括华北平原、东北、山西、陕西大部、甘肃、青海东西部、新疆北部、四川西北和西藏东部。

(4) 半干旱带。年降水量 200～400mm，年降水日数平均 60～80 天，包括内蒙古、宁夏、甘肃大部、新疆西部。

(5) 干旱带。年降水量少于 200mm，年降水日数低于 60 天，包括内蒙古、宁夏、甘肃沙漠区、青海柴达木盆地、新疆塔里木盆地和准噶尔盆地、藏北羌塘地区。

2. 暴雨分布

根据全国暴雨普查资料，按出现日期、天气背景、季节、类型进行分析，可以看出我国大暴雨随季风进退，在地区分布上有一定的规律性。

4—6 月，东亚季风初登东亚大陆，大暴雨主要出现在长江以南地区，是华南前汛期和江南梅雨期暴雨出现的季节。在此期间出现的大暴雨，其量级有明显从南向北递减的趋势。华南沿海出现的特大暴雨，大多是锋面和低空急流作用的产物。华南沿海山地和南岭山脉对大暴雨的分布有十分明显的影响。江淮梅雨期暴雨多为静止锋，涡切变型暴雨，降雨持续时间长，但强度相对较小。两湖盆地四周山地的迎风坡，是梅雨期暴雨相对高值区，而南岭以北和武夷山以东的背风坡则为相对低值区。江南丘陵地区大暴雨的量级，明显较华南地区小。

7—8 月，西南和东南季风最为强盛，随西太平洋副高北抬西伸，江南梅雨结束，大暴雨移到川西、华北一带。同时，受台风影响，东南沿海多台风暴雨。在此期间，大暴雨分布范围很广，苏北、华南、黄河流域的太行山前、伏牛山东麓，都出现过特大暴雨。个别年份台风深入内陆，或在转向北上过程中，受高压阻挡停滞少动或打转。若再遇中纬度冷锋、低槽等天气系统的影响以及地形强迫抬升作用，常造成特大暴雨，例如 1975 年 8 月 5—7 日，7503 号台风在福建登陆后深入河南，由于在台风北面有一条高压坝，使台风停滞、徘徊达

20 小时之久。林庄站 24 小时降雨量达 1060.3mm，其中 6 小时降雨量 830.1mm，是我国大陆强度最大的降雨记录。川西、川东北、华中、华北一带在此期间常受西南涡的影响，也已发生过多次特大暴雨。例如 1963 年 8 月 2—8 日，华北海河流域连受 3 次低涡的影响，在太行山东侧山丘区，连降 7 天 7 夜大暴雨，獐獏站降雨总量达 2051mm，其中最大 24 小时降雨量 950mm。在此期间，北方黄土高原及干旱地区夏季受东移低涡、低槽等天气系统的影响，也曾多次出现历时短、强度特大、但范围较小的强雷暴暴雨。例如 1977 年 8 月 1 日，内蒙古、陕西交界的毛乌素沙漠出现强雷暴，据调查，有 4 个调查点在 8～10h 内的降雨量超过 1000mm，暴雨中心超过 1400mm，强度之大为世界罕见。

9—11 月，北方冷空气增强，雨区南移，但东南沿海、海南、台湾一带受台风和南下冷空气的影响而出现大暴雨。例如台湾新寮 1967 年 10 月 17—19 日曾出现 24h 降雨量 1672mm，3 日总雨量达 2749mm 的特大暴雨，是我国最大的暴雨记录。

思　考　题

1．水文学中常用哪些指标或图形来表示降水的数量多少与空间分布特征？

2．试分析流域内降雨空间分布不均匀的可能原因。

3．为何需要计算流域面平均雨量？简述常用面平均降水量计算方法的优缺点。

4．试分析对降水资料进行合理性分析的途径。

5．假设某个流域面积为 $1000km^2$，若流域年平均降水量为 1000mm，则降水资源总量是多少？若该流域的年径流系数为 0.65，则流域年径流量为多少？

第四章　植物截留与填洼

植物截留和填洼是径流形成过程中的两个环节，植物截留量和填洼量是降雨径流的损失量。植物截留过程和规律在森林水文效益、生态效益研究方面有重要应用。填洼在一次降雨径流过程中量不大，主要间接影响流域年蒸发总量。一年的蒸发总量中，大部分的蒸发量发生在非降雨期间。降雨期间填洼截留的水量，以充分供水的条件提供雨后蒸发。

第一节　植物截留

一、植物截留过程

降雨被植物枝叶拦截并滞留在植物枝叶上的现象称为植物截留。植物单位投影面积上的截留量记为 I，简称截留量。

降雨初期，雨滴落在植物枝叶上，几乎完全被叶面截留，呈小水滴或薄膜状。在没有满足最大截留量之前，植物下的地面仅能获得少量降水。这是因为降雨之初，少部分雨水会穿过树冠，与植物枝叶发生冲击后被分裂，有利于降落过程中被蒸发，结果落至地面的雨水就十分稀少。植物枝叶截留的水量，随着降雨持续而增加，直到水量的重力超过植物枝叶表面对水分的吸附力、承托力和水分表面张力时，超重水量才向下跌落至地面，落下的水滴往往大于雨滴。

截留过程延续整个降雨期间，当植物截留达到最大截留量后，原先积蓄于枝叶上的水分不断被新的雨水所替代，截留的水量处于动态平衡。雨止后，截留的水量最终耗于蒸发。试验资料表明，植物截留过程具有如下特点：

（1）降雨初期，雨水全部截留于枝叶表面，截留量与降雨强度 i 无关。

（2）对给定的降雨强度，有一个与之对应的最大截留量 I_n。

（3）随着降雨强度的增加，I_n 也增大，最后趋于一常数 I_m，此后即使增大雨强，截留量也不变化。称 I_m 为植物截留量容量。

归纳植物截留试验结果，霍顿提出计算植物截留量的如下经验公式：

$$I_n = I_m(1 - e^{-ai}) \tag{4-1}$$

该式表达的是稳定雨强 i 下，一次降雨过程的最大植物截留量 I_n 与这个 i 的关系。如果要计算一次降雨过程内的不同时刻的植物截留量 I_t，即计算 $[0, t]$ 时段的截留量，则将式（4-1）改造为

$$I_t = I_m(1 - e^{-kp}) \tag{4-2}$$

p 是 $[0, t]$ 时段的降雨量。当降雨历时 t 很小时，降雨初期雨量几乎等于截留量，即当 $t \to 0$ 时，有 $dI_i/dp \to 1$。为推求公式中的参数，对式（4-2）求导，得

$$dI_t/dp = I_m e^{-kp} k \tag{4-3}$$

令 $t \to 0$，显然有 $p \to 0$，而 $dI_t/dp \to 1$，可知 $k = 1/I_m$，即

$$I_t = I_m(1 - e^{-\frac{p}{I_m}}) \tag{4-4}$$

降雨期间，植物截留的水量包括两部分：枝叶表面的截留及降雨期间的叶面蒸发，式（4-4）忽略了雨期蒸发，导致计算值偏小。为此，将降雨历时 t 内的蒸发量 CEt 加入式（4-4）左边，得

$$I_t = I_m(1 - e^{-\frac{p}{I_m}}) + CEt \tag{4-5}$$

式中 C——植物枝叶表面与其投影面积之比；

E——单位叶面积的蒸发强度（蒸发能力），以 mm/h 计；

t——降雨历时，以 h 计。

考虑到降雨初期，植物枝叶表面并未全部淋湿，实际蒸发量 E_t 小于 CEt，假定 E_t 随降雨量 p 的变化仍服从指数规律：

$$E_t = CEt(1 - e^{-kp}) \tag{4-6}$$

在式（4-2）基础上增加雨期蒸发，得到考虑雨期蒸发的植物截留量计算公式：

$$I_t = (I_m + CEt)(1 - e^{-kp}) \tag{4-7}$$

仍可用确定式（4-2）中参数的方法，求得式（4-7）的参数：

$$k = \frac{1}{I_m + CEt} \tag{4-8}$$

代入式（4-7），得

$$I_t = (I_m + CEt)(1 - e^{-\frac{p}{I_m + CEt}}) \tag{4-9}$$

式（4-9）是研究植物截留量的基本公式，公式中的参数 C、I_m 与植被特征有关，蒸发能力除与植被特征有关外还与气象要素有关。目前，公式的参数与植被、气象特征之间定量关系的系统研究还很不够。一般而言，针叶林林冠截留容量大于阔叶林，针叶树种内的差别大于阔叶树种内的差别。

对确定的植被，根据式（4-9）计算结果绘制的曲线如图 4-1 所示。从图中可看出，截留量与降雨量、降雨历时成正比，当降雨量相同时，降雨历时越大，截留的量也越大。植物截留不仅在数量上减少了林下雨量，而且也推迟了林下降雨开始的时间。据观测，在雨强较大时，降雨透过枝叶的时间会大大减少。例如，雨强达到 0.1mm/min 以上，林内和林外的降雨时间非常接近，但雨强较小时，如雨强为 0.04mm/min 时，林下降雨时间可延后 1 小时。

植物截留的水量，对一次洪水过程，特别是对大洪水，影响并不显著，但对年降水量

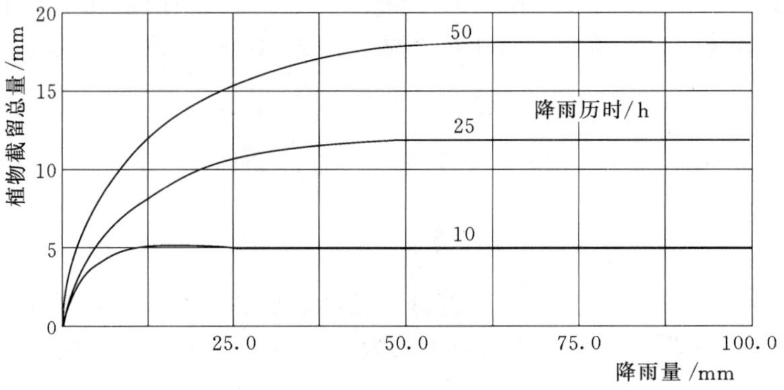

图 4-1　植物截留总量与降雨量、降雨历时的关系

而言，却占很大部分。据实验观测知，森林及茂密的植被，一年中截留的水量可达年降水量的25%～30%。这些截留的水量，最终消耗于蒸发。

二、影响植物截留的因素

影响植物截留的因素一般可分为两大类：一是植物本身的生理特征，如树种、树龄、林冠厚度，茂密度等；二是气象因素，如降雨强度、蒸发、气温、季节、风等。植物截留量随树龄的不同而不同，一般情况下，对一次大的降雨过程可达5～20mm。在生长季节，约有10%～20%的雨量被植物截留并通过蒸发返回大气。年截留的水量则可达年降水量的25%～30%。例如在美国西部俄勒冈生长美国松的地区，多年平均雨量的截留损失达24%。雨量的大小及其强度直接影响植物的截留量及其变化。若研究植物截留的过程，其截留增量随着降雨的增加而变缓，直至趋于零，截留量则趋于一个常数，即植物最大截留量。风对植物截留量的影响较大，当风速大时，树木摆动加剧使枝叶截留水量部分下落，同时使叶面蒸发有所增加。

三、植物截留量的试验研究

影响植物截留的因素比较复杂，理论公式难以建立。式（4-9）的经验公式应用时需要根据具体植被情况和气象要素予以确定，这就要求通过典型野外试验场观测，获得截留量、降雨历时和降雨量、蒸发量，以便用公式反求参数。由于公式形式比较复杂，观测项目又多，分析计算起来比较困难，目前，许多研究者采用形式更简单的经验公式对植物截留进行试验观测研究，计算公式如下：

$$I = S + KEt \tag{4-10}$$

式中　I——植物截留量，以英寸计；

S——抵抗风和重力而蓄存的截留量，也称林冠截留率，以英寸计；

K——截留叶面与林冠水平投影的比值；

E——雨期水面蒸发量，以英寸计；

t——降雨时间，以小时计。

中国科学院地理科学与资源研究所在陕北黄龙县林区，根据试验观测资料提出计算S的经验公式为

$$S = KP^{-n} \tag{4-11}$$

式中，K、n 均为树种情况的参数，见表 4-1。

表 4-1　　各种林冠截留率计算参数

树种	油松	海棠	辽东松	点子梢	茶条	沙柳	山柏
郁闭度/%	90	70	70	70	70	90	80
林冠厚度/m	10.2	5.2	1.7	1.4	1.4	3.5	7.5
K	170	53	58	54	72	71	76
n	0.71	0.50	0.63	0.38	0.54	0.39	0.50

长江流域规划办公室在四川凯江流域进行试验分析，得到以下经验公式：

$$I = I_m (1 - e^{-\frac{K}{I_m}P}) \tag{4-12}$$

式中　I——植物截留量，mm；

I_m——干燥情况下的最大截留量，mm；

P——降雨量，mm；

K——参数，见表 4-2。

表 4-2　　各种树林的截留参数表

林　种	I_m	K	说　　明
橡树林	20	0.20	四川凯江，郁闭度 49%
马尾松林	17	0.17	四川凯江，郁闭度 49%
杉树林	20	0.20	湖南漆山，郁闭度 50%
松（幼林）	15	0.18	黑龙江宾县，郁闭度 50%
苹果林	23	0.21	河北易县，郁闭度 50%
洋槐林	21	0.20	河北易县，郁闭度 50%
油松林	20	0.20	河北易县，郁闭度 50%
白杨林	16	0.18	河北易县，郁闭度 50%

上述各计算公式及参数的地区性很强，仅供参考。值得说明的是，植物截留的研究对农林业生产及区域生态研究有指导作用，但在计算其对径流量的影响量，特别是对一次降雨径流过程的影响量上，尚达不到实用要求；又因其对一次降雨径流过程的影响量很小，实用中常将其忽略或合并于降雨径流的其他损失中。

第二节　填　　洼

一、填洼过程

流域上具有很多大大小小的闭合洼地，这些洼地在面积和深度上均不同。降雨满足下渗后，就开始了填洼过程，降雨期间，每一个洼地在自己的容量填满后，使入流等于出流加下渗和蒸发而取得平衡。超渗雨开始后，首先充满最小的一些洼地，开始形成地面漫流。这些水流的大部分转而填充更大的洼地，少部分靠近河槽的地面漫流才进入河槽。这个阶段，河槽中的径流增加不明显，仅当坡面上大部分洼地填满后，河槽中的径流才明显地增加。降雨期间蓄存在大大小小的洼地中的水分，在雨后一部分继续下渗，一部分蒸发，最终以蒸发的形式返回空中。显然，洼地的存在增加了一次降雨径流过程中的损失量，这部分损失量就称为填洼损失量。

流域填洼过程在径流形成中作用显著，它不仅影响产流过程，而且影响径流量。塘堰、梯田等均通过增加洼蓄量使洪水过程缓和，而平整土地、农田排水、闸坝放水等又会减少洼地存蓄而使径流增加。

二、填洼估算

为推求估算填洼损失量的公式，先假定流域地面不透水，流域大大小小的洼地中，每一个都具有一个对应的填洼水深 s。填洼水深 s 小的洼地面积上先填满并产生注入河槽的径流，因此，产流面积是填洼水深 s 的函数 $f(s)$，用全流域面积 F_0 除 $f(s)$ 得相对产流面积 $F(s)=f(s)/F_0$，仍称为产流面积。Г. П. 加里宁认为，产流面积 $F(s)$ 的变化率与不产流面积 $[1-F(s)]$ 的大小成正比，即有

$$\frac{\mathrm{d}F(s)}{\mathrm{d}s}=K[1-F(s)] \tag{4-13}$$

记 $\varphi(s)=\dfrac{\mathrm{d}F(s)}{\mathrm{d}s}$ 则有

$$\varphi(s)=K[1-F(s)] \tag{4-14}$$

现在积分式（4-13），得

$$F(s)=1-\mathrm{e}^{-Ks} \tag{4-15}$$

把式（4-15）求导后得 $\varphi(s)$ 的函数表达式：

$$\varphi(s)=K\mathrm{e}^{-Ks} \tag{4-16}$$

称式（4-16）为洼地面积分配曲线，如图 4-2 所示。根据 $\varphi(s)$ 的定义可写出产流面积计算式：

$$F(s)=\int_0^P\varphi(s)\mathrm{d}s \tag{4-17}$$

当降雨很大，所有的洼地均填满，则整个流域都产流，因此，令 $P\to\infty$，必有

$$\int_0^\infty\varphi(s)\mathrm{d}s=1 \tag{4-18}$$

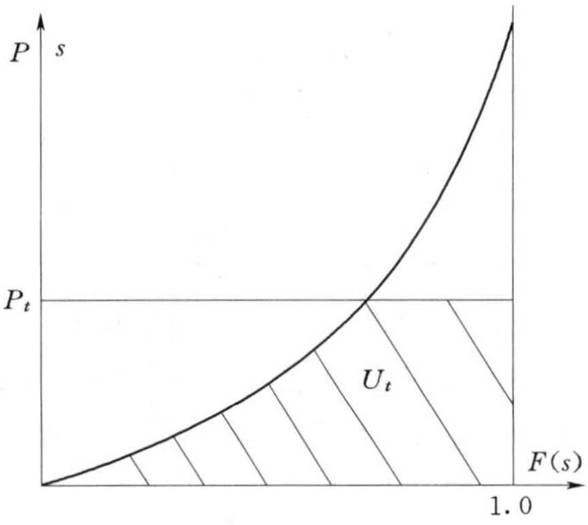

图 4-2 洼地面积分配曲线

令降雨量为 P_t 时对应的填洼量为 U_t、产流量为 R_t，由图 4-2 可知：

$$U_t=\int_0^{P_t}[1-F(s)]\mathrm{d}s=\int_0^{P_t}\mathrm{e}^{-Ks}\mathrm{d}s=\frac{1}{K}(1-\mathrm{e}^{-KP_t}) \tag{4-19}$$

参数 K 可如下估计，在式（4-19）中，令 $P\to\infty$，必有 $U_t\to U_{\max}$，即

$$U_{\max}=\int_0^\infty\mathrm{e}^{-Ks}\mathrm{d}s=\frac{1}{K} \tag{4-20}$$

代入式（4-19）得填洼量估算公式：

$$U_t = U_{\max}\left(1 - e^{-\frac{P_t}{U_{\max}}}\right) \tag{4-21}$$

最大填洼量 $U_{\max}$ 可通过其物理意义估计。当流域面积为透水面积时，只需从降雨量中扣除下渗 f 即可，即透水流域的填洼损失计算式为

$$U_t = U_{\max}\left(1 - e^{-\frac{P_t - f}{U_{\max}}}\right) \tag{4-22}$$

流域的最大填洼量 $U_{\max}$ 一般在 10mm 左右，但各地不一，稻田河网区 $U_{\max}$ 较大。对于具体流域，由于 $U_{\max}$ 不易确定，考虑到填洼量最终耗于下渗和蒸发，故实际工作中一般将其合并在下渗和蒸发损失量中考虑。

思　考　题

1. 试分析植物降水截留过程具有的一般性规律。

2. 为何流域尺度的水量平衡考察中，一般忽略降水截留量与填洼水量？

3. 试分析植被覆盖较少干旱区地区与湿润多雨森林地区在降水截留过程研究中可能关注点的差异。

第五章　土　壤　水

土壤水是指吸附于土壤颗粒和存在于土壤孔隙中的水分。土壤水分运动是径流形成的重要环节，它们的变化直接影响和决定着径流过程的基本特征，也直接影响着植物的生长过程。研究土壤水的运动规律是水文学和水资源学科、土壤农作物学科的重要内容。

第一节　土壤的水理特性

土壤是由土粒、水、空气三种物质组成的复合体。固体土粒是土壤中相对不变的部分，约占土壤容积的50%（45%～49%是矿物质，1%～5%是有机物和微生物）。水和空气是可变部分，降雨时，大量水分进入土壤，排挤出空气；干旱时，水分蒸发逸出，空气又进入土壤占据容积。土粒的粒径从几微米至几厘米不等，彼此间存在着孔隙，因而，地表土层为多孔介质，它能吸水、蓄水和向任何方向输送水分。土粒可分为砂粒、粉粒和黏粒。砂粒的粒径为0.02～2mm，比表面积（单位重量土粒的表面积）小，粒间孔隙大，透水透气性强。粉粒粒径为0.002～0.02mm，比表面积大，粒间孔隙小，透水透气性不强。黏粒的粒径小于0.002mm，比表面积很大，透水透气性弱。天然土壤中，根据上述土粒所占比例不同，可将土壤分为砂土（砂粒重量占80%以上）、黏土（黏粒占60%以上）和壤土（所含砂粒和黏粒介于砂土和黏土之间）3种土壤。土壤的透水透气性除了与土壤的颗粒组成有关外，还与土壤的结构有关。土壤结构是指土壤颗粒的排列形式。土壤中的土粒紧密结合在一起形成团粒结构，称为团聚体，团聚体内存在许多毛管孔隙，团聚体彼此间又存在较大的非毛管孔隙，非毛管孔隙是土壤水流的良好通道。土壤团聚体的排列类型很多，构成了土壤孔隙的不同分布状况，从而引起土壤的透水、输水、持水性的差异。

土壤的水理特性常用以下指标表示：

（1）土壤比重γ_s。指土壤中固体物质与同体积水的重量比，用公式表示为

$$\gamma_s=\frac{W_s}{W_w}$$

式中　W_s——土壤中固体物质重量；

W_w——同体积水重。

（2）土壤容重d。指自然条件下，单位体积中的干土质量，以kg/m^3计，用公式表示为

$$d=\frac{W_s}{V}$$

（3）土壤孔隙比 e。指土壤中固体体积与孔隙体积之比，用公式表示为

$$e=\frac{V_V}{V_s}$$

式中　V_s——土壤中固体物质体积；

V_V——土壤中孔隙体积。

（4）孔隙率 η。指孔隙体积 V_V 与总体积 V 之比，用公式表示为

$$\eta=\frac{V_V}{V}$$

土壤孔隙率与土壤的类型、耕作情况、植被情况和离地面的深度有关，一般变化为30%～60%。位置越深土壤越密实，孔隙率越小，但通常在地面80cm以下孔隙率的变化就不大了。所以，流域下垫面1m以内深度的土层对暴雨径流形成的影响最大。土壤孔隙度的大小还不足以完全反映孔隙对水分的作用，例如黏土的孔隙度比砂土的孔隙度大，但是孔隙直径小、数量大；孔隙直径小，对水流阻力大，透水性弱，直径数量大，持水能力强。砂土则相反，透水能力强，持水性弱。从水分运移的观点来看，可将土壤孔隙分为三种类型：

1）无效孔隙。孔径小于0.001mm，孔隙只要十几个水分子就可将它堵塞，孔隙中的水分受到很大的吸力而保持在孔隙中，一般不参与水分运行。

2）毛管孔隙。孔径为0.001～8mm，大量存在于土壤中，它们对水分有毛管力作用，既可持水又可输水。

3）非毛管孔隙。孔径大于8mm的孔隙，不能持水，但却是水分的良好通道。

第二节　土壤水分的作用力和土壤水分存在形式

一、土壤水分的作用力

土壤固体颗粒与水分子经常处于相互作用的状态中，其作用力的性质决定于水分子与土壤颗粒表层分子和离子的性质。作用于土壤水的主要力有分子力、毛管力和重力。由于这些力随时都在变化，水分受力不平衡，处于经常运动和变化之中，因而决定了土壤水的存在形式和运动特性。

（1）分子力。分子力是指土壤颗粒表面的分子和离子对水分子的吸引力。分子力的大小与土粒的表面积成正比，表面积越大分子力越大。紧靠土粒表面的分子力甚大（可达1.01×10^9Pa），当吸附水分子以后，分子力迅速衰减，以致消失。当达到几十个水分子厚度时，分子力就不再起作用了。水分向土壤颗粒表面结合的现象称为吸附，分子力有时也称为吸附力。

（2）毛管力。在未充满水的毛管孔隙中，由于存在液体弯月面的表面张力，形成毛管力作用于土壤水。若这种力处于不平衡状态，会使土壤水运动；若这种力处于平衡状态，则土壤水被保持在土壤孔隙中。毛管力的大小视毛管的管径和液面的表面张力大小而定。

（3）重力。土壤水处于重力场之中，受地心引力作用，其大小可用水头表示。

除上述3种力外，土壤水还可能受到渗透压力；在水分运动时，还受到液体表面张

力、黏滞力和空气压力等各种阻力的作用。

这些作用力中，分子力和毛管力与土壤的物理特性有密切关系。不同物理特性的土壤，分子力和毛管力大小不同；对于同一土壤，它们又随土壤含水量的变化而变化，也就是说，在土壤水分运行的不同阶段它们的大小是不同的。在这些力的作用下，导致了土壤水分的运行和动态变化，同时水分的变化又反映了这些作用力中某些作用的削弱与增长。

二、土壤水分的存在形式

在上述各种力的作用下，根据土壤水分存在的形式和性质，可将土壤水分分为如下类型，如图 5-1 所示。

- 土壤水
  - 结合水
    - 吸湿水
    - 薄膜水
  - 自由水
    - 毛管水
      - 支持毛管水
      - 毛管悬着水
    - 重力水
      - 自由重力水
      - 支持重力水

图 5-1　土壤水分类型

(1) 吸湿水。土粒能吸附空气中的水分子的性能称为吸湿性，所吸附的水分称为吸湿水。土壤颗粒分子力所吸附的水分厚度约为几个到 20 个水分子的厚度。紧贴土粒表面的水分子所受的分子吸力可达 1.01×10^9Pa，在水汽饱和状态下，土壤吸湿水达到最大吸湿量，这时分子吸力降为 3.1×10^6Pa。由于分子吸力很大，使水分子间的距离已小于正常液态水分子之间的间距，而表现出固态水的性质。吸湿水没有溶解能力，不能自由移动，只能在 105～110℃高温下汽化散失，由于紧束在土壤中，对水文现象的影响不大。

(2) 薄膜水。薄膜水是在吸湿水外面由土粒剩余分子力所吸附的水膜。薄膜水所受吸力约为 3.14×10^5Pa～6.33×10^5Pa，与液态水的性质基本相似，能以湿润的方式，从一个土粒较厚的水膜向另一土粒较薄的水膜移动，如图 5-2 所示。水膜移动的速度非常缓慢，其运动速度一般为 0.2～0.4mm/h。薄膜水不受重力的影响，随着水膜的相互作用，厚度逐渐趋于均匀，速度逐步减小而停止。

(3) 毛管水。由于毛细管的吸引力而被保持的水分。毛管水又可分为支持毛管水和毛管悬着水。

1) 支持毛管水（毛管上升水）。地下水面以上由毛管力所支持而存在于土壤孔隙中的水分。由于孔隙大小分布不均匀，毛管水上升高度也不相同，孔隙越细，毛管水上升高度越大，在地下水面以上就形成一个不均匀的水分分布带，称为毛管活动层。毛管活动层随地下水位的升降而升降，活动层的平均厚度决定于土壤的性质。

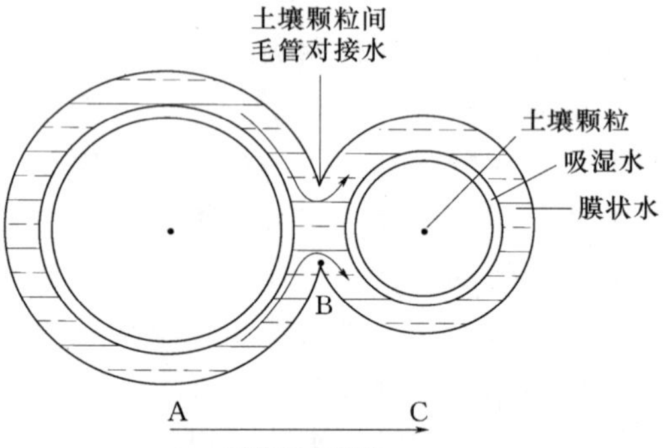

A—颗粒厚水膜点；
B—颗粒间毛管对接水弯月面；
C—颗粒薄水膜点。

图 5-2　薄膜水运动示意图

2) 毛管悬着水。在土壤孔隙中，当下渗的水量通过毛管时，由于毛管孔径不同，毛管力的大小就不同，当向上的毛管力大于向下的毛管力，其合力（向上与向下的力差）能支持一部分水，使其不能到达地下水面而悬吊于孔隙之中，这种水分称为毛管悬着水。

(4) 重力水。重力水指土壤中在重力作用下能自由移动的水分，又称自由重力水。它能传递水压力，压力差存在，就可产生水流运动。土壤中的自由水每时每刻都在不停地运动和变化，是土壤水分中具有较大活动性的部分，毛管悬着水和重力水是影响径流形成的重要成分。支持重力水是指受基岩承托的，在土壤中不会流动的水分，但土层十分干旱时，它们可以被作为深层蒸发而消耗。

三、土壤含水量及水分常数

1. 土壤含水量

土壤含水量表示一定量的土壤中所含有的水分数量，是土壤的一个重要物理性质指标，是分析土壤各种物理特性、力学特性以及决定土壤水分运动和保持的重要参数。土壤含水量的空间分布和随时间的变化就描述了土壤水分的动态变化。土壤含水量可用一定容积的土壤中三相物质含量的相对比例关系来说明，最常用的表示方法有以下几种：

（1）土壤重量含水率 ω。为同一土样中，水分的重量 W_w 占干土重量 W_s 的百分数，用公式表示为

$$\omega=\frac{W_w}{W_s}\times 100\quad(\%)$$

利用称重的方法，测量湿土样的重量和其烘干后的重量，容易求得 W_w、W_s 值。

（2）土壤容积含水率 θ。指单位容积的土壤中所含有的水分的体积，常用百分数表示：

$$\theta=\frac{V_w}{V}\times 100\quad(\%)$$

式中　V——土样的总体积，m^3；

V_w——土样中水的体积，m^3。

容积含水率 θ 的含义是单位体积土样中水分的体积，容积含水率能表示土壤所含水分的绝对值的大小，表明土壤水分填充土壤孔隙的程度，在土壤学和水文学中被广泛采用。

（3）蓄水深度。水文科学中常用某一面积上的深度表示水量，单位为 mm。用于表示土壤含水量时，是指单位圆柱体（单位面积、单位高度）土样中，用单位面积上的深度表示的土样中所含水分的体积。

2. 土壤水分常数

土壤水分的不同存在形式和运动特性与它们所受到的作用力密切相关，而土壤不同的持水特性又决定了这些作用力的大小，因此，土壤含水量可以反映土壤水分的存在形态和运动特性。标志土壤水分形态和运动特性发生明显变化的一些土壤含水量特征值称为土壤水分常数。主要的水分常数有以下几种：

（1）最大吸湿量。在饱和空气条件下，土壤颗粒所能吸收水分的最大值，它表示土壤颗粒吸附气态水的能力。

（2）最大分子持水量。指土壤颗粒的分子力所能结合的水分的最大值，此时薄膜水的厚度达到最大，持水量是吸湿水和薄膜水的总和。

（3）凋萎含水量。植物根系无法从土壤中吸收水分以致开始凋萎枯死时的土壤含水量。植物根系的吸力为 15.19×10^5Pa，约为 15 个大气压，当土壤对水分的吸力等于 15.19×10^5Pa 时的土壤含水量就是凋萎含水量。显然，只有大于凋萎含水量的水分才是

参加土壤水分交替运动的有效水量。

（4）田间持水量。指土壤中所能保持的最大毛管悬着水量。当土壤含水量达到田间持水量时，毛管作用力消失，非毛管空隙中的土壤颗粒仍有剩余吸附力。视土壤性质不同，约为 1/10～1/3Pa。土壤含水量超过田间持水量时，多余的水分不能被土壤所保持，水分将在重力和土壤颗粒吸附力的作用下渗透。田间持水量是划分土壤持水量与向下渗透水量的重要依据，对水文学有重要意义。

（5）毛管断裂含水量。毛管悬着水的连续状态开始断裂时的含水量。当土壤含水量低于此值时，连续供水状态遭到破坏，水分运动将以薄膜水和气态水的形式进行。毛管断裂含水量约为田间持水量的 65%。显然介于毛管断裂含水量与田间持水量之间的含水量是指土层部分的毛管连续充满，而部分的毛管并未充满，因此，水分还可以在毛管力的作用下由湿度大的地方向湿度小的地方移动。

（6）饱和含水量。指土壤中所有孔隙都被水充满时的土壤含水量，它取决于土壤孔隙的大小。介于田间持水量与饱和含水量之间的水分，主要是在重力作用下运动，土壤颗粒吸附力剩余量很小。当土壤达到饱和含水量后，土壤颗粒剩余吸附力全部消失，土壤水分只在重力作用下运动。

不同种类和性质的土壤，其土壤水分常数不同，需要时可查阅有关文献。

第三节　土壤水的水力特性

土壤水在土壤中的保持或运动的状态是在各种力的综合作用下的结果，可分析土壤水在各种力作用下所处的能量状态，用土壤水与能量的关系来解释土壤水的运动。

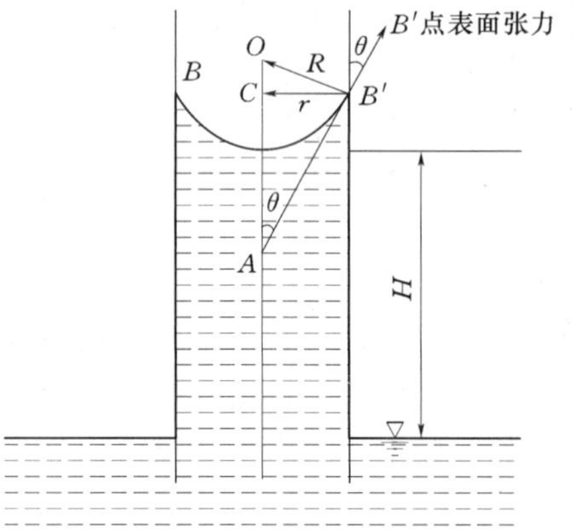

图 5-3　毛管力和毛管水运动方向示意图

1. 毛细现象及毛管力

当水与毛管接触时，由于管壁对水分子的吸附力大于水分子之间的内聚力，在毛管中可以形成凹形的弯月面，使液体表面变大；因表面张力和收缩的作用，迫使液面又趋向水平，管内液体就随着上升，以减少面积。这样，直到表面张力向上的拉引力与毛管内升高的液柱重量达到平衡时，管内的液体停止上升，这就是毛细现象。毛管力和毛管水运动方向如图 5-3 所示。液体在毛管中的上升高度与毛管半径成反比，毛管愈细，液体上升愈高。毛管上升高度一般可由下式近似计算：

$$H=\frac{0.15}{r} \tag{5-1}$$

式中　H——毛管上升高度，mm；

r——毛管直径，mm。

毛管水运动是指土壤中的毛管水在毛管力和重力的作用下，向毛管形成的弯月面的圆心方向移动，也就是向土壤中含水率较低的方向移动。毛管水的运动主要决定于毛管力而不是重力，它在土壤中的运动总是由毛管力小的地方向毛管力大的地方移动。在自然条件下，由于各种不同大小的毛管交织在一起，其上升高度比公式所给数值要小得多。H 是某个毛细管的特征，是以水头表示的毛管力，即单位面积上的毛管力的作用水头。在土壤中，由于毛管弯月面位置方向不同，毛管互相串通，所以毛管孔隙水头是极不均一的。但是，对于某种特定土壤，有一个平均的毛管上升高度 $\overline{H}$，它表示了这种土壤的平均毛管特性。

2. 土水势

为了描述土壤水在非饱和与饱和状态下的运动，需要引入土水势的概念。势能是指力把单位质量的物体从一点移动到另一点所需要做的功。国际土壤学会土壤物理术语委员会定义土水势（土壤水的总势）为：在标准大气压下，从水池中把单位质量的纯水从基准面上等温地和可逆地移动到土壤某一吸水点，使之成为土壤水时必须做的功。因此，土水势就是土壤水相对于某一给定的基准面（0 势面）的位置势能，由物理学知，势能只有大小而无方向。土壤水受到若干力的作用，这些力都不同程度地影响或改变着土壤水的势能，土壤水受到的合力产生的势能称为总土水势，总土水势是各种力产生的分土水势之和，即

$$\Phi = \varphi_m + \varphi_s + \varphi_p + \varphi_g \tag{5-2}$$

式中 Φ——总土水势；

φ_m——基质势；

φ_s——溶质势；

φ_p——压力势；

φ_g——重力势。

（1）基质势。土壤颗粒对水分有吸附力，毛细管现象产生毛管力，这两种力吸引水保持在土壤孔隙中，降低了土壤水的势能，使之低于自由水的势能，形成了吸附势和毛管势。吸附势和毛管势很难分开，由于两者都是土壤基质对水的吸引力作用引起土壤水能量的改变而产生的，所以合称为基质势，一般不再分开研究。基质势恒为负，这是因为任何自由水面与纯水水池的水面可以认为均是 0 势面（天然情况下的自由水体接近纯水，就土壤水运动而言，绝大多数情况下它们的水面都可以认为是 0 势面），要将非饱和土壤中的土壤水移到自由水面，外力必须克服吸附力和毛管力做功，这就是说，水分的势能升高了，因而，原位置由吸附力和毛管力体现的势能，其基质势低于 0 势面，故为负值。在自然状态下，基质势可直接用张力计测量。

（2）溶质势。土壤水一般为溶液。由于溶液中存在溶质，溶质离子对水分子的吸附作用，使水的活性下降。和纯水相比，含有溶质的水做功能力下降了，即降低了水分的自由能，也降低了土壤水的水汽压。土壤水溶液中的溶质降低的土壤水自由能就是溶质势，该值恒为负。溶质势是水土系统中各种溶质综合作用造成的，其大小和溶质的数量有关。显然任何自由水面与纯水水池的水面仅相差一个溶质势。

（3）压力势。当土壤饱和或地面出现水层后，饱和水面以下的土壤水处于静水压力的作用下具有的势能称为压力势，压力势为正值。其单位常用水柱高表示。一般情况下，只有地下水位以下的土壤水才存在压力势，其大小由分析点至地下水位的距离决定。非饱和

土壤内部有未充水的空隙，因而内部与大气相通，水分的总压力与大气压力相等，不存在压力势，反之，饱和土壤中，由于土壤分子吸附力和毛管力的消失，不存在基质势。非饱和土壤水处于负压作用下，也可以把基质势看作负的压力势。

（4）重力势。地球上任何物体都处于重力场中，其势能的大小取决于物体在重力场的位置。任何一点土壤水的重力势是相对于参照基准面的高度来决定的，即

$$\varphi_g = mgZ \tag{5-3}$$

式中 Z——基准面上的高度；

m——土壤水的质量；

g——重力加速度。

不论任何形态的土壤水，都必然受到重力的作用。而对于溶质势，因土壤中不存在半透膜，故两点土壤之间即使有溶质势差，也不会起驱动水分的作用，故在分析土壤水分运动的总势时，常常只考虑重力势、压力势、基质势 3 项。

综上所述，对于描述土壤水运动来讲，应掌握以下要点：

1）一般可不考虑溶质势。

2）在非饱和土壤中，土水势主要由基质势和重力势组成；而在饱和土壤中则只存在重力势和压力势。但是，在研究盐碱地及土壤-植物水分关系时，应考虑溶质势的作用。

3）土水势只有大小而无方向。

4）土水势梯度的方向规定为指向土水势增加的方向。

5）土壤水总是从总土水势高的地方向低的方向运动，所以土壤水运动的方向与土水势梯度的方向相反。

3. 土壤水力特性的滞后现象

土壤水分的基质势与含水率的关系曲线称为土壤水分特性曲线。试验揭示土壤水分特性曲线不是单值的曲线，而是一组曲线。如果对完全干燥的土壤湿化，土壤进行吸水过程，直至土壤饱和，测试吸水过程中的土壤吸附力和含水率，可以得到土壤水分基质势随含水率的变化曲线，即湿化过程线。对饱和后的同一土壤进行干化，土壤发生释水过程，同样测试可得干化过程线。干、湿化过程线为两条在完全干燥点和饱和点重合、其余部分都不重合的 S 形曲线，如图 5-4 所示。这种性质反映了土壤-水平衡关系中的滞后现象，即湿化过程的含水率随基质势的变化落后于干化过程，这种现象称为土壤水力特性滞后现象。上述方法得到的曲线称为主干化曲线和主湿化曲线，这两条曲线所形成的封闭圈称为滞后圈。如果对含有一定水分的土壤进行干化过程，在土壤没有达到完全干燥时又进行湿化过程，直至回到原来的含水率，所得两条曲线形成滞后圈内的小封闭圈，如图 5-4 所示。

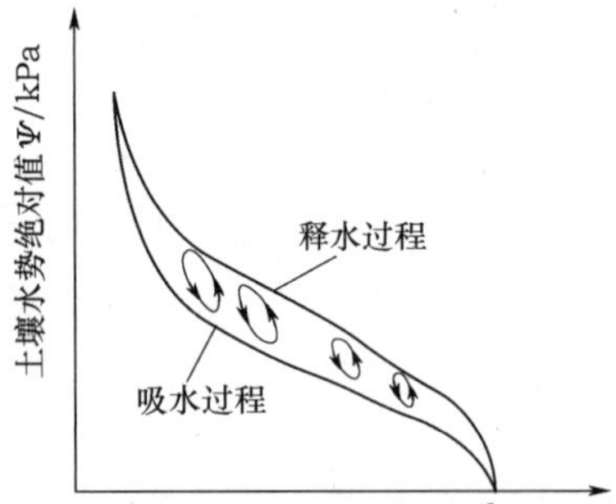

图 5-4 土壤基质势与土壤含水量关系

基质势和含水率的关系随着土壤干湿变化的过程是十分复杂的，产生土壤水力滞后现象的物理机制目前还不十分清楚，一些学者试图给出解释并提出数学表达式，但未能完全成功解决此问题。

第四节　土壤水运动的基本方程

土壤水运动主要指土壤水中液态水的流动。在一定条件下，土壤水分也可以气态水的形式运动，这里主要讨论液态水流动。土壤中的水分不仅受土壤物理特性的制约，还受到降雨、下渗、蒸散发和其他水分运行的影响，因此，其活动规律和状态将十分复杂。土壤物理特性在空间各个方向上都相同时，称为均质土壤，否则，称为非均质土壤。目前，非均质土壤的土壤水流运动研究尚不多见，本书只研究均质土壤。土壤饱和与非饱和指土壤孔隙体积被水分占有的情况，土壤孔隙体积全部被水充满时，称为饱和土壤；反之，称为非饱和土壤。前者为土粒和水组成的二相物质系统，后者为土粒、水、空气组成的三相物质系统，两种系统的水力特性不同，水流运动的基本规律也不同。饱和状态下，土壤水在重力势和压力势作用下产生饱和水流运动，属于自由重力水渗流；在非饱和状态下，土壤水在基质势和重力势作用下，产生非饱和水流运动。基质势的大小与土壤含水率的关系密切，而含水率在水分运动过程中是时间和空间的函数，因此，非饱和水流运动比饱和水流运动复杂得多，而且比饱和水流现象更普遍。

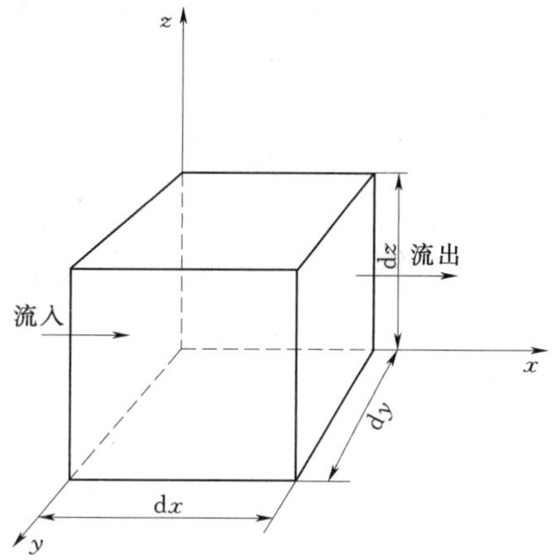

图 5-5　土壤水水量平衡示意图

1. 土壤水流的连续方程

根据物质守恒定律，在土层中给定的土体空间，在时间 t 内流入的水量与流出的水量之差，应等于该土体内水量的变化量。在土壤水流场的坐标系中取一边长分别为 $\mathrm{d}x$、$\mathrm{d}y$、$\mathrm{d}z$ 的微小立方体，如图 5-5 所示。在 $\mathrm{d}t$ 时间内，沿 x 方向流入与流出的水量差为

$$\rho V_x \mathrm{d}y\mathrm{d}z\mathrm{d}t-\left[\rho V_x+\frac{\partial}{\partial x}(\rho V_x)\mathrm{d}x\right]\mathrm{d}y\mathrm{d}z\mathrm{d}t=-\frac{\partial}{\partial x}(\rho V_x)\mathrm{d}x\mathrm{d}y\mathrm{d}z\mathrm{d}t \tag{5-4}$$

同理，对 y 和 z 方向有

$$\rho V_y \mathrm{d}x\mathrm{d}z\mathrm{d}t-\left[\rho V_y+\frac{\partial}{\partial y}(\rho V_y)\mathrm{d}y\right]\mathrm{d}x\mathrm{d}z\mathrm{d}t=-\frac{\partial}{\partial y}(\rho V_y)\mathrm{d}x\mathrm{d}y\mathrm{d}z\mathrm{d}t \tag{5-5}$$

$$\rho V_z \mathrm{d}x\mathrm{d}y\mathrm{d}t-\left[\rho V_z+\frac{\partial}{\partial z}(\rho V_z)\mathrm{d}z\right]\mathrm{d}x\mathrm{d}y\mathrm{d}t=-\frac{\partial}{\partial z}(\rho V_z)\mathrm{d}x\mathrm{d}y\mathrm{d}z\mathrm{d}t \tag{5-6}$$

土体的净入流量是以上三式右边之和，即

$$-\left[\frac{\partial(\rho V_x)}{\partial x}+\frac{\partial(\rho V_y)}{\partial y}+\frac{\partial(\rho V_z)}{\partial z}\right]\mathrm{d}x\mathrm{d}y\mathrm{d}z\mathrm{d}t \tag{5-7}$$

土体水量变化为

$$\frac{\partial(\rho\,\theta)}{\partial t}\mathrm{d}x\mathrm{d}y\mathrm{d}z\mathrm{d}t \tag{5-8}$$

因此，有

$$-\left[\frac{\partial(\rho V_x)}{\partial x}+\frac{\partial(\rho V_y)}{\partial y}+\frac{\partial(\rho V_z)}{\partial z}\right]\mathrm{d}x\,\mathrm{d}y\,\mathrm{d}z\,\mathrm{d}t=\frac{\partial(\rho\,\theta)}{\partial t}\mathrm{d}x\,\mathrm{d}y\,\mathrm{d}z\,\mathrm{d}t \tag{5-9}$$

或写作：

$$\frac{\partial(\rho\,\theta)}{\partial t}+\frac{\partial(\rho V_x)}{\partial x}+\frac{\partial(\rho V_y)}{\partial y}+\frac{\partial(\rho V_z)}{\partial z}=0 \tag{5-10}$$

式中 ρ——水的密度；

θ——土壤含水率；

V_x、V_y、V_z——沿 x，y，z 方向的断面渗流速度（不是水质点的速度）。

对不可压缩水体，式（5－9）简化为：

$$\frac{\partial\theta}{\partial t}+\frac{\partial V_x}{\partial x}+\frac{\partial V_y}{\partial y}+\frac{\partial V_z}{\partial z}=0 \tag{5-11}$$

2. 饱和水流运动方程

（1）达西定律。对于一维垂向饱和水流运动，可用达西定律来描述。1852—1856 年，法国水利工程师达西对均质沙土进行了大量的一维（单向）渗透实验研究，得出了渗流的基本规律，即达西定律。达西定律说明，渗透流量与水力坡度和横断面面积成正比，并与土壤透水特性有关，其数学表达式为

$$Q=KA\,\frac{\Delta h}{l} \tag{5-12}$$

式中 Q——通过与渗流方向垂直的横断面 A 的渗流量，m^3/s；

K——反映土壤透水特性的比例系数，称为渗透系数，m/s；

Δh——流经距离 l 的水头损失，m。

对于平均渗透速度，可写成更一般的形式：

$$V=-K\,\frac{\mathrm{d}\Phi}{\mathrm{d}s} \tag{5-13}$$

式中的负号表示沿流程 s 总水头（总势）Φ 将减小。

（2）渗透系数 K。渗透系数（又称水力传导度）是表示土壤透水性的数量指标，其数值等于水力坡度为 1 时的渗透速度。影响渗透系数的因素很多，包括土壤颗粒组成、孔隙度、孔隙大小、孔隙形状及连续性、液体的黏滞性、密度和温度等。渗透系数越大，土壤透水性越强。不同土壤的渗透系数差别较大。表 5－1 列出了几种土壤的渗透系数，表中 K 值仅供参考。

表 5－1　　不同类型土壤的 *K* 值　　单位：cm/s

土壤类型	K	土壤类型	K
黏土	<0.000001	细砂或疏松砂土	0.001～0.005
黏壤土	<0.0001	粗砂土	0.01～0.05
密实砂壤土	0.0001～0.0005	砂卵石	0.02～0.1
黏性砂土	0.0001～0.002		

（3）达西定律的适用范围。达西定律表明渗透速度与水力坡度的一次方成正比，即流速与阻力之间呈线性关系，符合这种运动规律的渗流称为线性渗流。由水力学可知，只有层流才符合此种规律，故达西定律仅适用于层流渗流。饱和土壤中的重力水流，一般可以满足这一条件。判别流态常用雷诺数 N_r 作为标准，土壤中运动水流的雷诺数用下式计算：

$$N_r=\frac{\rho Vd}{\mu} \tag{5-14}$$

式中　ρ——液体密度，kg/m^3；
　　V——水流平均流速，m/s；
　　d——土粒平均粒径，m；
　　μ——动力黏滞系数，N·s/m^2。

大量的文献成果表明，多孔介质的水流，$N_r \leqslant 10$ 时，应用达西定律有效。

3. 均质土壤非饱和水流运动方程

在稳定流动状态下，非饱和土壤水运动也符合达西定律。但式中各量与饱和水流运动时将有质的区别。非饱和土壤水受重力势和基质势的作用，基质势是土壤含水率的函数，具有滞后现象；对确定的土壤，饱和水流的渗透系数是一个常数。在非饱和水流时，由于土壤中有空气存在，有效过水面积随含水率减小而减少，渗透系数不再是一个常数，而是随土壤含水量的变化而变化，非饱和水流渗透系数是土壤含水量的函数，记为 $K(\theta)$。非饱和水流运动的达西定律表达式为

$$V=-K(\theta)\frac{\mathrm{d}\Phi}{\mathrm{d}s} \tag{5-15}$$

对均质土壤的三维情况有

$$\vec{V}=-\left[K(\theta)\frac{\mathrm{d}\Phi}{\mathrm{d}s}\vec{i}+K(\theta)\frac{\mathrm{d}\Phi}{\mathrm{d}y}\vec{j}+K(\theta)\frac{\mathrm{d}\Phi}{\mathrm{d}z}\vec{k}\right] \tag{5-16}$$

非饱和土壤中，总势为基质势 φ 与重力势 z 之和，即 $\Phi=\varphi+z$，所以：

$$\vec{V}=-\left[K(\theta)\frac{\mathrm{d}\varphi}{\mathrm{d}x}\vec{i}+K(\theta)\frac{\mathrm{d}\varphi}{\mathrm{d}y}\vec{j}+K(\theta)\frac{\mathrm{d}\varphi}{\mathrm{d}z}\vec{k}+K(\theta)\vec{k}\right] \tag{5-17}$$

对垂直方向式（5-16）简化为

$$V_z=-\left[K(\theta)\frac{\mathrm{d}\varphi}{\mathrm{d}z}+K(\theta)\right] \tag{5-18}$$

对水平方向，因垂向势梯度为0，故

$$V_x=-K(\theta)\frac{\mathrm{d}\varphi}{\mathrm{d}x} \tag{5-19}$$

式（5-17）～式（5-19）称为均质土壤非饱和水流运动方程，对于非均质土壤，渗透系数在3个方向上都将不相同，研究起来更为复杂。

4. 均质土壤非饱和水流的基本微分方程

均质土壤三维非饱和水流运动的基本微分方程可联解连续方程式（5-11）和运动方

程式（5-17）得到，为推导方便，先将式（5-11）改造为向量表达式：

$$\frac{\partial\theta}{\partial t}-\frac{\partial\vec{V}}{\partial x}-\frac{\partial\vec{V}}{\partial y}-\frac{\partial\vec{V}}{\partial z}=0 \tag{5-20}$$

其中 $V_x=-K(\theta)\dfrac{\mathrm{d}\varphi}{\mathrm{d}x}$；　$V_y=-K(\theta)\dfrac{\mathrm{d}\varphi}{\mathrm{d}y}$；　$V_z=-K(\theta)\dfrac{\mathrm{d}\varphi}{\mathrm{d}z}$

将式（5-17）代入式（5-19）得

$$\frac{\partial\theta}{\partial t}=\frac{\partial}{\partial x}\left[K(\theta)\frac{\mathrm{d}\varphi}{\mathrm{d}x}\right]+\frac{\partial}{\partial y}\left[K(\theta)\frac{\mathrm{d}\varphi}{\mathrm{d}y}\right]+\frac{\partial}{\partial z}\left[K(\theta)\frac{\mathrm{d}\varphi}{\mathrm{d}z}+K(\theta)\right] \tag{5-21}$$

式（5-21）称为非饱和土壤水流的基本微分方程。要解这个方程式，必须首先确定 $K(\theta)-\theta$ 的函数关系，这个函数一般是非线性函数，目前并没有严格的理论公式，通常采用假定的简单经验公式近似表达。式（5-21）属于非线性多维二阶偏微分方程，难以求完全的解析解。很多情况下，此微分方程可给予简化，然后在各种简化条件进行求解。例如，假定水流是一维垂向流动，方程就得到极大简化。

还可以用另一种观点来研究非饱和土壤水的运动。由于基质势（负压力）与土壤含水量有关，含水率越低，负压的绝对值越大（即毛管吸力和土粒的分子吸力越大），水分将从含水量高值区向含水率低值区移动，与热传导现象类似，形成水分扩散。令土壤水扩散系数为

$$D(\theta)=K(\theta)\frac{\partial\varphi(\theta)}{\partial\theta} \tag{5-22}$$

代入式（5-21），得

$$\frac{\partial\theta}{\partial t}=\frac{\partial}{\partial x}\left[D(\theta)\frac{\partial\theta}{\partial x}\right]+\frac{\partial}{\partial y}\left[D(\theta)\frac{\partial\theta}{\partial y}\right]+\frac{\partial}{\partial z}\left[D(\theta)\frac{\partial\theta}{\partial z}+K(\theta)\right] \tag{5-23}$$

这一方程与热流扩散方程相似，称非饱和土壤扩散方程，因其 1931 年由理查兹（Richards）导出，所以又称理查兹方程。应当指出，从物理实质上讲，并不意味着水流运动过程就是扩散过程，而只是从数学上引入了参数 $D(\theta)$，它是 $K(\theta)$ 与 $\partial\varphi/\partial\theta$ 的乘积，也是含水率 θ 的函数。式（5-23）在形式上只包含一个未知数 θ，方程处理上比式（5-21）更方便。

对于一维垂向水流，理查兹方程表达为

$$\frac{\partial\theta}{\partial t}=\frac{\partial}{\partial z}\left[D(\theta)\frac{\partial\theta}{\partial z}\right]+\frac{\partial K(\theta)}{\partial z} \tag{5-24}$$

一维理查兹方程是研究下渗现象的理论工具。

非饱和水流扩散方程表示了水流运动速度与含水量梯度的关系。在运用微分方程研究土壤水运动规律时，因 $D(\theta)$、$K(\theta)$、$\varphi(\theta)$ 都是 θ 的函数，而且都具有滞后现象，所以，除了必须已知有关的初始条件和边界条件外，还必须事先寻求 $D(\theta)$、$K(\theta)$、$\varphi(\theta)$ 其中之一与 θ 的经验关系或函数关系，才能求解扩散方程。求解扩散方程是数学家和土壤学家们十分关心的问题，这方面的内容十分丰富，构成了本书第六章将要介绍的下渗理论内容。

第五节　土壤含水量的测定

现将常用的单点土壤合水量的测定方法介绍如下。

1. 称重法

称重法是测定土壤含水量最常用的方法，也是对其他方法进行率定的标准方法。该法首先将所取土样称重，得湿土重 B_1，再将土样放入烘箱烘干至 100～105℃，持续 5～7 小时，取出后冷却，再进行称重，得干土重 B_2。然后再放入烘箱烘干 1 小时，再一次称重，如果质量与 B_2 相差不超过 0.02g，则认为土样已烘干。否则重复烘干称重，直至前后两次质量之差达到精度要求为止。称重完成之后可按以下步骤计算土壤含水率。设盛土容器的质量为 B_0，则土样的干重 $W_s = B_2 - B_0$；土样所含水重 $W_w = B_1 - B_2$；土样质量含水率为

$$\omega = \frac{W_w}{W_s} \times 100 \quad (\%) \tag{5-25}$$

土样容积含水率为

$$\theta = \frac{V_w}{V} = \frac{W_w}{V\gamma_w} = \frac{W_w}{V\gamma_w} \times 100 \quad (\%) \tag{5-26}$$

式中　V——土样体积，m^3；

V_w——土样中所含水的体积，m^3；

γ_w——土样中所含水的容重，通常为 $1000kg/m^3$。

这种方法比较简单，易于应用，所测得的土壤含水量比较准确，对任何类型的土壤含水量均可使用。其缺点是土样受到扰动，且不能在一点重复观测，在取样过程中，含水量容易变化，在非均质剖面中取土样时，不完全有代表性。

2. 负压计（张力仪）法

土壤含水量与毛管力之间有一定的函数关系。土壤水分的增减将反映在毛管力的相应增减上，利用这个原理，可通过测定毛管力来确定土壤含水量。负压计如图 5-6（a）所示。其他测定土壤含水量的方法还有中子法、电阻法等，利用卫星遥感资料推求区域土壤含水率的方法也正在研究之中。

3. γ 射线法

γ 射线法是利用 γ 射线通过土壤时，射线被土壤固体和液体吸收而要衰减，其衰减规律为

$$I = I_0 e^{-\mu L} \tag{5-27}$$

式中　I——射线通过土壤后的辐射强度；

I_0——射线通过土壤前的初始辐射强度；

L——土层厚度；

μ——射线衰减系数。

由于土壤固体部分不变，则 I 只随土中含水量而变。对测量仪器，出厂前已经率定好辐射强度 I 与土壤含水率 θ 的关系，一般情况下可直接用来测定土壤含水量 θ。土壤含水量观测仪器如图 5-6（b）所示。

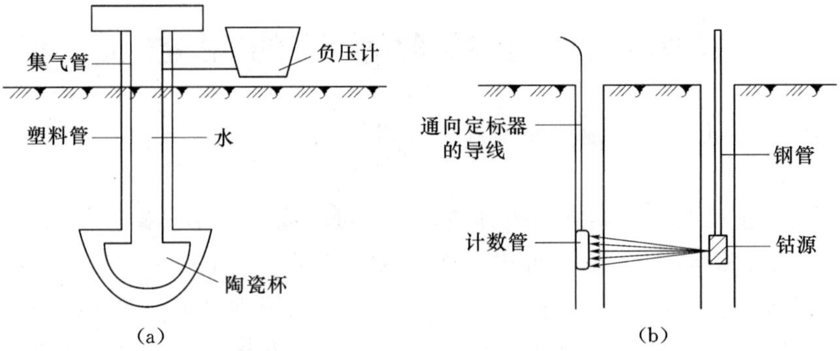

图 5-6　土壤含水量观测仪器

(a) 负压计；(b) γ 射线仪

思　考　题

1. 试依据土壤水分受力特点，分析不同土壤水分类型的赋存位置与运动特性。

2. 试分析总结土壤毛管水的赋存位置、水分来源、水分活动特点。

3. 为何基于土壤水流连续方程分析土壤水分运动时需引入土壤水势的概念？土壤水势包括哪些分势？

4. 试分析土壤实际含水量、田间持水量、土壤饱和含水量、土壤缺水量概念的联系与区别。

5. 试从含水量、土壤水势构成、水分运移主要驱动力、水分运动方程等分析饱和土壤水与非饱和土壤水的区别。

第六章　下　　渗

下渗是指水分从地表渗入地下的现象，河流和水库的渗漏就是下渗现象。对降雨径流而言，下渗是指降落到地面上的雨水从地面渗入土壤内的现象。下渗是径流形成的重要环节，下渗的水量被土壤保持，雨后以蒸发形式返回大气的那部分水量，是一次降雨径流过程的主要损失量，直接影响着降雨形成的径流量的大小。土壤水分的消退和增长对植物生长极其重要，研究土壤水分的动态变化，获知土壤水分的下渗规律，对农林业生产、水土保持和生态维护有十分重要的指导作用。

第一节　下渗的物理过程

一、流域下垫面土层水分分带

流域下垫面土层可分为两个不同的土壤含水带：包气带和饱和带。包气带根据其含水特征又可分为毛管悬着水带、中间包气带、支持毛管水带。

1. 包气带和饱和带

在地下水面以下，土壤处于饱和含水状态，土层是土壤颗粒和水分组成的二相系统，称为饱和带或饱水带；地下水面以上，土壤含水量未达饱和，是土壤颗粒、水分和空气同时存在的三相系统，称为包气带，如图 6－1 所示。因为包气带中有未充满水的空隙与大气相通，在地下水面处的水压力等于大气压。在包气带中，由于存在土壤颗粒吸附力和毛管力，水压力小于大气压，饱和带则相反。

2. 包气带土壤水分分带特征

包气带按其水分分布特征，可分为 3 个明显不同的水分带：毛管悬着水带、中间带和毛管水上升带，如图 6－2 所示。包气带上部靠近地表面的土壤，具有吸附空气中的水汽和液态水分子的性能，这层土壤称为毛管悬着水带。它的特点之一是可以直接或间接与外界进行水分交换。所谓间接水分交换是指水分以气态水逸出包气带。在地下水面以上，由于土壤毛管力的作用，一部分水分沿着土壤孔隙侵入地下水面以上的土壤中，形成一个水分带，称为毛管水上升带或支持毛管水带。毛管悬着水带与支持毛管水带之间的土层称为中间包气带。中间包气带的土壤含水量较小而且稳定，一般情况下不变化或变化很小。在地下水埋深浅的地区可能不存在中间包气带。支持毛管水带内的水分分布具有独有的特征，一般在支持毛管水带最大活动范围内，土壤含

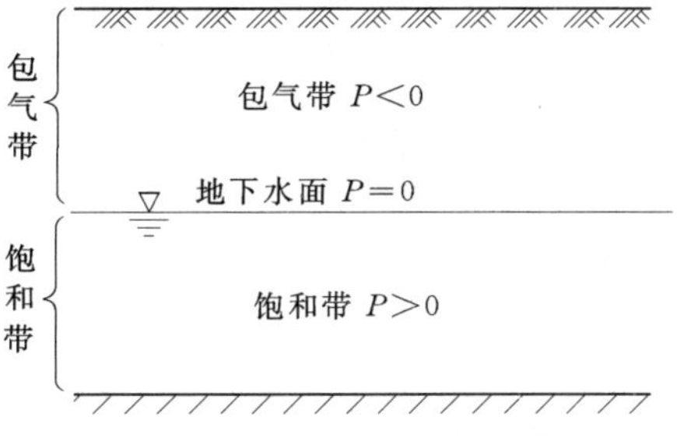

图 6－1　包气带、饱和带示意图

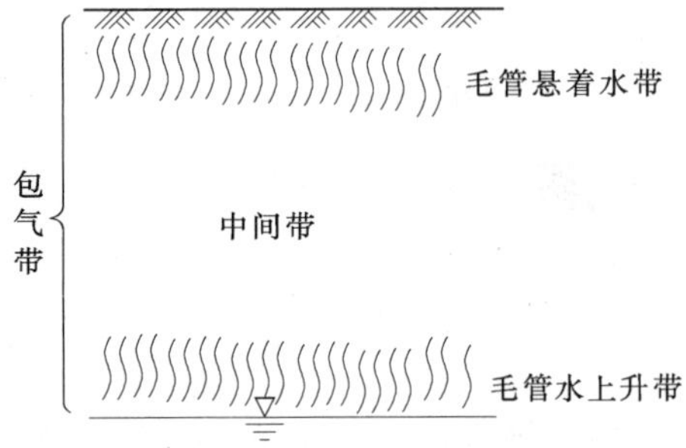

图 6-2 包气带水分分带示意图

水量自下而上逐渐减小，由饱和含水量减至与中间包气带下端相衔接的含水量，对极干旱的土壤则以最大分子持水量为下限。由于支持毛管水带下端与地下水面相接，有充分的水分来源，故其含水量分布较稳定。支持毛管水带的位置随地下水位的升降而变化，由此决定了中间包气带的厚度和变化。

中间包气带是毛管悬着水带和支持毛管水带之间的水分过渡带，它本身不直接与外界进行水分交换，而是水分的蓄存及输送带。它的水分沿深度变化小，时程上也相对稳定。在地下水埋藏很深，年降水量较少地区，中间包气带的含水量一般在毛管断裂含水量及最大分子持水量附近。中等降水，土壤透水性较好的地区，中间包气带的水分大致在毛管断裂含水量与田间持水量之间。降水丰富，地下水位埋藏浅的湿润地区，中间包气带很薄，一次降水可以使整个包气带饱和，中间包气带可暂时消失。

3. 包气带的水分动态

在降水和下渗过程中，干燥土壤在分子力作用下首先吸附水分产生吸湿水和薄膜水，然后形成毛管悬着水。土壤孔隙中的水分在重力、毛管力、土壤颗粒吸附力作用下沿孔隙向下渗透，毛管悬着水带也向下扩展。如果包气带中存在相对不透水层，则下渗的水流可在相对不透水层界面上聚积形成饱和重力水。饱和重力水沿坡面侧向流动，进入河槽形成表层流或称壤中流。继续下渗的水流如果能够达到地下水面，则可沿地下水面坡向注入河槽形成地下径流。在一般情况下，雨期，包气带土壤水分的增长主要来源于降水的下渗；雨后，包气带土壤中的自由重力水分的消退主要是向下界面的地下水排水及侧向壤中流排水，土壤中的分子吸附水、薄膜水和毛管水的消退主要耗于土壤蒸发和植物散发。

地下水埋深浅的情况下，毛管悬着水带能够扩展至毛管上升带，使中间包气带消失，从而与地下水建立起水力联系，这时饱和带将直接参与包气带水分的增长与消退。例如，江南水网地区几乎没有中间包气带或包气带极薄。地下水埋深大的情况下，中间包气带较厚，毛管悬着水带很少能扩展至毛管上升带。这些地区几乎没有地下径流或地下径流极少，只有连续长时间的降雨过程才可能形成部分地下径流，一般情况下不会产生地下径流。例如黄土高原地区，包气带很厚而降水又少，一年中地下径流量很小。

通常称悬着水带为径流的影响土层，因为它是土壤水分最为活跃的土层，对径流量的产生影响最大。

4. 冻土包气带的水分特征

在寒冷季节，土壤温度降至0℃以下，使上层冻结成坚硬的土体，称为冰土。冻土按其存在时间长短，可分为以下 3 种：

（1） 季节性冰土。冬季结冰，夏季全部融化的冰土。

（2） 隔年冰土。冻结层经一两个夏季不能全部融化的冻土。

（3） 多年冻土。又称为永久冻土，即冻土层可持续多年不融化。

多年冻土的表层一般都具有季节性冻土的性质，根据其与下面多年冻土的关系可分为季节冻结和季节融化层。季节冻结层是夏季融化冬季再冻结时，不与多年冻土衔接的土层，其间融化后未再冻结的土层称为融土。季节性融化层是夏季融化冬季再冰结时，又与多年冻土完全衔接的土层。

冻土地区的包气带水分具有下述特性：冻土地区由于有季节性冻结和融化，造成冷、暖季节的水态变化，同时冻结层又具有隔水的性质，于是形成了冻土地区包气带水分运动的独特特点。在非饱和土壤中，水分在冻结成冰过程中，从下层吸收水分以满足成冰的需要，使冻结层上部含水量增大，这种现象称为水分迁移。对季节性冻结层，水分表现为向上迁移；而对于多年冻土的季节融化层的水分迁移，则另具特点，由于冻结不仅在表面开始而且在多年冻土的界面上也产生冻结，故水分既有向上迁移又有向下迁移的现象。

二、下渗过程

当降雨持续不断地降在干燥土层表面时，雨水将从包气带上界面不断地渗入土壤。渗入土壤中的水分，在土壤颗粒吸附力、毛管力和重力的作用下向下运动，按水分所受的力和运动特征，下渗可分为 3 个阶段：

(1) 渗润阶段。下渗的水分主要受分子力和毛管力的作用，被土壤颗粒吸收而成吸湿水和薄膜水。这一阶段的特征是土壤干燥，下渗强度大，随着土壤含水量的增加，下渗强度明显衰减。这是因为土壤干燥时，土壤颗粒吸引水分的分子力远大于毛管力，随着吸湿水和薄膜水逐渐趋于饱和，分子力急剧减弱。当土壤含水量达到最大分子持水量时，分子力已非常微弱，对水分运动不起主要作用，控制水分运动的主要是毛管力，渗润阶段结束。

(2) 渗漏阶段。下渗水分主要在毛管力、重力作用下沿土壤孔隙向下作不稳定流动，并逐步填充土壤孔隙直至饱和。这一阶段的特征是土壤具有一定湿度，土壤含水率变化大而下渗强度变化缓慢。这是因为包气带的毛管悬着水带向下扩展，土层含水量增加快，悬着水带下部毛管弯月面并未消失，毛管力几乎不变，下渗强度变小是由于很小的土壤剩余分子力的进一步减弱。当土壤达到饱和时，分子力和毛管力消失，控制水分运动的主要是重力，渗漏阶段结束。

(3) 渗透阶段。土壤孔隙充满水而饱和，水分在重力作用下呈稳定流动。这一阶段的特征是土壤下渗强度小而稳定，这是因为重力比之于分子力和毛管力，是一个很小的力，而重力永远不会消失。

一般将前两个阶段统称渗漏阶段，渗漏属于非饱和水流运动，而渗透则属于饱和水流的稳定运动。

三、下渗过程中土壤含水量的垂向分布规律

下渗水量的大小及变化受下渗水流的运动规律所制约，下渗水流的运动反映在土壤含水量沿土壤剖面的分布与动态变化上。1943 年 G. B. 博德曼和 E. A. 科尔堡曾对表面保持一定水深 5mm 时，观察了下渗水流在均质土壤中沿垂线的运动规律及含水量的分布。实验中发现，不同土壤其下渗过程中的含水量都可以从上部到底部划分为 4 个具有明显区别的水分带，如图 6－3 所示，它们反映了下渗水流垂向结构的基本特征。

(1) 饱和带。紧靠地表处为饱和带，当下渗水流渗到 10cm 层厚度时，两种实验土壤（砂壤土及粉砂土）表面 1cm 内的含水量都接近于饱和含水量，形成一个饱和带。无论湿润深度怎样增大，这个饱和带的厚度都不超过1.5cm。

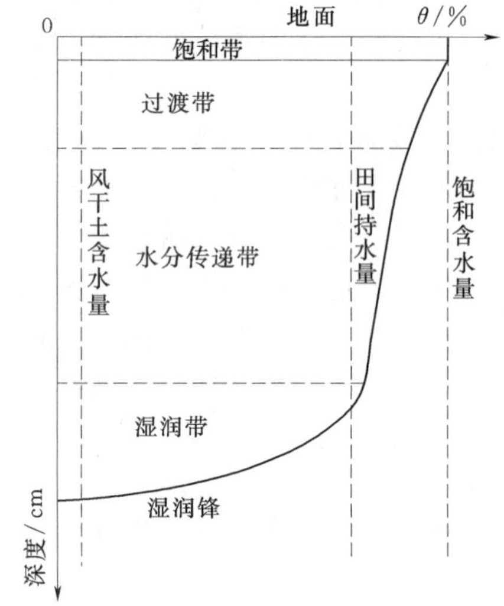

图6-3　下渗过程中的水分剖面示意图

（2）水分传递带。在饱和带以下，土壤含水量随深度的增加急剧减小，形成一个水分过渡带，而后土壤含水量基本上保持在饱和含水量与田间持水量之间，沿垂线分布比较均匀，形成一个水分传递带。传递带的厚度随着供水历时的增长而逐渐增加，其土壤含水量则仍保持在上述数值范围之内，没有什么变化。许多实验结果都表明，传递带的土壤含水量大致为饱和含水量的60%～80%，并且这一带的基质势梯度极小。因此，当水分渗入足够深度时，水分的输运主要是靠重力作用。

（3）湿润带。传递带之下为湿润带，它的含水量随深度迅速减小，随着湿润锋的继续下移，湿润带也向下移动，而使其下的干土含水量增加，变成湿润部分。

（4）湿润锋。湿润带的前沿称为湿润锋。它是湿土与下层干土之间的明显交界面，这里的土壤含水量梯度十分大，随着时间的推移，湿润锋也不断下移，梯度逐渐变缓。

在天然情况下，由于土壤并非均质结构，受土壤孔穴和岩石裂隙垂向分布等因素影响，下渗水分的垂向分布比上述情况要复杂。

四、土壤水分的再分配

当地表停止供水和地表积水消耗了以后，水分入渗过程结束，但土壤剖面中的水分在水分势能作用下继续向下运动。原先饱和层中的水分逐渐排出，原先干燥层中的水分逐渐增加，这就是土壤水分的再分配。这个过程有时可能几天就结束，有时可能延续很长时间，其长短视土壤的水力学性质而定。对同一类型的均质土壤，渗透停止后，土壤剖面中的水分在重力势和基质势梯度的作用下进行再分配，剖面上部的水分不断向下移动，湿润锋以下比较干燥的土层不断吸收水分，湿润锋不断下移，湿润带厚度不断增加，如图6-4所示。对于不同类型的土壤，由于土壤水力特性的差异，土壤水分的再分配速度也有差别。细颗粒含量多的土壤与粗颗粒含量多的土壤相比，其水分再分配速度要慢些。这主要是粗质土的导水率随着土壤水的减少而迅速下降，因此随着再分配的进行，其速度也迅速下降；细质土的导水率降得比较缓慢，因此，其再分配过程就持续得比较长。

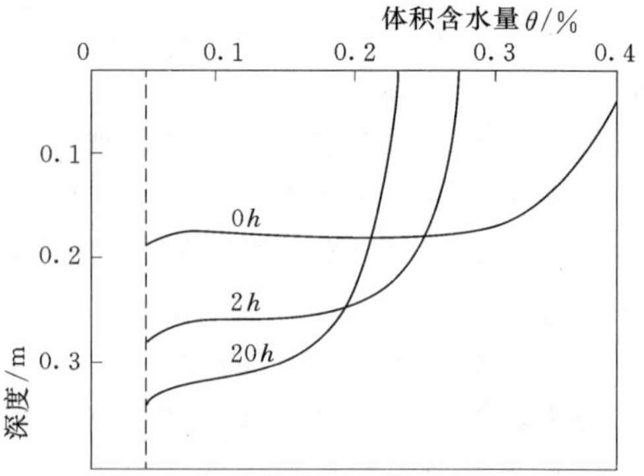

图6-4　土壤水再分配示意图

土壤水分的再分配作用，影响到土壤中水分的总贮量以及不同时间、不同深度的土壤所保持的水量，它对后期的供水下渗过程，以及供水终止后的土壤蒸发过程，都有着明显的影响。由于非饱和土壤和饱和土壤的下渗现象和下渗规律不同，其下渗公式也有差别。

五、下渗率和下渗能力

单位时间内渗入单位面积土壤中的水量称为下渗率或下渗强度 f。下渗率常用 mm/min 或 mm/h 计。充分供水条件下的下渗率称为下渗能力或下渗容量。通常用下渗能力随时间的变化过程来定量描述土壤水的下渗规律。下渗能力随时间的变化过程线，称为下渗能力曲线，简称下渗曲线，并以 f_n-t 表示。如图 6－5 所示，图中 f_0 为起始下渗率或最大下渗率。下渗最初阶段，下渗的水分被土壤颗粒吸收以充填土壤孔隙，下渗能力很大。随时间的增长，下渗水量越来越多，土壤含水量也逐渐增大，下渗能力逐渐递减。当土壤孔隙充满水，即土壤饱和时，下渗趋于稳定。土壤饱和时的下渗能力称为稳定下渗能力，简称稳定下渗率或饱和下渗率，记为 f_c。下渗曲线把下渗过程划分为渗润阶段、渗漏阶段、渗透阶段（稳定下渗阶段）3 个阶段，这种变化规律与下渗物理过程的机制是一致的。下渗的水量用累积下渗量 F 随时间的增长曲线来表示，如图 6－5 中的 $F-t$ 曲线。累积曲线上任一点切线的斜率即为该时刻的下渗率。

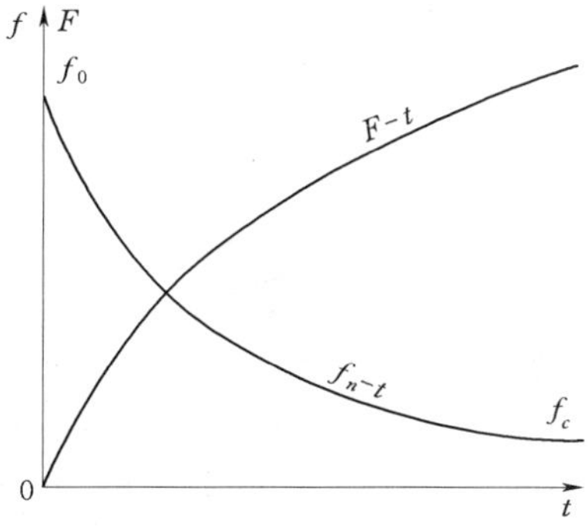

图 6－5　下渗曲线及下渗累积曲线

上述下渗量的变化规律，可用数学模式来表示，如霍顿公式。霍顿根据均质单元土壤的下渗试验资料，认为当降雨持续进行时，土壤下渗能力逐渐减小，下渗过程是一个下渗能力消退的过程，消退的速率与剩余下渗能力成正比。在下渗过程中，任意时刻 t 的下渗能力 $f_n(t)$ 最终将变化到稳定的下渗能力 f_c，故在 t 时刻有待消退的剩余下渗能力为 $f_n(t)-f_c$，而消退速率为 $\mathrm{d}f_n(t)/\mathrm{d}t$，由于在下渗过程中 $f_n(t)$ 随时间减小，所以 $\mathrm{d}f_n(t)/\mathrm{d}t$ 是负值。根据以上假定，得

$$-\frac{\mathrm{d}f_n(t)}{\mathrm{d}t}=\beta[f_n(t)-f_c] \tag{6-1}$$

积分上式，注意当 $t=0$ 时，有 $f_n(0)=f_0$，最后得

$$f_n(t)=f_c+(f_0-f_c)e^{-\beta t} \tag{6-2}$$

式中，β 是系数，β、f_0、f_c 均与土壤性质有关，需要根据实测资料或实验资料分析确定。

六、天然条件下的下渗

特定土壤的下渗曲线代表的是向土壤充分供水时的土壤水分下渗规律，反映的是土壤的水理性质。天然条件下，土壤的实际下渗率还与供水强度有关。

1. 下渗率与雨强的关系

在天然情况下，满足土壤下渗能力的必要条件是任一时刻的降雨强度 i 要大于或等于该时刻的下渗能力。因此，当降雨强度一直大于土壤的下渗能力时，实际下渗按下渗能力下渗。但天然状态下的降雨复杂多变，某时段的实际降雨强度并不一定大于下渗能力，可

能有如下 3 种情况：

（1）当 $i_1 \geqslant f_n$ 时，满足充分供水的条件，各时刻均按下渗能力下渗，其过程如图 6-6 中 A 线所示。

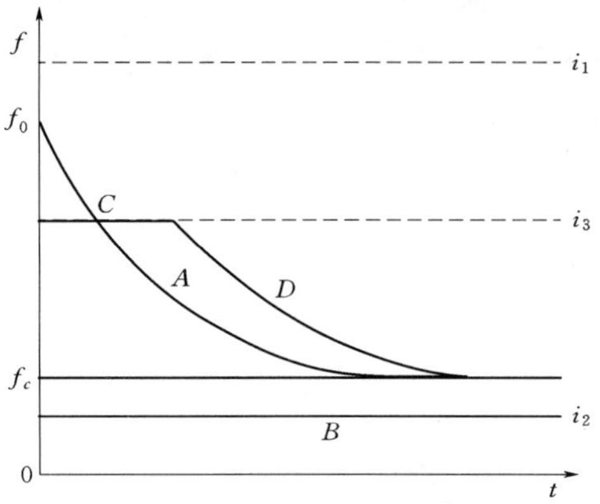

图 6-6　天然情况下的下渗过程

（2）当 $i_2 \leqslant f_c$ 时，下渗率取决于降雨强度。下渗过程与降雨过程完全相同，如图 6-6 中 B 线。

（3）当 $f_c < i_3 < f_n$ 时，这种情况开始时的雨强小于下渗能力，全部降雨渗入土壤，如图 6-6 中 C 线。随着下渗水量增加，土壤含水量也增加，下渗率随之递减，到某时刻，雨强大于下渗能力，此时将按下渗能力下渗，如图 6-6 中 D 线。

以上为降雨强度均匀的理想情况，天然状态下的降雨过程千变万化，实际的下渗率随降雨强度及该时刻的下渗能力而变。不同的降雨过程，其下渗过程和下渗总水量也不同。

2. 下渗能力的空间分布

对一个流域而言，其下渗过程要比单点复杂得多。首先，流域中土壤性质的空间分布不同，沿垂向的分布也常呈现非均匀结构，即使同类土壤，其地表坡度、植被和土地开发利用等情况也有差异；其次，降雨开始时流域内土壤含水量空间分布也不同；再次，一场降雨在空间和时间上分布是不均匀的；最后，流域内各处地下水位高低不一。以上这些因素，导致了流域的下渗能力在空间上分布的不均一性。因此，一个流域的实际下渗过程是十分复杂的，在实际工作中又不可能设置太多观测点进行观测，所以，在研究径流形成时，一般采用概化的方法来描述下渗能力的空间分布，以便能估算降雨径流过程中的下渗损失量。最简单的概化就是用一条流域平均下渗曲线来刻画流域内土壤层的渗水能力，即下渗能力空间分布概化为均匀的情况。复杂一些的概化是用下渗能力空间分布曲线来刻画含水率一定时的下渗能力空间分布，由于流域土壤含水率是随时间而变化的，因而，这样的曲线不是一条，而是一组曲线，如第九章图 9-2 所示。

第二节　下渗理论和下渗公式

一、饱和下渗理论

饱和下渗理论是研究下渗水流在土壤饱和条件下的运动规律。这一理论在 1911 年由格林（W. H. Green）和安普特（G. A. Ampt）提出，他们导出的公式曾被广泛地采用。1948 年，Г. А. 阿列克塞夫在格林和安普特工作的基础上进一步改进后提出的下渗公式更具代表性，下面将主要介绍阿列克谢夫的推导过程。

1. 基本假定

饱和下渗理论是根据如下基本假设建立起来的。

(1) 渗入土壤中的水分从土壤表面至入渗锋面间，沿深度的水分分布是均匀的，同时是饱和的；其次，水分分布剖面由两个含水量突变的部分组成，饱和层的下端是下渗锋面，锋面以上为饱和含水量，锋面以下是初始土壤含水量（干燥）。下渗锋面与下层土壤在水分含量上具有明显分界，含水量是不连续的。

(2) 下渗水流首先使上层土壤完全达到饱和，随着下渗量的增加，饱和层厚度逐渐向下扩展。

(3) 作用在锋面上的毛管力为常数，且为最大毛管力。

(4) 下渗水流符合饱和水流运动，渗透系数为常数。

显然上述假定是对下渗水流垂向分布规律的近似概化。一般在均质土层中存在均一毛管孔径，且每一孔隙中具有同一压力时，上述假定情况基本合理。当满足这些假定时，因下渗水流属于层流运动，所以有达西公式：

$$V=f_n=K\frac{H}{z} \tag{6-3}$$

2. 饱和下渗的基本方程

根据上述假定，当土壤表层保持一定水层时，单位体积的土柱水分将受到如下各种力的作用，如图 6-7 所示。

(1) 土壤表面水层的静水压力 h_p。

(2) 土壤饱和水柱层的重力 z。

(3) 下渗锋面处的毛管吸力 h_c。

(4) 下渗锋面以下的空气剩余压力（下层空气力 p 与大气压力 p_0 差）$p-p_0$。

因此下渗水流所受到的总作用力（以水头表示）为

$$H=h_c+z+(p-p_0) \tag{6-4}$$

式中，h_c 取土壤中的最大平均毛管上升高度，m。

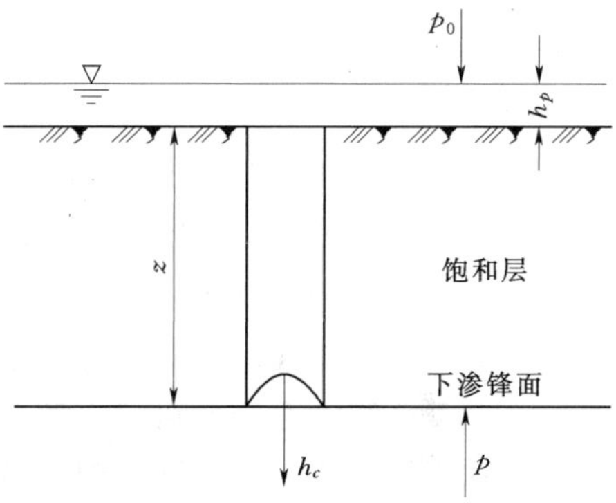

图 6-7　饱和下渗剖面示意图

空气剩余压力较小，一般可以忽略，且土壤表面的 h_p 与 h_c 相比甚小，也可以忽略，则

$$H=h_c+z \tag{6-5}$$

代入饱和下渗水流的达西公式，得

$$f_n=K\left(1+\frac{h_c}{z}\right) \tag{6-6}$$

$0\sim t$ 时间的下渗水量应为

$$F(t)=(\theta_s-\theta_0)z \tag{6-7}$$

式中　θ_0、θ_s——初始土壤含水量和饱和土壤含水量。

由此得下渗锋面的移动速度：

$$V=\frac{dz}{dt}=\frac{1}{\theta_s-\theta_0}\frac{dF(t)}{dt}=\frac{f_n}{\theta_s-\theta_0}=\frac{K}{\theta_s-\theta_0}\left(1+\frac{h_c}{z}\right) \tag{6-8}$$

在 dt 时段内，下渗深度为 $Vdt=dz$，即

$$Vdt=\frac{K}{\theta_s-\theta_0}\left(1+\frac{h_c}{z}\right)dt=dz \tag{6-9}$$

或写作：

$$dt=\frac{\theta_s-\theta_0}{K}\frac{zdz}{z+h_c} \tag{6-10}$$

当经历时间 t 时，下渗深度至 z，上式两边积分：

$$\int_0^t dt=\int_0^z\frac{\theta_s-\theta_0}{K}\frac{zdz}{z+h_c} \tag{6-11}$$

得

$$t=\frac{\theta_s-\theta_0}{K}\left[z-h_c\ln\left(\frac{z+h_c}{h_c}\right)\right]=\frac{(\theta_s-\theta_0)h_c}{K}\left[\frac{z}{h_c}-\ln\left(\frac{z+h_c}{h_c}\right)\right] \tag{6-12}$$

当$\frac{z}{h_c}\leqslant 1$时，展开 $\ln\left(\frac{z+h_c}{h_c}\right)$ 为级数，并忽略 3 阶以上高次项，有近似值：

$$\frac{z}{h_c}-\ln\left(\frac{z+h_c}{h_c}\right)\approx\frac{1}{2}\left(\frac{z}{h_c}\right)^2 \tag{6-13}$$

因此，有

$$t=\frac{(\theta_s-\theta_0)h_c}{2K}\left(\frac{z}{h_c}\right)^2 \tag{6-14}$$

上式解出 z 后代入达西公式（6－6），得到阿列克谢夫下渗公式：

$$f_n=K+\sqrt{\frac{Kh_c(\theta_s-\theta_0)}{2t}}=K+\sqrt{\frac{Kh_c(\theta_s-\theta_0)}{2}}t^{-\frac{1}{2}} \tag{6-15}$$

这一理论公式表明下渗率与影响因素间的关系。对于特定的土壤，当初始含水量一定时，参数 K、h_c、$(\theta_s-\theta_0)$ 均为常数，f 值随 t 增大而减小。当 $t\rightarrow\infty$时，$f\rightarrow K$，即 $f_c=K$，这就是说稳定下渗率等于渗透系数。上述公式具有一定的近似性，因为，下渗锋面处的作用力只考虑了毛管吸力，忽略了土壤分子吸附力。公式中的 h_c 实际上应该是基质势对应的力，取其为最大值，与实际情况不符。因为，只有当土壤含水量为 0 时基质势才最大，实际上土壤具有一定的初始含水量，锋面处的吸力小于最大值；因此，用式（6－15）进行计算时，所得 f 偏大。

二、非饱和下渗理论

非饱和水流的下渗理论是在对非饱和土壤水的运动研究基础之上，根据下渗的各种边界条件和初始条件，求解式（5－24），获得非饱和水流运动微分方程解（即下渗公式表达式）的一系列方法和假设的总和。

研究下渗时，常常假定水平方向的势梯度为零，即认为沿水平方向的含水量是均匀的；而且，假定地下水位埋藏很深，对下渗无影响，同时假定土层为均质土壤。上述假定用数学语言表达就是：研究均质土壤半无限空间垂向非饱和下渗。通常采用一维理查兹方程作求解对象，在不同简化条件下求解。一维理查兹方程为

$$\frac{\partial\theta}{\partial t}=\frac{\partial}{\partial z}\left[D(\theta)\frac{\partial\theta}{\partial z}\right]+\frac{\partial K(\theta)}{\partial z} \tag{6-16}$$

下面分几种简化情况求解。

（一）忽略重力作用的非饱和下渗

在下渗初期，表层土壤水分干燥，含水率梯度极大，基质势梯度大大超过重力势梯度，则 $\partial K(\theta)/\partial z$ 可以忽略。

1. 假设 $D(\theta)=D$（常数）

考虑均质土壤垂向半无限长度的积水下渗，根据以上假设可得数理方程定解问题：

$$\left.\begin{aligned}&\frac{\partial\theta}{\partial t}=D\frac{\partial^2\theta}{\partial z^2}\\&\theta(z,0)=\theta_0\quad\text{（初始条件）}\\&\theta(0,t)=\theta_s\quad\text{（上边界条件）}\\&\theta(\infty,t)=\theta_0\quad\text{（下边界条件）}\end{aligned}\right\}\tag{6-17}$$

用拉普拉斯变换法求解，可得

$$\theta(z,t)=\theta_0+\frac{2(\theta_s-\theta_0)}{\sqrt{\pi}}\int_\lambda^\infty e^{-\lambda^2}d\lambda,\quad \lambda=\frac{z}{2\sqrt{Dt}}\tag{6-18}$$

上式对 z 求导：

$$\frac{\partial\theta}{\partial z}=\frac{\partial\theta}{\partial\lambda}\frac{\partial\lambda}{\partial z}=-\frac{1}{2\sqrt{Dt}}\frac{2(\theta_s-\theta_0)}{\sqrt{\pi}}e^{-\frac{z^2}{4Dt}}\tag{6-19}$$

由非饱和一维垂向达西公式：

$$V=-\left[K(\theta)\frac{d\varphi}{dz}+K(\theta)\right]\tag{6-20}$$

忽略重力有

$$V=-K(\theta)\frac{d\varphi}{dz}=-D(\theta)\frac{\partial\theta}{\partial z}=-D\frac{\partial\theta}{\partial z}\tag{6-21}$$

将式（6-19）代入得

$$V=D\frac{\partial\theta}{\partial z}=\frac{D}{2\sqrt{Dt}}\frac{2(\theta_s-\theta_0)}{\sqrt{\pi}}e^{-\frac{z^2}{4Dt}}\tag{6-22}$$

地表 $z=0$ 处的水流视速度 V 即土层下渗率 f，因此：

$$f_n=\frac{D}{2\sqrt{Dt}}\frac{2(\theta_s-\theta_0)}{\sqrt{\pi}}=(\theta_s-\theta_0)\sqrt{\frac{D}{\pi}}t^{-\frac{1}{2}}\tag{6-23}$$

此式描述了下渗率随时间增加而减小的基本规律。

2. 考虑扩散系数为含水量的函数 $D(\theta)$

忽略重力作用下的积水下渗数理方程定解问题为

$$\left.\begin{aligned}&\frac{\partial\theta}{\partial t}=D(\theta)\frac{\partial^2\theta}{\partial z^2}\\&\theta(z,0)=\theta_0\quad\text{（初始条件）}\\&\theta(0,t)=\theta_s\quad\text{（上边界条件，}\theta_s\text{ 是饱和含水率）}\\&\theta(\infty,t)=\theta_0\quad\text{（下边界条件，}\theta_0\text{ 是初始含水率）}\end{aligned}\right\}\tag{6-24}$$

1955 年，菲利浦（J. R. Philip）采用波茨曼（Boltzman）变换将上述数理方程转化为常微分方程后求解，解的过程如下。

令
$$\eta = z t^{-\frac{1}{2}} \tag{6-25}$$
此式称为波茨曼变换。将新变量 η 看作关于 θ 中间变量，则
$$\frac{\partial \theta}{\partial t} = \frac{\partial \theta}{\partial \eta}\frac{\partial \eta}{\partial t} = \frac{\partial \theta}{\partial \eta}\left(-\frac{z}{2}t^{-\frac{1}{2}}t^{-1}\right) = -\frac{\eta}{2t}\frac{\partial \theta}{\partial \eta} \tag{6-26}$$
$$\frac{\partial}{\partial z}\left[D(\theta)\frac{\partial \theta}{\partial z}\right] = \frac{\partial}{\partial \eta}\left[D(\theta)\frac{\partial \theta}{\partial z}\right]\frac{\partial \eta}{\partial z} = \frac{\partial}{\partial \eta}\left[D(\theta)\frac{\partial \theta}{\partial \eta}\frac{\partial \eta}{\partial z}\right]\frac{\partial \eta}{\partial z} = \frac{1}{t}\left[D(\theta)\frac{\partial \theta}{\partial \eta}\right] \tag{6-27}$$
代入定解问题中的泛定方程，得
$$-\frac{\eta}{2}\frac{\partial \theta}{\partial \eta} = \frac{\partial}{\partial \eta}\left[D(\theta)\frac{\partial \theta}{\partial \eta}\right] \tag{6-28}$$
上式仅有一个自变量 η，偏微分符号可改为常微分符号，即
$$-\frac{\eta}{2}\frac{\mathrm{d}\theta}{\mathrm{d}\eta} = \frac{\mathrm{d}}{\mathrm{d}\eta}\left[D(\theta)\frac{\mathrm{d}\theta}{\mathrm{d}\eta}\right] \tag{6-29}$$

定解问题初始条件和边界条件的变换，注意到 $t\to 0$ 或 $z\to\infty$ 均有 $\eta\to\infty$，原问题的初始条件和下边界条件合为一个关于 η 的下边界条件 $\theta(\infty)=\theta_0$； 对任意时间 t 有，$z\to 0$，$\eta\to 0$，关于 η 的上边界条件为 $\theta(0)=\theta_s$。

式（6－25）和变换后的边界条件构成一个二阶常微分定解问题，只要知道 $D(\theta)$ 的具体函数形式就可求解，得到 η 关于 θ 的函数关系，由式（6－25）就可得到原定解问题式（6－24）的解：
$$z(\theta,\ t) = \eta(\theta) t^{-\frac{1}{2}} \tag{6-30}$$
为了得到下渗公式的形式，求单位土柱的累计下渗水量：
$$F(t) = \int_{\theta_0}^{\theta_s} z\,\mathrm{d}\theta = \int_{\theta_0}^{\theta_s} \eta(\theta) t^{-\frac{1}{2}}\,\mathrm{d}\theta = t^{-\frac{1}{2}}\int_{\theta_0}^{\theta_s}\eta(\theta)\,\mathrm{d}\theta = S t^{-\frac{1}{2}} \tag{6-31}$$
求导得到的下渗公式为
$$f_n = \frac{1}{2} S t^{-\frac{1}{2}} \tag{6-32}$$
式中 S 称为吸水系数，与土壤特性、初始条件和边界条件都有关，即与 $D(\theta)$ 的具体函数形式有关。目前有关 $D(\theta)$ 的研究尚无令人信服的成果，一些学者曾采用经验公式求出式（6－32）中 S 的具体表达式，例如，菲利浦就曾假定：
$$D(\theta) = K\left(\frac{\theta}{\theta_s}\right)^m \tag{6-33}$$
从而求出 S 的具体表达式，式中 K 为饱和渗透系数，m 为经验常数。

式（6－32）表明，下渗率 f 随时间增加而减小，f 与 t 呈负指数关系，这与饱和下渗理论公式有相同的结论。

（二）非饱和下渗的完全解

考虑重力作用，完全按照理查兹方程求得的解称为完全解。这时 $K(\theta)$、$D(\theta)$ 都是 θ 的函数，其积水下渗的数理方程定解问题为

$$\left.\begin{aligned}&\frac{\partial\theta}{\partial t}=\frac{\partial}{\partial z}\left[D(\theta)\frac{\partial\theta}{\partial z}\right]+\frac{\partial K(\theta)}{\partial z}\\&\theta(z,0)=\theta_s\qquad\text{（初始条件）}\\&\theta(0,t)=\theta_s\qquad\text{（上边界条件）}\\&\theta(\infty,t)=\theta_0\qquad\text{（下边界条件）}\end{aligned}\right\}\tag{6-34}$$

1957 年，菲利浦提出了一套数学解法，求得了非饱和下渗完全解的下渗公式形式。菲利浦注意到下渗锋面处的土壤含水率 θ 并未随时间而变化，只不过在以速率 $\partial z/\partial t$ 向下移动，即有 $\mathrm{d}\theta/\mathrm{d}t=0$。下渗深度 z 处的 $\theta(z,\ t)$ 是二元函数，而 z 是 t 的函数，因此 $\theta(z,\ t)$ 函数中的 z 是中间变量。求 $\theta(z,\ t)$ 的全微分有

$$\frac{\mathrm{d}\theta}{\mathrm{d}t}=\frac{\partial\theta}{\partial z}\frac{\partial z}{\partial t}+\frac{\partial\theta}{\partial t}=0\tag{6-35}$$

因此

$$\frac{\partial\theta}{\partial t}=-\frac{\partial\theta}{\partial z}\frac{\partial z}{\partial t}\Rightarrow\frac{\partial\theta}{\partial t}=-\frac{\partial z}{\partial t}\Big/\frac{\partial z}{\partial\theta}\tag{6-36}$$

代入定解问题式（6-34）的泛定方程，得

$$-\frac{\partial z}{\partial t}=\frac{\partial}{\partial\theta}\left[D(\theta)\frac{\partial\theta}{\partial z}\right]+K(\theta)\Rightarrow-\frac{\partial z}{\partial t}=\frac{\partial}{\partial\theta}\left[\frac{D(\theta)}{(\partial z/\partial\theta)}\right]+K(\theta)\tag{6-37}$$

展开右边第一项后方程变为

$$D(\theta)\frac{\partial^2 z}{\partial\theta^2}+K(\theta)\left(\frac{\partial z}{\partial\theta}\right)^2-\frac{\partial z}{\partial\theta}\frac{\partial D(\theta)}{\partial\theta}-\left(\frac{\partial z}{\partial\theta}\right)^2\frac{\partial z}{\partial t}=0\tag{6-38}$$

假设下式的无穷级数：

$$Z(\theta,\ t)=\phi_1t^{\frac{1}{2}}+\phi_2t+\phi_3t^{\frac{3}{2}}+\cdots+\phi_it^{\frac{i}{2}}+\cdots\tag{6-39}$$

是式（6-34）的解，将其代入式（6-34），可将其转化为无穷个常微分方程求解，每一个常微分方程只含有一个待定函数 ϕ_i，例如，$i=1$ 的常微分方程为

$$-\frac{\phi_1}{2}\frac{\mathrm{d}\theta}{\mathrm{d}\phi_1}=\frac{\mathrm{d}}{\mathrm{d}\phi_1}\left[D(\theta)\frac{\mathrm{d}\theta}{\mathrm{d}\phi_1}\right]\tag{6-40}$$

假设已知 $D(\theta)$ 的具体函数形式，结合定解问题的边界条件，求解这无穷个常微分方程得 $\phi_1(\theta)$，$\phi_2(\theta)$，$\phi_3(\theta)$，…，代入式（6-39）就得到原定解问题的解。

同样，将式（6-39）代入单位土柱的累积下渗水量的表达式：

$$F(t)=\int_{\theta_0}^{\theta_s}z\,\mathrm{d}\theta\tag{6-41}$$

便得到常用的菲利浦下渗公式：

$$f_n=\frac{1}{2}St^{-\frac{1}{2}}+A\tag{6-42}$$

式中，S 为吸水系数；A 为接近饱和渗透系数 K 的常数，大量实验表明菲利浦下渗公式与实验结果比较相符。

三、下渗经验公式

下渗经验公式是在对土壤下渗过程定量实验积累的大量资料基础上，归纳总结出的关系。这类公式很多，它们均具有下渗率随时间而递减的函数形式，常用的有以下几种。

1. 霍顿公式

霍顿公式的表达式为

$$f_n(t)=f_c+(f_0-f_c)e^{-\beta t} \tag{6-43}$$

其推导的基本思路见本章第一节第五部分所述。

2. 霍尔坦公式

1961年美国农业部霍尔坦（H. N. Holtan）提出一种下渗概念模型，他认为下渗率 f 是土壤缺水量的函数，公式形式为

$$f_n=f_c+\alpha(S-W)^n \tag{6-44}$$

式中 α——系数，随季节变化，取值0.2～0.8；

S——表层土壤可能的最大含水量，mm；

W——累积下渗量或初始含水量，mm；

n——指数，对某一特定土壤假定为常数，常取为1.4；

f_c——稳定下渗率。

在降雨期间，由于累积下渗量逐渐增加，土壤缺水量（$S-F$）逐渐减小，下渗率 f_n 趋近于 f_c。实际应用中，这种公式便于考虑前期情况对下渗的影响，例如，考虑初始土壤含水量大小、降雨强度小于下渗能力的情况以及间歇性降雨等。参数 α 和 n 可用实验资料率定。

3. 考斯加柯夫公式

考斯加柯夫根据对灌溉水的下渗分析得出如下累积下渗量公式：

$$W=At^n \tag{6-45}$$

式中 n——与土壤性质有关的参数，一般情况下取为0.5；

A——经验系数。

经验系数 A 和指数 n，必须经过试验才能测得。其物理意义为：A 代表开始时段内渗透的数量，因此取决于土壤的结构状况、起始土壤含水量和供水条件；n 代表渗透速度随时间减小的程度，取决于湿润后土壤结构的变化。下渗率为

$$f_n=\frac{dW}{dt}=Ant^{n-1} \tag{6-46}$$

该式的缺点是当 $t\to\infty$ 时，$f_n\to 0$，但实际情况是 $f_n\to f_c$。

第三节 下渗实验与分析

天然条件下的下渗，可通过野外现场实验来确定。通常有两种途径：①直接测定法，即在流域内选定若干具有代表性的场地，直接测定下渗过程；②水文分析法，利用径流试验场或小流域实测的降雨径流资料分析下渗过程。前一种方法得到的结果是流域某些单点的下渗特性及定量规律，后一种方法的结果综合反映流域的平均下渗特性及定量规律。

1. 直接测定法

本法一般只限于在极小面积上进行实验。按供水方式，可分为注水法和人工降雨法。

（1）注水法。注水法一般采用同心环下渗仪。如图6-8所示，同心环下渗仪是由直

径 30cm 和 60cm 的两个内外无底金属环组成，环高 15～20cm。实验时，将两个环打入土中，然后向两环注水，内外两环保持相同的水深，内环控制实验的面积，外环的作用是防止内环下渗水流向旁侧渗透。注水后，因下渗，水面降低，需继续加水，维持固定水深，注水的速率即为下渗率。求出各个时刻的下渗率即可求得下渗过程。

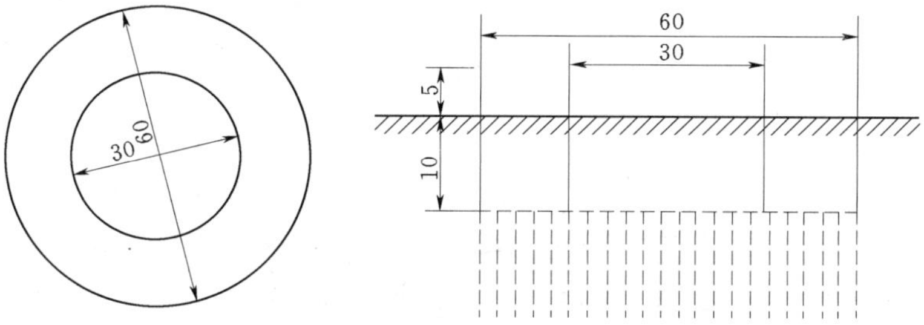

图 6-8　同心环下渗实验装置示意图（单位：cm）

（2）人工降雨法。此法需要一套模拟降雨的专门设备和一个小型试验场地，并配有测流设备。人工降雨设备应能模拟各种不同强度的降雨，雨滴分布均匀，雨滴能量与天然雨滴相似。试验时，按设计雨强控制人工降雨，并连续记录出流过程，直到流量稳定后即可停止供水，但流量需观测到出流停止时为止。选择不同的雨强和初始边界条件，即可模拟出不同的下渗情况。

从降雨开始到 t 时刻、累积下渗量为

$$F(t)=P(t)-R(t) \tag{6-47}$$

对上式求导数即得下渗率：

$$f(t)=i(t)-r(t) \tag{6-48}$$

式中　$F(t)$——降雨开始至 t 时刻的累积下渗量，mm；

$P(t)$——降雨开始至 t 时刻的累积降雨量，mm；

$R(t)$——降雨开始至 t 时刻的累积径流量，mm；

$f(t)$——t 时刻的下渗率，mm/min；

$i(t)$——t 时刻的降雨强度，mm/min；

$r(t)$——t 时刻的径流率，mm/min。

直接测定法的成果反映一定条件下单点的下渗特性，对了解不同土壤、植被条件和各种降雨强度下的下渗特性有重要作用。

2. 水文分析法

利用径流试验站或小流域实测的降雨及流量资料，根据流域水量平衡方程（忽略雨期蒸发）：

$$F(t)=P(t)-R(t)-S(t) \tag{6-49}$$

可分析下渗过程。式（6-49）中，$S(t)$ 为流域滞蓄水变量。这种下渗曲线代表了流域的平均下渗过程，为了求得可靠的结果，应选典型的有代表性的若干次降雨径流资料进行分析。

分析计算原理：由流域滞蓄水量消退的水力特性知，$S(t)$ 与相应时刻流域的出流量

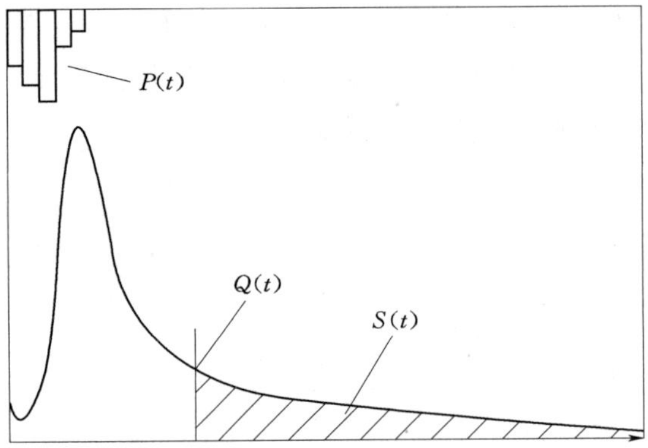

图 6-9 计算 $S(t)-Q(t)$ 示意图

$Q(t)$ 有一定的关系，因而可利用峰后无雨的径流过程线的退水段建立 $S-Q$ 关系，如图 6-9 所示。将式（6-49）改写为差分式：

$$\sum_{0}^{t}\Delta P_i-\sum_{0}^{t}\Delta R_i=\sum_{0}^{t}f_i\Delta t+S(t) \tag{6-50}$$

式中，$\Delta R_i=Q_i\Delta t/A$，A 为流域面积。有了降雨、径流过程和 $S-Q$ 关系，可求 f_n-t 过程。实际工作中，一般是假定一下渗曲线 f_n-t，用式（6-41）求 $S(t)$，再检验退水段的 $S-Q$ 关系（或 $S_i-\Delta R_i$ 关系）。若关系线为一单一线，则假定的 f_n-t 即为所求，否则需重新假定下渗曲线再计算，算例见表 6-1。

表 6-1　易县站 1956 年一次降雨径流过程的下渗曲线分析

日	时	ΔP	$\sum\Delta P$	ΔR	$\Delta\overline{R}$	$\sum\Delta\overline{R}$	$\sum\Delta P-\sum\Delta\overline{R}$	$\sum f_n\Delta t$	f_n	S
3	1	4.1	4.1	0			4.1	4.1	2.0	
	3	13.4	17.5	0			17.5	17.5	6.7	
	5	22.6	40.1	0			40.1	40.1	11.3	
	7	21.3	61.4	0			61.4	61.4	10.6	0
	9	19.2	80.6	1.3	0.7	0.7	79.9	74.2	6.4	5.7
	11	24.6	105.2	3.9	2.6	3.3	101.9	84.8	5.3	17.6
	13	15.4	120.6	5.7	4.8	8.1	112.5	92.0	3.9	20.5
	15	18.6	139.2	7.0	6.8	14.4	124.8	97.1	2.6	37.6
	17	22.2	161.4	10.4	8.7	23.1	138.3	101.0	1.1	37.2
	19	11.7	173.1	8.0	9.2	32.3	140.8	103.2	0.4	37.5
	21			6.7	7.4	39.7	133.4	104.0		29.3
	23			5.5	6.1	45.8	127.3	104.0		23.2
4	1			4.0	4.7	50.5	122.6	104.0		18.5
	3			3.2	3.6	54.1	119.0	104.0		14.9
	5			2.7	3.0	57.1	116.0	104.0		11.9
	7			2.5	2.7	59.8	113.3	104.0		9.2

表中各项单位均为 mm，计算时段为 2h，下渗率的单位为 mm/h。水量平衡式中采用 $\Delta\overline{R}$ 代替 ΔR 是为减小资料误差。产流前的 f_n 是 $\Delta P/\Delta t$，即降雨全部下渗，产流后的 f_n 是假定值。上述计算过程没有考虑地下径流，对存在地下径流的小流域，应用上述方法推求下渗曲线时应先割除地下径流。

以上分析了下渗曲线计算的两种常用方法，实际工作中，为了推求流域平均下渗曲线，更经常使用的方法是利用流域暴雨径流资料拟合下渗经验公式，由此率定出公式中的参数。这方面的内容在水文预报课程中讲述。

思　考　题

1. 试分析干燥土壤表面在充分供水条件下，土壤水分在下渗过程不同阶段的水分受力特点，以及对应的含水量特征和水分运动特征。

2. 试分析均匀供水条件下，下渗过程中土壤含水量具有的一般性垂向分布特点。

3. 试分析土壤表面入渗结束后，土壤剖面内水分再分配的过程。

4. 试分析城市化与草场过度放牧这两类人类活动对流域水循环的下渗环节有什么影响。

5. 试分析典型样地尺度单点土壤下渗能力曲线与流域尺度土壤平均下渗能力曲线的差异。

第七章　蒸 发 与 散 发

水从液态或固态变成气态的过程称为蒸发；植物根系吸收的水分，经由植物的茎叶散逸到大气中的过程称为散发或蒸腾。蒸散发是发生在具有水分子的物体表面，由于分子热运动而逸出物体表面的现象。具有水分子的物体表面称为蒸发面，自然界的蒸发面有各种形态，性质各不相同，因而蒸散发也分为不同的类型。蒸发面为水面时称为水面蒸发；蒸发面为土壤表面时称为土壤蒸发；蒸发面是植物枝叶时则称为植物散发。土壤蒸发和植物散发合称为陆面蒸发；流域的表面一般包括水面、土壤和植物覆盖等，当把流域作为一个整体，则发生在这一蒸发面上的蒸发称为流域总蒸发，或流域蒸散发，它是流域内各类蒸发的总和。流域蒸散发体现了流域热量交换和水量交换过程间的联系，是水文循环过程中的重要环节，陆地上年降水量的约66%都通过蒸散发返回了大气。从水量损失的角度来讲，蒸发量是降雨径流形成过程中的损失项，也是流域水量平衡分析计算的重要项目之一。对蒸散发规律及其定量计算的研究对水资源评价、水利工程的规划设计、水资源有效利用等方面，都有重要意义。

单位时间内的蒸发量称为蒸发率。蒸发面充分供水时的蒸发率称为蒸发能力，蒸发能力只与能量条件和动力条件有关。不充分供水条件下的实际蒸发率总是小于蒸发能力的。

第一节　水 面 蒸 发

一、水面蒸发的物理过程

水面蒸发是指在自然条件下，水面的水分从液态转化为气态而逸出水面的物理过程，因此，水面蒸发总是充分供水蒸发。水面蒸发可分为水分汽化和水分扩散两个过程。

1. 水分汽化过程

从物理学可知，水体内部的水分子总处于连续不停的运动状态，其平均分子动能取决于温度，温度越高，平均分子动能越大。当水面的一些水分子得到的动能大于其他液体分子对它们的吸引力时，就能克服内聚力而脱离水面变成水汽。水温越高，水分子运动越剧烈，逸出水面的水分子越多。逸出水面的水分和其他空气分子在水面上形成极薄的一层饱和水汽层，饱和水汽层中的分子做不规则运动，部分水分子可能远离水面而移向大气；部分水分子被其他分子撞击重新回到水面，或因本身冷却的原因为水面所黏附，重新成为液态水分子，这种现象称为凝结。蒸发现象的实质是逸出水面的水分子数大于返回水面的水分子数，即蒸发量是指从水面逸出的水分子数与返回水中的水分子数量之差。

水分在由液态转化成气态过程中会发生能量的变化。蒸发时，由于跑出水面的都是具有较大动能的水分子，因而会使剩下的水分子的平均动能减少，水温降低。若要保持水温

不变，就必须从外界补给热量。单位水量从液态变为气态所吸收的热量称为蒸发潜热，蒸发潜热与温度有关，其关系为

$$L = 2499.5 - 2.39t \tag{7-1}$$

式中 L——蒸发潜热，J/g；

t——水面温度，℃。

在凝结时，这种热量将会全部释放出来，在相同温度条件下，凝结潜热与蒸发潜热相等。

2. 水汽扩散过程

水汽扩散过程是指水面上饱和水汽层的水汽分子不断地从水面移向大气的过程，水面上水汽分子的扩散过程通常有以下 3 种形式：

（1）在自然条件下，实际上不会出现汽化与凝结平衡的情况。因为空气的体积可以看做是无限的，水面上空水汽分子的浓度存在着梯度，相应地具有水汽压梯度，它会引起水汽分子从水汽压高处向水汽压低处输送，产生水汽分子的扩散现象。

（2）在大气静止的状态下，接近蒸发面的气温大于上层空气的温度，下层的暖湿空气比重较轻，形成上升气流，上层干冷的空气比重大，形成下降气流，即发生对流现象，使蒸发得以继续进行。

（3）空气的紊动，刮风时空气紊动加剧，水分子随风吹离，蒸发迅速增大，风速愈大，蒸发面以上的大气混合也愈快，大大地促进了蒸发的进行。

综上所述，在自然条件下，蒸发量不仅与温度、饱和水汽压差有关，还与水分子的扩散、空气的对流及紊动作用有关。

二、影响水面蒸发的因素

（1）饱和水汽压差。饱和水汽压差指水面温度的饱和水汽压与水面上空一定高度的实际水汽压之差，它反映了水汽温度梯度的大小。根据扩散理论，蒸发率与水汽压差成正比变化，饱和水汽压差愈大，蒸发作用愈大，反之愈小，当饱和水汽压差等于零时，蒸发量也等于零。

（2）风。风或气流能加强乱流扩散作用，移去水面上的水汽分子，促进水汽交流，使水面上水汽饱和层变薄并保持持续强大的输送率，因而风速愈大，水面蒸发率也愈高。但当风速超过一定限度时，水层表面的水汽分子随时被风吹去，此后风速再加大也不会影响蒸发强度。

（3）温度。水汽化时需要热能，在蒸发过程中太阳辐射是它的主要能源。太阳辐射通过增高气温和水温来影响蒸发。气温决定空气中水汽含量的能力和水汽分子扩散的速度。温度高时，蒸发面上的饱和水汽压比较大，空气饱和差就大，因此易于蒸发。水温反映了水分子运动能量的大小，水温高，水分子运动能量大，逸出水面的水分多，蒸发强。

（4）水质。水中含的杂质能阻止水分子运动，减少蒸发。例如含盐度每增加 1%，蒸发会减少 1%。

（5）蒸发表面的情况。蒸发表面是水分子在汽化时必须经过的通路，若表面积大则蒸发面大，蒸发作用进行得快。此外，水体的深浅对蒸发也有一定的影响，浅水水温变化较快，对蒸发的影响比较显著；深水水体则因水面受冷热影响时会产生对流作用，使整个水

体的水温变化落后于气温变化，深水水体中蕴藏的热量较多，对水温起一定的调节作用，因此蒸发量在时间上的变化比较稳定。

不同地理位置、地形情况以及降水量及强度和时空分布都对水面蒸发过程有影响。

综上所述，可把影响水面蒸发的因素归纳为两类；气象因素如气压、温度、湿度和降水等；水体自身及自然地理因素如水质、水深、水面和地形地貌等因素。

三、水面蒸发的观测及估算

水面蒸发量可利用气象资料根据近地层空气动力学和热量平衡原理间接推算，也可用仪器直接观测。

1. 器测法

器测法是应用蒸发器或蒸发池直接观测水面蒸发量。我国水文和气象部门采用的水面蒸发器有：ϕ20 型、ϕ80 套盆式、E601 型蒸发器，以及水面面积为 $20m^2$ 和 $100m^2$ 的大型蒸发池。其中 E601 型蒸发器稳定性较好，是目前水文部门普遍采用的观测仪器。每日 8 时观测一次蒸发器（当日 8 时至次日 8 时）的蒸发水深，即日水面蒸发量，一月每日蒸发量之和为月蒸发量，一年中每日的蒸发量总和为年蒸发量。

由于蒸发器的蒸发面积比天然水体小得多，其受热条件与大水体有显著的差异，所以，蒸发器观测的数值不能直接作为如水库这样的大水体的水面蒸发值。据研究，当蒸发池的直径大于 3.5m 时，其蒸发量与天然大水体较为接近，因此，可用蒸发器的蒸发量 $E_{器}$ 与 $20m^2$ 或 $100m^2$ 的大型蒸发池的蒸发量 $E_{池}$ 之比作为折算系数，即

$$K = E_{器} / E_{池} \tag{7-2}$$

实际资料分析表明，折算系数随蒸发器直径而变，也与蒸发器类型、自然环境、季节变化等因素有关。实际工作中，应根据当地实测资料分析。

2. 经验公式法

由实验得出的道尔顿定律表明，水面蒸发量与饱和压差成正比：

$$E = A(e_o - e_z) \tag{7-3}$$

式中 e_o——水面稳定相应的饱和水汽压；

e_z——水面以上 z 高度处的水汽压；

A——与低层大气流扩散有关的系数，可表为风的函数。

因此，道尔顿定律可表示为

$$E = f(u_z)(e_o - e_z) \tag{7-4}$$

采用实验资料可建立 $f(u_z)$，即可建立计算 E 的经验公式，根据太湖蒸发实验站的资料求得的经验公式为

$$E = 0.22 \times \sqrt{1 + 0.35u_{1.5}^2}(e_o - e_{1.5})\ (\text{mm/d}) \tag{7-5}$$

式中 $e_{1.5}$、$u_{1.5}$——水面以上 1.5m 处的水汽压和风速。

由重庆蒸发实验站 1958 年观测资料分析出：

$$E = 0.14n(1 + 0.64u_5)(e_o - e_2)\ (\text{mm/月}) \tag{7-6}$$

式中 e_2——水面以上 2.0m 处的水汽压；

u_5——水面以上 5m 处的风速；

n——某月天数。

计算水面蒸发的经验公式很多，应用一般具有地区性，实际工作中要根据研究地区的自然地理特性选用，并注意验证。

3. 热量平衡法

根据能量守恒原理，通过测定太阳的短波辐射、大气和水面长波辐射、进出水体的热量，对流的热量和水体的储热量等可建立水体的热量平衡方程，据此可估算蒸发量。

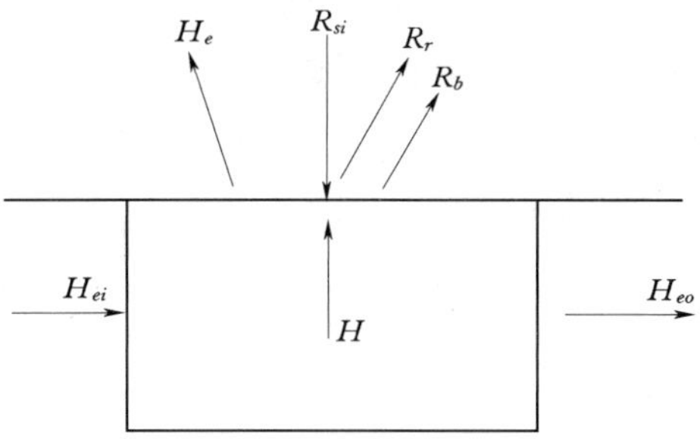

图 7-1 热平衡示意图

假定从水面到一定深度的水柱体底部无垂直的热量交换，如图 7-1 所示，其热量平衡方程式为

$$R - H - H_e + H_{ei} - H_{eo} = H_Z \tag{7-7}$$

式中 R——净辐射，等于太阳辐射 R_{si} 减去水面反射辐射 R_r 和水体长波辐射 R_b，J/min；

H——水体传导感热损失，J/min；

H_e——蒸发耗热量，J/min；

H_{ei}——入流带进热量，J/min；

H_{eo}——出流带出热量，J/min；

H_Z——水体储热量，J/min。

由气象学知净辐射可由下式计算：

$$R = (Q_n + Q_p)(1 - \alpha) - J \tag{7-8}$$

式中 Q_n——太阳直达辐射；

Q_p——太阳散射辐射；

α——反射率；

J——地面长波有效辐射。

$H_e = LE$，L 是蒸发潜热；H 为通过传导作用由水体向空中的散热，它的过程类似于蒸发过程。但是 H 不易观测和推算，为在计算中消除此项，可用一个比值将两者合并起来，即令 $H = \beta H_e$，β 称为波文比。记 $H_a = H_{ei} - H_{eo}$，这样式（7-8）可写作：

$$R - (\beta + 1)H_e + H_a = H_Z \rightarrow R - (\beta + 1)LE + H_a = H_Z \tag{7-9}$$

解出 E 得

$$E = \frac{R + H_a - H_Z}{(\beta + 1)L} \tag{7-10}$$

此式是热量平衡法计算蒸发量的基本公式。为实际应用该式，还需对波文比进行分析，波温比利用近水面时潜热和感热输送的相似性给出：

$$\beta = C_\beta P \frac{T_o - T_z}{e_o - e_z} \tag{7-11}$$

式中 C_β——波文比，1/℃；

P——水面大气压强，hPa；

T_o——水面温度，℃；

T_z——近表面 z 高度处气温，℃；

e_o——水面水温下的饱和水汽压，hPa；

e_z——温度 T_z 对应 z 高度处空气水汽压，hPa。

根据乱流扩散理论，有

$$E=-\rho K_w \frac{\mathrm{d}q}{\mathrm{d}z}$$

$$H=-\rho C_p K_K \frac{\mathrm{d}T_z}{\mathrm{d}z} \qquad (7-12)$$

$$q=0.622\frac{e}{P}$$

式中　ρ——空气密度；

C_p——定压比热；

K_w、K_K——质量交换系数和热量交换系数，$K_w \approx K_K$。

所以
$$\beta=\frac{H}{H_e}=\frac{H}{LE}=C_P\frac{\mathrm{d}T}{\mathrm{d}z}\Big/\left(L\frac{\mathrm{d}T_z}{\mathrm{d}z}\right)=\frac{C_p(T_o-T_z)}{L(q_o-q)} \qquad (7-13)$$

与式（7－11）联解得

$$C_\beta=\frac{C_p}{0.622L}$$

因此，式（7－10）可写作：

$$E=\frac{R-H_a-H_Z}{L+C_p\dfrac{P}{0.622}\dfrac{T_o-T_z}{e_o-e_z}} \qquad (7-14)$$

若计算时段较长（例如 1 日），可以忽略 H_a 和 H_z，这样可得

$$E=\frac{R}{L+C_p\dfrac{P}{0.622}\dfrac{T_o-T_z}{e_o-e_z}} \qquad (7-15)$$

该式即为热量平衡法计算水面蒸发量的公式。应用时只要观测辐射和两个高度上的气温和水汽压以及确定参数就可直接计算。净辐射值 R 只与日照和水温（或气温）T 有关，利用热量平衡原理，水面蒸发量可表示为 $E=f(S,T)$ 的关系（其中 S 为太阳实际照射时间与大气层顶太阳照射时间之比），根据实测的气温和日照建立水面蒸发量与两者的经验关系以估计水面蒸发量。图 7－2 是根据新安江水库的实测资料绘制的关系曲线。

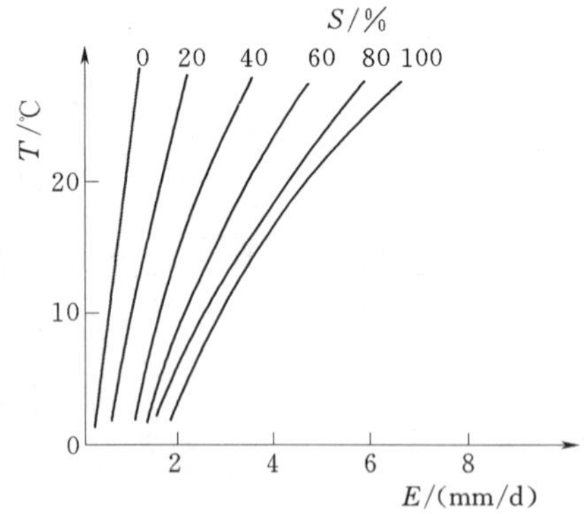

图 7－2　水面蒸发与气温及日照关系曲线

4. 彭曼法

热量平衡法虽考虑了影响蒸发的热量条件——太阳辐射和水汽扩散条件，但忽略了代表空气动力的风速作用。英国学者彭曼研究了一种综合考虑太

阳辐射、水汽扩散和空气动力因素的计算水面蒸发的方法，称为彭曼法。令

$$C_p \frac{P}{0.622L}=\gamma \tag{7-16}$$

当大气压 P 取 1000hPa 时，$\gamma=0.66$，则式（7-15）写作：

$$E=\frac{R/L}{1+\gamma\dfrac{T_o-T_z}{e_o-e_z}}=\frac{Q_n}{1+\gamma\dfrac{T_o-T_z}{e_o-e_z}} \tag{7-17}$$

式中，E 指单位时间、单位面积上的蒸发量，Q_n 为单位时间、单位面积上的净辐射当量，以 g/（cm^2·min）或 g/（cm^2·d）计，显然，也可以用单位时间上的当量深度 mm/d 表示。利用饱和水汽压曲线（图 7-3）知：

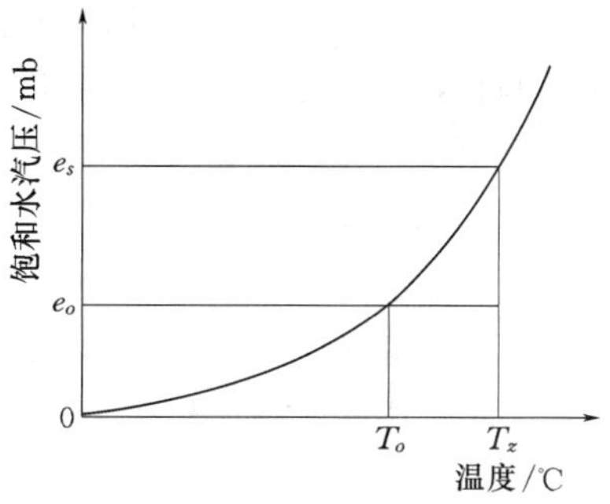

图 7-3　饱和水汽压曲线

$$\Delta=\frac{e_o-e_s}{T_o-T_z} \tag{7-18}$$

式中，e_s 为高度 z 处相应于气温 T 的饱和水汽压。这样有

$$E=\frac{R/L}{1+\gamma\dfrac{T_o-T_z}{e_o-e_z}}=\frac{Q_n}{1+\gamma\dfrac{T_o-T_z}{e_o-e_z}}=\frac{Q_n}{1+\dfrac{\gamma}{\Delta}\dfrac{e_o-e_s}{e_o-e_z}} \tag{7-19}$$

考虑道尔顿定律：

$$E=f(u_z)(e_o-e_z) \tag{7-20}$$

即用近地表 z 高度处饱和水汽压 e_s 代替道尔顿定律中的水面饱和水汽压 e_o 计算的蒸发量为 $E_z=f(u_z)(e_s-e_z)$，则有

$$\frac{E_z}{E}=\frac{e_s-e_z}{e_o-e_z} \tag{7-21}$$

所以，有下式成立：

$$\begin{aligned}E&=\frac{Q_n}{1+\dfrac{\gamma}{\Delta}\dfrac{e_o-e_s}{e_o-e_z}}=\frac{Q_n}{1+\dfrac{\gamma}{\Delta}\dfrac{(e_o-e_z)-(e_s-e_z)}{e_o-e_z}}\\&=\frac{Q_n}{1+\dfrac{\gamma}{\Delta}\left(1-\dfrac{e_s-e_z}{e_o-e_z}\right)}=\frac{Q_n}{1+\dfrac{\gamma}{\Delta}\left(1-\dfrac{E_z}{E}\right)}\end{aligned} \tag{7-22}$$

解出 E 得到彭曼公式：

$$E=\frac{\Delta}{\Delta+\gamma}Q_n+\frac{\gamma}{\Delta+\gamma}E_z \tag{7-23}$$

该式实际上是由水体太阳净辐射引起的蒸发与风速、饱和差引起的蒸发之加权平均，因而更接近实际蒸发。实际应用时必须建立当地计算 Q_n 和 E_z 的公式才能计算水面蒸发 E。

第二节 土壤蒸发

土壤蒸发是土壤中所含水分以水汽的形式进入大气的现象，土壤蒸发过程是土壤失去水分的过程或干化过程。土壤是一种有孔介质，具有吸收、保持和输送水分的能力，土壤蒸发还受到土壤水分运动的影响。因此，土壤蒸发比水面蒸发复杂。土壤蒸发视土壤含水量大小，可以是充分供水蒸发，也可以是不充分供水蒸发。土壤饱和时属充分供水蒸发，反之属不充分供水蒸发。

一、土壤蒸发过程及影响因素

土壤的蒸发过程大体上分为 3 个阶段，如图 7-4 所示。

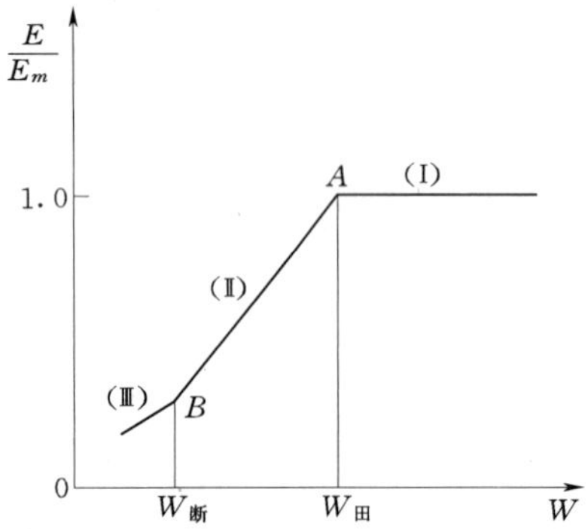

图 7-4　土壤蒸发三阶段示意图

(1) 第一阶段（Ⅰ）。土壤含水量达到饱和或大于田间持水量，土壤十分湿润，水充满全部孔隙，并存在自由重力水。土壤层中的毛细管上下沟通，水分在毛细管作用下，不断快速地向地表运行，水分供应十分充足，水分在地表汽化、扩散，此时的蒸发量大而稳定，蒸发量仅取决于气象因素。由于蒸发消耗水分，表层土壤含水量逐渐减少，当土壤含水量小于田间持水量后，土壤蒸发进入第二阶段，其分界点 A 的含水量称为上临界土壤含水量，其值近似于田间持水量。

(2) 第二阶段（Ⅱ）。在该阶段毛管水的连续状态不断遭到破坏，毛细管的传导作用不断减弱，向上输送水分的强度降低，蒸发速度逐渐减小，当土壤含水量减少到毛管断裂含水量以后，土壤蒸发进入下一阶段。在第二阶段，土壤蒸发的特点是供水不充分，土壤蒸发率随土壤含水量的减小而降低，即实际蒸发量与气象因素和土壤含水量有关，一般假定这阶段的土壤蒸发量与土壤含水量成正比关系。随着蒸发过程的持续，土壤含水量不断减小，直至减小到下临界土壤含水量 B，其值近似于毛管断裂含水量。

(3) 第三阶段（Ⅲ）。在该阶段土壤含水量小于毛管断裂含水量，毛管水连续状态被破坏，毛细管的传导作用停止，水分只能以薄膜水和汽态水的形式向上移动，此时土壤内部水分通过汽化，并经土壤孔隙向大气运行，因而蒸发主要为水汽扩散输送。由于这种运动缓慢，土壤的蒸发强度很小，并且比较稳定。本阶段土壤蒸发过程，气象因素和土壤含水量均不起明显作用，实际蒸发取决于下层土壤性质和地下水埋深。

影响土壤蒸发的因素如下：①气象因素，如温度、湿度、风速等；②土层自身因素，如地下水埋深、土壤质地、土壤色泽、土壤表面特征及地形等因素。

气象因素影响土壤蒸发的原理与水面蒸发相同。土层自身因素中，土壤质地、土壤色泽、土壤表面特征通过吸收太阳辐射增热影响蒸发。由于土壤热容量与水体不同，同一气象条件下，土壤增热快，温度较高，在土壤十分潮湿时，土壤蒸发略大于水面蒸发。地形是通过影响空气流动来间接影响蒸发量的。土壤质地包括了土壤各种性质，影响蒸发的主要是土层的孔隙度及分布，孔隙度大，有利于蒸发进行，同一孔隙度下，孔隙分布细密，表明孔隙多，易于蒸发。地下水埋深浅，则毛管支持水容易上升至地面，使土壤的蒸发供水条件更好。

二、土壤蒸发量的确定方法

一般有两种途径，一种是器测法，通过专门设计的仪器直接测定土壤蒸发量；另一种是从土壤蒸发的物理概念出发，以水量平衡、热量平衡、乱流扩散等理论为基础，建立影响蒸发主要因素的半理论半经验或纯经验公式来计算土壤的蒸发量。

1. 器测法

土壤蒸发器种类很多，图 7-5 所示为目前常用的 ΓΓN _ 500 型土壤蒸发器。蒸发器有内外两个铁筒。内筒用来切割土样和装填土样，内径 25.2cm，面积 500cm²，高 50cm，筒下有一个多孔活动底，以便装填土样。外筒内径 26.7cm，高 60cm，筒底封闭，埋入地面以下，供放置内筒用。内筒下有一集水器，承受蒸发器内土样渗漏的水量。内筒上接一个排水管和径流筒相通，以接纳蒸发器上面所产生的径流量。另设地面雨量器，器口面积 500cm²，以观测降雨量。定期对土样称重，再按下式推算时段蒸发量：

$$E = 0.02(G_1 - G_2) - (R + q) + P \tag{7-24}$$

式中　G_1、G_2——时段初、末筒内的土样质量，g；

P——观测时段内的降雨量，mm；

R——观测时段内产生的径流量，mm；

q——观测时段内渗漏的水量，mm；

0.02——蒸发器单位换算系数。

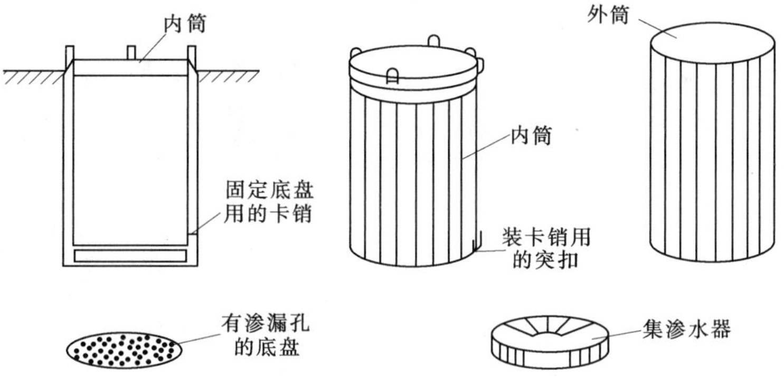

图 7-5　ΓΓN _ 500 型土壤蒸发器

由于器测时器内土壤本身的热力条件与天然情况不同，其水分交换与实际情况差别较大，且器测法只适用于单点，所以，观测结果只能在某些条件下应用或仅作参考。对于较大面积的情况，因流域下垫面条件复杂，难以分清土壤蒸发和植物散发，所以器测法很少在生产上具体应用，多用于蒸发规律的研究。

2. 经验公式法

计算土壤蒸发量的经验公式形式与水面蒸发相似，可写作：

$$E_{土} = D_s(e'_s - e_a) \tag{7-25}$$

式中　D_s——质量交换系数（反映气温、湿度、风等外界条件）；

e'_s——土壤表层水汽压，当表土饱和时等于饱和水汽压 e_s，hPa；

e_a——土壤表面大气中水汽压，决定于气象条件，hPa。

建立 D_s 的经验公式后就可利用式（7－25）估算土壤蒸发量。经验公式具有地区性，移用到别处需用当地实测资料进行验证。

第三节　植物散发

植物散发（又称植物腾发或植物蒸腾）指植物根系从土壤中吸收水分，经枝干输送后，水分从叶面和枝干气孔逸出并进入大气的过程。植物散发与植物生理结构、土壤性质及大气状况均有密切的关系。植物在生长期间需要大量水分，但植物从土壤中吸收的水分，绝大部分被植物散发到空中，只有很少部分才储存在植物体内。土壤-植物-大气水分循环系统的主要功能就是为植物输送养分，不同的植物种类要维持这个循环所需要的水分差别很大，即不同的植物生长需水量差别很大，同一种植物在不同的生长期需水量也不同。研究不同作物的散发过程，探索不同作物的最适宜需水量，对农作物灌溉制度设计十分重要。对水文过程而言主要关心植物引起的散发量的大小以及植被率对水文过程的影响。

一、植物散发的物理过程

植物根系能从土层中吸收水分，是因为植物根系的细胞液浓度与土壤水分浓度差产生的渗透压可高达 10 多个大气压，足以使土壤水分从根膜流入根细胞内。进入根系的水分，在根细胞的生理作用产生的根压和蒸腾拉力的作用下，水分在根茎、叶柄和叶脉内移动到达植物叶面。植物叶的内部构造如图 7－6 所示。叶面表皮有许多气孔，当气孔张开，水分逸出后进入大气，这就是散发过程。叶面气孔能随外界条件变化而收缩，从而控制蒸发的强弱，甚至关闭气孔。气孔的这种调节作用，只有在气温 45℃以内才发生，气温达 45℃以上时气孔失去调节能力。气温在 45℃以上，叶面表皮气孔全开，植物由于散发消耗大量水分，加上天气炎热，空气极端干燥，植物就会枯萎死亡。植物散发的水分很大，吸收的水分约 99％耗于散发，仅约 1％转化为植物体内含水量。

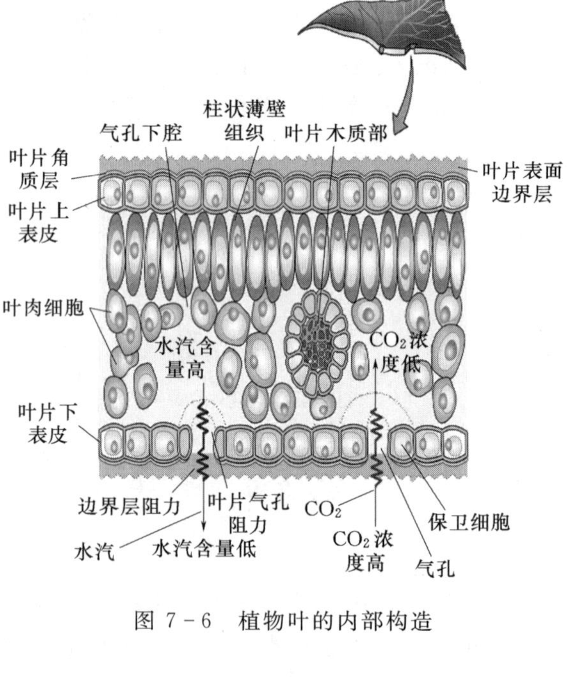

图 7－6　植物叶的内部构造

二、影响植物散发的因素

（1）植物生理条件的影响。指植物的种类和植物生长阶段在生理上的差别。不同种类植物的叶片气孔数量、分布和形状差别很大。气孔多而大的植物的散发量大，如阔叶树的散发能力比针叶树的大，深根植物的散发量比浅根的均匀。对于同一种作物的不同生长阶段，散发量也不一样，例如，度过冬天的老针叶树的散发只为幼针叶树的 1/3～1/3.5；又如水稻，当供水条件充分时，在不同的生长期，散发量差别很大。

（2）气象因素的影响。影响植物散发的气象因素与影响水面蒸发和土壤蒸发的相同，包括气温、湿度、日照和风速等。但对植物散发来讲，温度和日照的影响是主要的。

据研究，在植物的生理温度范围内存在一个最适宜范围，在此范围内，温度的增加促进气孔开放，蒸腾增加，两者具有明显的线性关系。超过这个范围，气孔出现关闭现象，一般的极限温度上下限范围分别为 45℃与−2℃。

空气湿度的高低影响叶片与大气之间的水汽密度差，湿度越大，越不利于蒸腾。对于大面积均匀植被，蒸腾的水汽会提高植被上边界的空气湿度，降低叶片与大气之间的水汽压差，从而使蒸腾减小。

植物在日光照射下，自身温度增加，植物会加大散发以降低自身温度，维持一个合适的生理温度范围。所谓大树底下好乘凉，就是这种现象的写照。据研究夜晚的植物散发仅为白昼的 10%，可见日照对植物散发的影响非常大。

风速增加会降低植物叶片之上的空气水汽密度，有利于水分子从叶面逃逸，加大散发。但是，水分子从叶面逸出的气孔阻力远大于叶面与空气的边界阻力，因此，风对植物散发的影响是有限的，强风只比弱风略能加速散发作用。

三、植物散发规律的研究

土壤-植物-大气水分循环系统中植物根系与土壤的接触面是系统的下界面，植物枝叶与空气的接触面是系统的上界面。在下界面，植物根系细胞液的溶质浓度与土壤水的溶质浓度之差产生一种渗透压，驱使水分从土壤进入植物根系。在上界面，叶片水分含量与空气水分含量之差产生的水汽压差，促使植物水分通过叶片气孔散逸出去。

植物根系与土壤间的渗透压力可用叶片对水分的吸力 M 与土壤颗粒对水分的吸力 N 之差 $M-N$ 表示。土壤水分进入植物会遇到的阻碍，可表示为水分通过土壤的阻水系数 α 和水分通过植物的阻水系数 β 之和 $\alpha+\beta$。单位时间内植物吸收的水分 q 与 $M-N$ 成正比，与 $\alpha+\beta$ 成反比，即

$$q=K\frac{M-N}{\alpha+\beta} \tag{7-26}$$

适当选取 $\alpha+\beta$ 的单位使比例系数 $K=1$，注意阻水系数的倒数为导水系数，式（7-26）表示为

$$q=\frac{M-N}{1/\psi+1/\eta}=\frac{M-N}{(\eta/\psi)\eta+(\psi/\psi)\eta}=\frac{M-N}{[(\eta+\psi)/\psi]\eta} \tag{7-27}$$

最后写为

$$q=\frac{\psi\eta}{\eta+\psi}(M-N) \tag{7-28}$$

式中 ψ——土壤导水系数；

η——植物导水系数。

据道尔顿（F. Dalton）定律，叶片与大气的水分交换量（即散发量）应与叶片与空气

之间的饱和水汽压之差成正比：

$$E_a = \frac{DD_0}{D + D_0}\rho(e_0 - e) \tag{7-29}$$

式中　E_a——植物散发率；

D——叶面和大气的水分交换积分系数；

D_0——植物细胞不薄膜面与叶面间的水分交换积分系数；

ρ——空气密度；

e——空气的水汽压；

e_0——叶面在一定温度下的饱和水汽压。

因为 $D\rho(e_0 - e)$ 表示在气象条件一定下的植物散发能力 E_0，所以道尔顿定律可进一步表示为

$$E_a = \frac{D_0}{(D + D_0)}E_0 \tag{7-30}$$

列出植物的水量平衡式：

$$\frac{\mathrm{d}\omega}{\mathrm{d}t} = q - E_a \tag{7-31}$$

式中　ω——植物体内的含水量；

$\mathrm{d}\omega/\mathrm{d}t$——植物体内含水量的变化率。

前已述及植物体内的含水量只占其吸收水量的约 1%，变化率可忽略，这样就有：

$$q = E_a \tag{7-32}$$

将式（7-26）和式（7-30）代入得

$$\frac{\psi\eta}{\eta + \psi}(M - N) = \frac{D_0}{D + D_0}E_0 \tag{7-33}$$

由于 M 不仅与 E_a 有关，而且与 ψ、η、N 均有关，ψ、N 是土壤含水量和土壤水理特性的函数，η 是植物生理特性的函数，因此，式（7-33）理论上求解非常困难；但是从它出发可建立植物散发量与土壤含水量的经验关系，用试验方法率定经验关系中的参数，用于指导生产实际。比较式（7-33）两边，可知 D 和 D_0 也是土壤含水量、土壤水理特性和植物生理特性的函数，记为

$$\frac{D_0}{(D + D_0)} = \varepsilon\varphi(\theta) \tag{7-34}$$

式中，ε 与植物有关，对一定的植物应为常数，$\varphi(\theta)$ 是土壤含水量的函数，所以式（7-30）可改写为

$$E_a = \varepsilon\varphi(\theta)E_0 \rightarrow \frac{E_a}{\varepsilon E_0} = \varphi(\theta) \tag{7-35}$$

在试验地区，E_a 可观测，对不同植物 ε 是常数，从而可建立式（7-35）的函数关系。据研究，在不同地区对不同作物，式（7-35）的关系均呈折线，例如，冬小麦的关系曲线如图 7-7 所示。要计算 E_a 还需在试验地区建立 E_0 与气象要素的关系。在同类地区应用时，由气象资料计算 E_0 后，土壤含水量资料就可计算植物散发量 E_a。植物散发规律的研究是一项重要的地球物理学课题，由于问题的复杂性，至今所取得的成果是局部

性的，完满解决尚有待科学工作者的进一步努力。

四、植物散发量的测定和估算

1. 器测法

在天然条件下，由于无法对大面积的植物散发进行观测，通常只能在实验条件下对小样本进行测定分析。旱作物散发器测定植物散发量的大致过程如下：用一个不漏水圆筒，里面装满足够植物生长的土块，种上植物，土壤表面密封（表面封石蜡）以防土壤蒸发，水分只能通过植物叶面逸出。视植物生长需水情况，随时灌水。试验期内，测定时段始末植物及容器重量和注水重量，按式（7－36）求散发量：

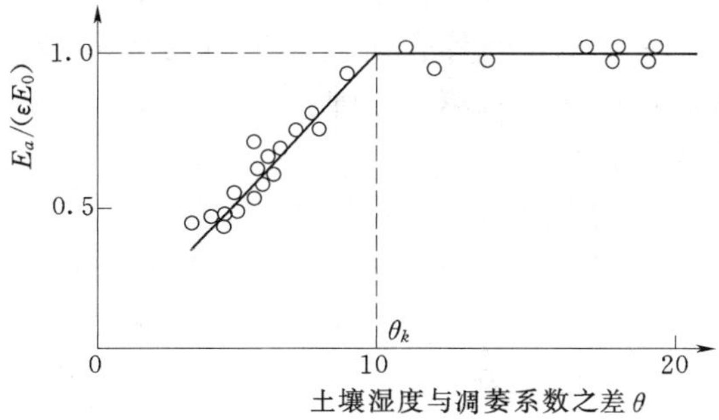

图 7－7　冬小麦的散发能力与土壤含水量关系

$$E_{植}=G+(G_1-G_2) \tag{7-36}$$

式中　$E_{植}$——时段散发量，m^3；

G——时段注水量，m^3；

G_1、G_2——时段始、末圆筒内土壤的水量，m^3。

器测法不可能模拟天然条件下的植物散发，所以上述方法只能在理论研究时应用，实际工作中难以直接引用。

2. 水量平衡法

根据水量平衡，测定一块样地或流域的整片植物群落生长期始、末的土壤含水量、土壤蒸发量、渗漏量和径流量的数值，用下列水量平衡方程推求植物生长期散发量：

$$E_{植}=P-R-F-E_{土}-(W_1-W_2) \tag{7-37}$$

式中　F——土层渗漏至潜水层的渗漏量，mm；

W_1、W_2——植物生长期始、末的土壤含水量。

此外，还可用热量平衡法或数学模型进行估算，具体内容可参考其他文献。

第四节　流 域 蒸 散 发

一、流域蒸散发的计算方法

流域（或区域）蒸散发指流域内所有蒸发面（水面、土壤表面、植物枝叶面及潜水面）上的蒸发之和。潜水面指浅层地下水面，土壤较干旱时，潜水面通过土层空隙与大气相通引起的蒸发称为潜水蒸发。由于潜水蒸发通过了土层，观测和计算上难以与土壤蒸发分开，一般合并为土壤蒸发量考虑。

计算流域蒸发的目的多数情况是为了估计流域水资源量，或计算一次降雨径流量的蒸发损失量。这时关心的是流域蒸发的总量，而蒸发对植物的影响则不在考虑之内。流域内，水面面积较小，流域总蒸发量的大小主要决定于土壤蒸发及植物散发。确定流域总蒸发量的方法一般有两种：一种是先分别计算流域内各个单项的蒸散发量，然后面积加权求出总蒸发量，但由于一个流域的下垫面极其复杂，有河流、湖泊、土壤、岩石和不同的植被等，分项计算不仅困难，也欠准确，所以这种方法目前还难以实现；另一种实用的方法是先对流域进行综合研究，将植物散发与土壤蒸发合并计算，再用水量平衡法或经验公式，根据流域总蒸发规律拟定计算模式，确定流域的总蒸发量。常用的方法有水量平衡法和模式计算法。

1. 水量平衡法

对闭合流域，给定时段的水量平衡方程为

$$P - E - R = S_{末} - S_{初} \tag{7-38}$$

多年平均情况为

$$\overline{P} - \overline{E} - \overline{R} = 0 \tag{7-39}$$

利用以上两式，已知降雨量、径流量、流域蓄水量就可推算流域的总蒸发量。

我国利用中小流域的降水量与径流量观测资料，用水量平衡公式推算出全国各地的总蒸发量，并绘制了全国多年平均蒸发量等值线图，可供使用。

2. 模式计算法

在给定流域（或地区）内，水面面积较小，可忽略；植物散发规律与土壤蒸发规律相似，都与土壤含水量有着密切的关系，为计算方便，把植物散发合并在土壤蒸发中一并考虑。在不考虑蒸散发在流域面上不均匀的情况下，根据土壤含水量的垂直分布情况，采用下列模式之一进行计算。

（1）一层模式。把流域土层作为一个整体，并认为蒸散发量 E 同该层土壤含水量 W 及流域蒸散发能力 E_n 成正比，与土层土壤蓄水容量 W_m 成反比，即

$$E = E_n \frac{W}{W_m} \tag{7-40}$$

确定了研究流域的土壤蓄水容量 W_m、蒸散发能力 E_n 后，根据时段土壤蓄水量 W 就可计算出流域时段蒸发量 E。

（2）二层模式。此模式把流域土层分为上、下两层，并认为降雨补给土壤水分和蒸散发消耗土壤水分都是先上层后下层，即降雨时，雨水先补充上层，如上层满足蓄水容量 $W_{上,m}$ 后，多余水分再补充下层。蒸发时，先蒸发上层，直到上层水分耗尽，才蒸发下层。下层土壤蒸散发量与剩余蒸散发能力（流域蒸散发能力与上层蒸散发量之差）及下层土壤含水量 $W_{下}$ 成正比，与下层土壤蓄水容量 $W_{下,m}$ 成反比，即：

1）当 $E_n < W_{上}$，蒸散发只发生在上层，$E = E_n$。

2）当 $E_n \geqslant W_{上}$，上层土壤水分全部蒸发，$E_{上} = W_{上}$，剩余蒸散发能力为 $E_n - E_{上}$，再蒸发下层：

$$E_{下} = (E_n - E_{上}) \frac{W_{下}}{W_{下,m}} \tag{7-41}$$

则 $E = E_{上} + E_{下}$。

（3）三层模式。此模式在两层蒸发模式的基础上再加入深层蒸发，把蒸发层分为上、下层和深层 3 个土层，降雨时先补给上层，如上层满足蓄水容量后，多余水分再补充下层，最后才是深层。蒸散发计算过程则相反。计算过程参见水文预报有关书籍。

二、流域蒸散发能力的确定

应用模式计算法推算流域总蒸发量必须先确定流域蒸散发能力 E_n，其方法有由水面

蒸发量折算法、辐射平衡法、经验公式法。辐射平衡法参见气象学有关书籍，以下只介绍其余两种方法。

1. 水面蒸发折算法

流域蒸散发能力和水面蒸发量都是在相同气象条件下，充分供水时的蒸发量，其差别在于蒸发面的热力性质不同，所以，在同一地区，流域蒸散发量可由水面蒸发量乘以反映水面与当地区域陆面间热力状况差异的折算系数 K_1 求得，$E_n=K_1E_W$。水面蒸发量 E_W 一般是通过蒸发器观测确定，$E_W=K_2E_{器}$，K_2 与采用的蒸发器皿型号有关，因为，大水域水面蒸发与小面积水面蒸发的边界条件不同，边界通过传递热量影响水面蒸发。显然，小面积水面蒸发受边界条件影响大，观测值偏大。一般来说，蒸发器尺寸越大，观测值越接近自然水域水面蒸发。此外，如果蒸发器的位置不在流域中心，而流域中心的高程与蒸发器位置的高程又相差较大，则对蒸发器的观测值应作高程修正 K_3，因此：

$$E_n=K_1K_2K_3E_{器}=KE_{器} \tag{7-42}$$

实际工作中一般直接分析折算系数 K，K 与流域地理位置有关，可通过实测资料分析，也可根据经验取定。

2. 经验公式法

该法建立流域蒸散发能力与其影响因素，例如太阳辐射强度、日照时数、风速、温度、湿度等气象要素之间的经验关系。这类经验公式很多，现举两例如下。

(1) 哈蒙（Hamon）经验公式为

$$E_n=140D_e^2q_s \tag{7-43}$$

式中 E_n——区域蒸散发能力，mm/d；

D_e——日照时间，h/d，随纬度和季节而变化；

q_s——日平均气温相应的饱和绝对湿度，g/m。

(2) 桑斯威特（Thorntwaite）经验公式为

$$E_{n,J}=0.533D_e\left(\frac{10T_J}{A}\right)^a$$

$$a=0.00000067A^3-0.000077A^2+0.01792A+0.49239$$

$$A=\sum_{J=1}^{12}\left(\frac{T_J}{5}\right)^{1.514} \tag{7-44}$$

式中 $E_{n,J}$——第 J 月的月平均蒸散发能力，mm/d；

D_e——日照时间，h/d。

第五节 我国蒸散发分布规律

蒸散发量在地理上的分布，主要受气候条件和下垫面因素的制约。通常按中等流域的水文站观测资料，应用水量平衡原理，计算和绘制多年平均的年蒸散发量等值线图，以揭示蒸散发量的地理分布规律。

我国蒸散发量的地理分布规律表明，全国陆地的多年平均蒸散发量的变化约为 25～1000mm，趋势是由东南向西北递减。在地区分布上，有 2 个高值区和 3 个低值区，第一个高值区在西藏东南部至云南高黎贡山以西及滇南至广西、广东沿海一带，其值达 860～1000mm，是全国陆地蒸发量最大的区域。第二个高值区在淮河以南，从长江中下游平原到我国南方及四川盆地，陆地蒸散发量达 600～800mm。第一个低值区在东北大兴安岭以东地区，华北平原，黄土高原到青藏高原东部，蒸发量为 300～600mm；第二个低值区在内蒙古高原东部河西走廊以南，至青藏高原西部，蒸发量为 25～300mm；第三个低值区在塔里木盆地、柴达木盆地一带，蒸发量小于 25mm。

平均年蒸散发量 400mm 等值线，由东北大兴安岭以西经内蒙古高原、黄河河套鄂尔多斯中部至青藏高原东南部。此等值线以西地区，因为降水量小、温度低，多为干旱和半干旱区，多年平均年蒸散发量向西北逐渐减小。此等值线以东地区，因为降水量多，温度高，多属湿润区，因而呈现出多年平均蒸散发量向东南递增的变化规律。

蒸发量还受地形、地质、土壤、植被、降水等因素的影响而出现差异。多年平均降水量相近的地区，多年平均蒸发量可能不同。在山区，气温低，降雨后产流不易停留，迅速形成径流，减少了蒸发的机会；而平原地区则相反。例如，多年平均降水量同为 750mm 左右，淮北平原的年蒸发量达 700mm，而豫西山区却只有 550mm。蒸发量与流域的高程也有一定的关系。在山区，蒸发量随高程的增加而减少，到达某高程后，递减率趋于稳定。在北方及西北干旱地区，因供水不足，开始蒸发量随高程增加而增加，达到一定高程后，又趋于减少。

年蒸发量的年内变化与气象要素及太阳辐射的年内变化趋势一致。全年最小蒸发量一般出现在 12 月及 1 月，以后随着太阳辐射量的增加而增加，夏季明显增强。蒸发量最大的月份因地而异，云贵高原东南部常在 4—5 月；华北地区和西南地区的西北部常在 5—6 月；长江中下游及东南沿海地区常在 7—8 月。蒸发量峰值期间若少雨，即形成干旱。例如，华北和西南多春旱，长江中下游多伏旱等。一年中连续最大 4 个月蒸发量约占全年总蒸发量的 50%～60%。

思考题

1. 试分析湖泊水面蒸发与陆面蒸散发在同等气象条件下的蒸发值差异与原因。

2. 试分析蒸发皿观测值、水面实际蒸发值、流域蒸散发潜力、流域实际蒸散发之间的区别和联系。

3. 试分析在植物根系作用下，饱和土壤在不断蒸发失水进程中土壤水分含量变化与土壤水分运动的特点。

4. 某闭合流域集水面积 $1600km^2$，多年平均降水量 1150mm，多年平均流量 $26.5m^3/s$，则该流域多年平均陆面蒸发量是多少？若计划在流域出口断面修建一座水库，水库水面面积 $35km^2$。当地水面蒸发皿实测多年平均水面蒸发量 1210mm，蒸发器观测值折算成实际水面蒸发值的系数为 0.87。则水库建成后该流域的多年平均径流量是增加还是减少？变化量是多少？

5. 某流域蒸散发采用二层模式计算，流域的蓄水容量 $WM=80mm$，其中上层蓄水容量 $WUM=20mm$，下层蓄水容量 $WLM=60mm$。降雨开始时流域初始蓄水量 $W_0=54.4mm$，其中上层初始蓄水量 $WU_0=20mm$，下层土壤初始蓄水量 $WL_0=34.4mm$。试计算该次降雨的过程中流域蓄水量 W 的逐日变化过程。

年．月．日	P	E_P	WU	WL	W
1970.8.29	0.7	4.5	20	34.4	54.4
1970.8.30		4.5			
1970.8.31	1.5	4.0			
1970.9.1		5.5			
1970.9.2		5.8			

第八章　产　流　机　制

流域内降雨形成流域出口断面的径流过程分为两个阶段：①降雨经植物截留、填洼、下渗等损失后转化为净雨过程的阶段；②净雨沿地面和地下汇入河网，并经河网汇集形成流域出口断面径流过程的阶段。前者称为流域产流过程，后者称为流域汇流过程。净雨在数量上等于它所形成的径流量，但两者过程不同，径流过程明显滞后净雨过程。净雨量的计算称为产流计算，净雨过程转换为流域出口断面径流过程的计算称为汇流计算。两者合称流域产汇流计算。就径流的来源而论，流域出口断面的流量过程是由地面径流、表层流径流（壤中流）、浅层和深层地下径流组成的。深层地下径流（基流）数量很少，且较稳定，又非本次降雨所形成，计算时一般从次径流中分割出去。地面径流和表层流径流直接进入河网，计算中有时合并考虑，称为直接径流，通常仍称为地面径流。

第一节　包气带水分补排及水量平衡方程

包气带的水分分布规律受气候和地下水埋深条件的制约，由于不同地区的气候和地下水埋深条件存在差异，所以，各地的包气带厚度和水分分布特征有很大不同。例如，陕北黄土高原子洲实验流域属干旱地区，流域地下水埋藏较深，田间持水量约在18%～20%，毛管断裂含水量在12%左右，1m以下的土壤含水量通常维持在10%左右。而处在降雨较多地区的淮北青沟实验流域，地下水埋深为0～2m，悬着水带经常为支持毛管水带所掩盖，不存在中间包气带。

1. 包气带水分的增长和消退

包气带与外界发生水分交换是在其上、下界面进行的，上界面为地面，下界面为饱和地下水水面。包气带水分的增长，上界面来源于降水，下界面来源于饱和层水分补给。由上界面补充的水分是包气带水分增长量的主要量，取决于下渗能力 f 与降雨强度 i 的对比，即：

$$i > f \text{ 时，} f_d = f \tag{8-1}$$

$$i \leqslant f \text{ 时，} f_d = i \tag{8-2}$$

式中　f_d——包气带补给强度。

在天然情况下，一次降水的下渗量在几毫米到几十毫米之间，下渗锋面所及土层深度不大，使土壤达到饱和的深度更小。干旱地区透水较差的土壤，通常一次降雨过程中下渗深度在20cm以内；长历时、低强度雨量在40～80mm的降水，下渗锋面可达到60～80cm。在湿润地区，地下水埋深较浅，土壤透水性较强，一次中等降雨，下渗锋面可达到0.5m以上。

包气带上界面水分的消退方式是土壤蒸发和植物散发，下界面水分消退过程主要是内排水过程，即包气带的水分到达地下水面、转化为地下径流的过程，或经由相对不透水层、从坡脚流入河槽的过程。但内排水过程，只有当包气带含水量达到田间持水量以上，土壤中出现自由重力水时才能出现。所以土壤蒸发和植物散发是包气带水分消退的经常性方式，表层悬着水带是水分的主要消退区。

2. 包气带水量平衡方程

在给定时段 Δt 内，包气带的水量平衡方程为

$$\Delta W = F - E - R_{sb} - F_c, \quad \Delta W = W_2 - W_1 \tag{8-3}$$

式中　ΔW——时段内包气带的蓄水增量；

W_1、W_2——时段始、末包气带蓄水量；

F、E——时段内包气带的下渗量及蒸发量；

R_{sb}——时段内壤中流侧向出流量；

F_c——时段内包气带深层渗漏量。

包气带水量平衡示意图如图 8－1 所示。降雨期 $\Delta W>0$，是包气带水分增长期。在无雨期，$\Delta W<0$，是包气带水分消退期。当 $R_{sb}=0$ 及 $F_c=0$ 时，$\Delta W=-E$，这时水分的消退只消耗于蒸发。式（8－3）的下渗量，可由包气带上界面以上的大气系统的水量平衡方程计算：

$$F = P - I_n - R_s - U \tag{8-4}$$

式中　P——时段降水量，mm；

I_n——时段植物截留量，mm；

U——时段填洼水量，mm；

R_s——地面径流量，mm。

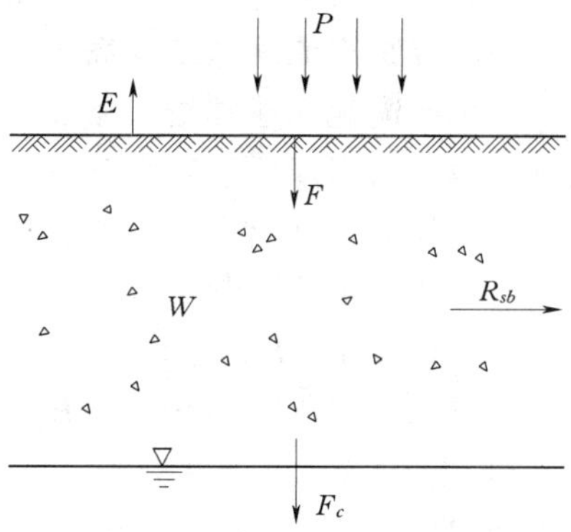

图 8－1　包气带水量平衡示意图

忽略 I_n 及 U，或将其合并在下渗量中，则上式可写为 $F=P-R_s$，代入式（8－3），则有：

$$\Delta W = P - R_s - E - R_{sb} - F_c \tag{8-5}$$

上式为大气－土壤系统的水量平衡方程式，它说明在降雨期间，如果已知 E、P，则时段产流量（R_s+R_{sb}）主要取决于土壤含水量及包气带渗漏量。

3. 包气带在产流中的作用

包气带的土壤孔隙构成的蓄水体，具有吸水、持水特性，故对降水起着调节与再分配的作用。水分在垂向运行过程中，包气带对降雨过程进行了两次再分配：第一次再分配发生在土壤表面，在降雨强度大于下渗强度时，降雨的部分水分形成地面径流，部分水分则渗入土壤；第二次再分配发生在包气带内部，它是对渗入土壤中的水分进行分配，主要分配为土壤蓄存部分和地下内排水部分。

包气带在一次降雨径流过程中蓄存的水量 S 取决于包气带始末含水量 $W_{始}$ 和 $W_{末}$。当 $W_{末}$ 小于田间持水量 $W_{田}$ 时，$S=W_{末}-W_{始}$；当 $W_{末}$ 大于田间持水量 $W_{田}$ 时，$S=W_{田}-W_{始}$。包气带土壤含水量超过田间持水量以后，多余部分水分以自由水形式排出包气带。

一次降雨包气带输出的自由重力水在适当条件下，经再分配而成为壤中流 R_{sb} 和地下径流 R_g。显然，当 $S<W_M$ 时，全部水量蓄存于包气带中，此时 $R_{sb}=0$，$R_g=0$。

对地下水埋深较大的地区，一次降水后的下渗锋面一般不可能达到地下水面（长期连续降雨除外），多数情况仅在上层影响层以内，这时蓄存量应等于下渗水量，即 $S=F$。

由上可知，以包气带为核心对降水的再分配，决定了径流的形成及不同径流成分的分配，包气带是径流的发生场和分配场，所以包气带的特征决定了流域产流特征和产流过程。

第二节　产　流　机　制

产流是指流域中地面径流、壤中流、地下径流等不同径流成分的发生现象，它是在流域下垫面上，由降雨、蒸发、土壤含水量等因素相互作用产生的水文过程。为了便于认识流域产流的条件和机制，首先从微小单元面积的产流条件和机制入手研究产流是如何发生的，其后再探讨天然流域的产流条件和机制。

一、传统产流观念及其局限

传统产流观念通常指霍顿的产流观念。1933 年霍顿用下渗概念阐述了对产流的基本见解。他提出当降雨强度大于下渗能力时，产生地面径流；当下渗量大于土壤缺水量时，产生地下径流，并给出了相应的产流条件。他的基本观点，可以概括为以下几点。

（1）径流生成受制于两个条件，分为 4 种情况：

1）当 $i>f$，$F>D_s$，则 $R_s>0$，$R_g>0$。

2）当 $i>f$，$F\leqslant D_s$，则 $R_s>0$，$R_g=0$。

3）当 $i\leqslant f$，$F>D_s$，则 $R_s=0$，$R_g>0$。

4）当 $i\leqslant f$，$F\leqslant D_s$，则 $R_s=0$，$R_g=0$。

此处，i 为降雨强度，f 为下渗能力，F 为下渗量，D_s 为包气带缺水量，R_s 为地面径流，R_g 为地下径流。

（2）径流过程是由地面径流和地下径流两种组成。地面径流在一次洪水涨落过程中起主要作用；而地下径流则是维持长期枯水的主要来源。

（3）一旦降雨强度超过下渗能力，则全流域产生地面径流。

霍顿的产流观念自提出以来一直到现在都被许多水文学者作为准则，在水文学中，不少实用方法都是以上述观念为基础的。20 世纪 60 年代以后，由于对径流形成的机制开展了广泛深入的研究，发现这种传统产流观念与实际水文现象间存在着矛盾，于是新的产流观念、产流理论和相应计算方法开始出现并逐渐完善。但霍顿产流观念无论过去还是现在仍具有重要意义，这是因为他第一个提出了产流的主要因素，概括了径流生成的基本条件，以及阐明了超渗地面径流的形成机制。

20 世纪 60 年代以来，通过对小流域特别是植被良好的小流域的观测、实验，发现实际产流过程与传统观念存在着不少矛盾，可以概括为以下几方面。

1）对于具有较大下渗能力的流域，当降雨强度小于下渗能力，即 $i<f$ 时，有时会有地面径流产生，并出现对应的洪水过程；有时又没有地面径流产生，但却在出口断面观

测到与地面径流过程相似的洪水过程。

2）对应一次降雨，有时出现形状有别的前后两次洪峰过程，前一个峰形高而尖瘦，后一个峰形矮而肥胖。

3）有的流域在湿润季节，产生微小的降雨，即使 $i<f$，在流量过程线上都可产生敏感的反应，呈现对应的起伏变化。

4）全流域产流极其罕见，一般只是在流域的局部面积上产流。

上述现象说明霍顿的产流观念，并不能全面反映流域的产流规律，在产流条件、产流面积上都需要进行补充和完善。

二、产流机制分析

产流机制指径流的产生原理，单点的产流机制指在流域内一个微小单位面积上的径流产生的原理。

1. 超渗地面径流产流机制

自降雨开始至任一时刻的地面径流产流量 R_s 可用下列水量平衡方程来表达：

$$R_s = P - E - F - I_n - U \tag{8-6}$$

式中 P、E、F——自降雨开始至 t 时刻的累积降雨量、蒸发量、下渗量，mm；

I_n、U——植物截留量和填洼量，mm。

在一次降雨径流过程中，植物截留量一般不大，只有几毫米，森林茂密地区，也只能达到十几毫米。填洼量对一固定流域来说，变化不大，其最大值可用式（4-3）表示。雨期蒸发 E 甚小，而 I_n 和 U 数量不大，且其数量比较稳定，是一个缓变因素，同时截留和填洼水量最终消耗于蒸发和下渗，所以雨期蒸发、截留和填洼在地面径流的产生过程中不起支配作用，对产流量的计算影响不大。下渗量 F 则是一个多变的因素，下渗量随降雨特性、前期土壤湿润情况不同而不同，其数值可占一次降雨量的百分之几到百分之百，其绝对量从几毫米到近百毫米。下渗在超渗地面产流过程中，具有决定性的意义。式（8-6）在忽略 E、I_n 和 U 后，得

$$R_s = P - F \tag{8-7}$$

若以产流强度表示，则

$$r_s = i - f \tag{8-8}$$

式中 r_s——地面径流的产流强度，mm/h；

i——降雨强度，mm/h；

f——下渗强度，mm/h。

由于降雨强度及下渗强度均是时间的函数，所以 r_s 也是随时间而变的量。

只有当 $i>f$ 时，才有地面径流发生，即有 $r_s>0$，所以 R_s 或 r_s 又称超渗地面径流；当 $i\leqslant f$ 时，则无地面径流产生，即 $r_s=0$，此时降水将全部耗于下渗，且 $f=i$。

2. 壤中流产流机制

壤中流发生在非均质或层次性土壤中的易透水层与相对不透水层的交界面上，表层流净雨沿坡面表层土壤空隙界面上流动即形成壤中流。这种具有层理的土层界面，在自然界中广泛的存在着，如森林地区的腐殖层，山区的表土风化层、土壤的耕作层等，其透水性均比下层密实结构土壤的透水性强得多，它们构成了包气带土壤的相对不透水层。壤中流

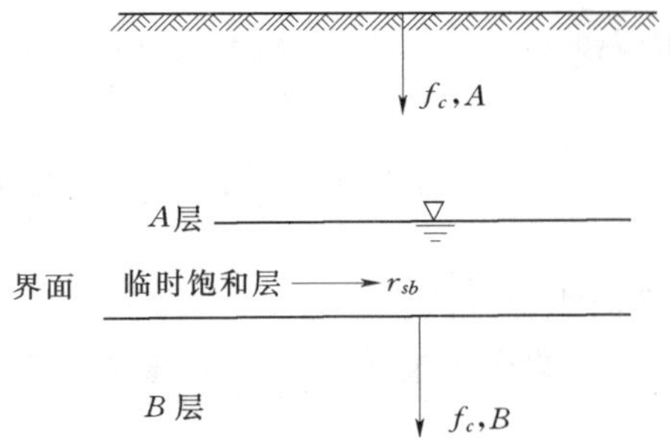

图 8-2 壤中流产流示意图

显然比地面径流运动缓慢，但在有些地区，其量可能比地面径流大许多，特别是在森林流域，中强度暴雨情况下，壤中流数量更为突出，它几乎是洪水的主要径流成分。

设土层由两种不同质地的土壤构成，上层为粗粒土，下层为细粒土，如图 8-2 所示。在这种土层中，上层下渗率 f_A 大于下层下渗率 f_B，即 $f_A>f_B$。显然上层稳定下渗率 $f_{c,A}$ 也大于下层稳定下渗率 $f_{c,B}$。在降雨下渗的过程中，土层土壤含水量逐渐增加，由于 $f_A>f_B$，上层土壤含水量增加快于下层，当上层土壤达到田间持水量后，$f_{c,A}$ 就成为上下土层界面的供水强度，后续降雨如果满足条件：

$$f_B < i \leqslant f_{c,A} \text{ 或 } f_B < f_{c,A} \leqslant i \tag{8-9}$$

则必然在上下土层界面附近，$i-f_B$ 或 $f_{c,A}-f_B$ 这部分水量在上层一侧成为自由重力水，即形成一层临时饱和层。在适当的地形坡度条件下，临时饱和层中的自由重力水将沿上下土层界面侧向运动，排入附近河槽，成为壤中流径流。

由上所述，壤中流产生的条件可概括为以下几方面。

(1) 包气带中存在相对不透水层，上层透水能力大于下层。

(2) 上层向界面上的供水强度大于下层下渗强度。

(3) 界面上产生积水，形成临时饱和带，界面还需具备一定的坡度。

国内外许多径流实验及小流域观测资料表明，壤中流相当广泛地存在着，特别是在植被覆盖率比较大的山坡流域更为明显。图 8-3 为伊犁河山坡径流场的实测资料，图中尖锐后部的径流是坡脚 1～2m 内溢出的壤中流，其特征是退水段平缓，这是由流速较小的壤中流成分所造成。

图 8-4 为裴德河东发站 1970 年 6 月的一次流量过程线，降雨为单峰，而洪水却为双峰，这是由于流速不同的径流成分造成，第一个峰为地面径流形成的，第二个峰为壤中

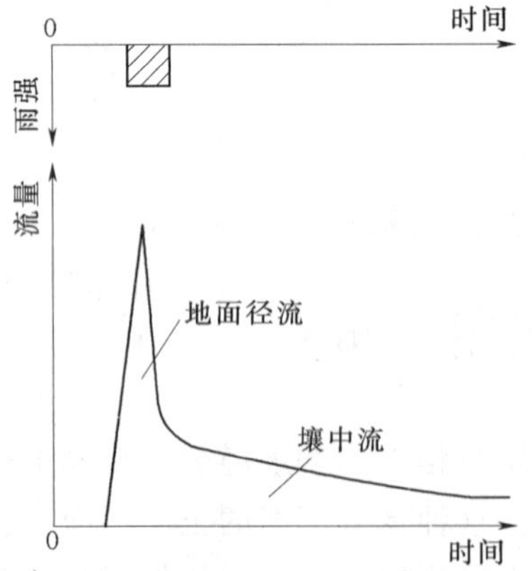

图 8-3 伊犁河山坡径流流量过程

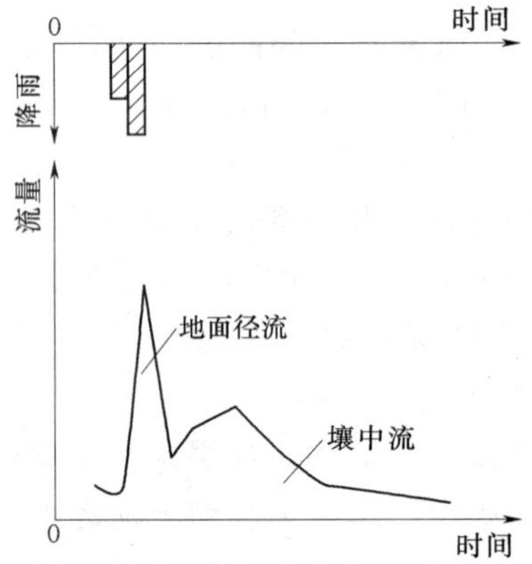

图 8-4 裴德河东发站一次流量过程

流形成的。

3. 饱和地面径流与回归流

饱和地面径流与回归流产流机制在具备壤中流产生条件的界面上，当降雨过程中某段时间有：

$$f_B < i \leqslant f_{c,A} \tag{8-10}$$

则上下土层界面（相对不层透水界面）上会出现临时饱和层，由于 $i \leqslant f_{c,A}$，地面不会出现超渗地面径流。如果后续降雨满足 $i - f_B - r_{sb} > 0$（r_{sb} 为壤中流产流强度），则后续降雨会使界面积水不断增加，最终将达到地面，这时不层透水界面以上的土层含水量达到饱和，整个土层的下渗受制于 f_B 和 r_{sb}，后续降雨中 $i - f_B - r_{sb}$ 部分水量将直接形成地面径流；为了有别于前述超渗地面径流，把它称之为饱和地面径流。不难看出，饱和地面径流的生成条件不是取决于上层土层本身的或表面的下渗能力，而是取决于土层内部相对不透水层界面的下渗能力、壤中流的产流强度和上土层水分饱和容量。饱和地面径流的产流率为：

$$r_{sat} = i - r_{sb} - f_B \tag{8-11}$$

式中 r_{sat}——饱和地面径流；

其余符号意义同前。

饱和地面径流的产流条件，可概括为如下几个方面。

(1) 包气带中存在相对不透水层，上层透水能力大于下层。

(2) 上层向相对不透水层界面上的供水强度大于下层下渗强度。

(3) 上层土壤含水量达到饱和含水量。

河槽两岸的天然坡地，一般具有一定坡度。随着降雨的进行，饱和积水层的水流将沿坡地侧向运动，而坡脚处，由于不断接受上部壤中流，饱和积水层向上发展达到地面，饱和带达到地面的那部分坡地，后续降雨便产生饱和地面径流。还有部分地面以下的壤中流，有一部分在已饱和的坡面上渗出地面，以地面径流的形式加入坡面流注入河槽，这种水流称为回归流。回归流是壤中流派生的一种径流成分，一般只在极小的山坡流域，且在壤中流比较发育的情况下才能显示出对流量过程线形状的影响，从而作为一种独立的径流成分而存在。对于 3～5km^2 以下的流域，很难作为一种独立的径流成分。一般说来，在壤中流比较发育并有饱和地面径流发生的坡地，必然也同时伴随着回归流，如图 8-5 所示。

4. 地下径流产流机制

当地下水埋藏较浅，包气带厚度不大，土壤透水性较强，在持续降雨过程中，下渗锋面到达支持毛管水带上缘，这时表层影响土层将与地下水建立水力联系。如果后续降雨使包气带含水量继续增加，包气带含水量超过田间持水量后，产生自由重力水补给地下水，于是便产生了地下径流。

(1) 对均质土壤。由于不存在相对不透水层，包气带的土壤含水量达到最大持水量，下渗水量必然全部转化为地下径流：

$$r_g = f \tag{8-12}$$

如果包气带含水量达到饱和含水量，这时土壤下渗率达到饱和下渗率 f_c。由水量平衡原

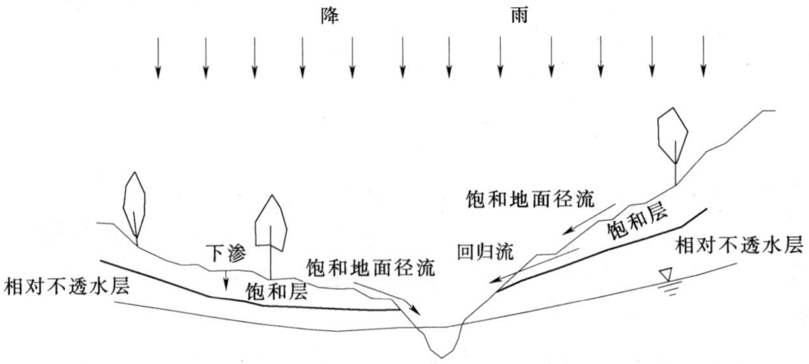

图 8-5　饱和地面径流和回归流示意图

理，此时的下渗率 f_c 应等于地下径流的产流率 r_g，即

$$r_g = f_c \tag{8-13}$$

（2）对于非均质层次土壤。包气带含水量达到田间持水量而小于饱和含水量，由于土层内部产生了侧向流动的壤中流 r_{sb}，故地下径流产流率为

$$r_g = f - r_{sb} \tag{8-14}$$

如果包气带含水量达到饱和含水量，则地下径流产流率为

$$r_g = f_c - r_{sb} \tag{8-15}$$

可见地下径流的产流也同样取决于供水与下渗强度的对比，其产流条件基本与壤中流相同，只是其发生的界面是包气带的下界面。

在天然条件下，地下水位埋藏较深时，壤中径流与地下径流实际上难以截然分开，通常将两者合并作为地下径流考虑。在有些地区，土层较厚，相对不透水层不止一个，可能会形成近地表的快速壤中流和下层的慢速壤中流，从实用的角度出发，视情况和要求，有时把快速壤中流并入地面径流计算，并称之为直接径流；慢速壤中流并入地下径流计算，并称之为地下径流。只有在壤中流丰富的流域，为了提高径流模拟的精度，才有必要将壤中流单独划分出来。

5. 特殊的地面饱和径流形成机制

此外，在形成地下径流的前提下，还有一种特殊情形下的饱和地面径流形成机制，一般发生在平原地区地下水位接近地表的局部地段或坡地坡脚部位。由于地下水位埋藏浅，在降雨形成地下径流后，若后续的降雨持续时间够长，潜水水位将抬升到地表，则超过地表稳渗强度的水量会在地面流动形成饱和地面径流。这种形成机制的饱和地面径流有别于壤中流形成前提下的饱和地面径流，但在流域产流计算中都可用下一章要学习的蓄满产流模式加以考虑。

若没有特殊说明，饱和地面径流就是单指壤中径流形成背景下的饱和地面径流。一般认为，饱和地面径流总是与壤中流伴生。这是因为如果没有相对不透水层，要使整层土层饱和是不可能发生的。

第三节 产流类型和产流模式

流域中同一地点一般会出现一种或数种不同径流成分的组合，由于流域下垫面及土层结构的差异，加之降雨特性的复杂多变，不同地点的组合情况可能不同，为研究方便，称为产流机制的组合为产流类型。对流域而言一般存在一个主导的产流类型，多数情况下，它决定了流域产流的基本特征。

一、单点产流类型

决定产流机制组合的根本因素是包气带土壤的质地和结构、地下水位和植被状况、地质结构等。土壤水分的初始状况 W_0（土层初始蓄水量）和供水情况（雨强）i，决定了不同时间不同产流类型之间的相互转换。在天然条件下，产流类型大致可以归纳为 10 种。

1. R_s 型

为单一超渗地面产流机制。当下垫面条件由很厚的包气带且透水性差的均质土壤组成时，遇较大强度降雨，即可发生这种单一的地面径流产流类型。包气带透水性差，土层下渗能力小，容易出现超渗现象。均质土壤不会出现壤中流。包气带厚，下渗水分难以到达地下水面，不会出现地下径流。

包气带厚度中等，但久旱后遇大强度、短历时暴雨也可发生这种产流类型。久旱，包气带缺水量大，暴雨历时短，雨强大，总量小，包气带难以蓄满（蓄水量难以达到田间持水量），但容易超渗。

影响一次降雨径流总径流的因素为降雨量、降雨强度、土层初始蓄水量、蒸发量。

2. R_s+R_{sb} 型

径流由地表径流和壤中流两种成分组成。它发生的条件是：包气带厚，近地表有相对不透水层，上层土壤透水性差，下层更差，而雨强又大。上层透水性差，雨强大，容易出现超渗。下层透水性更差，容易形成临时饱和层，出现壤中流。包气带厚，下渗水分不易到达地下水面，不会出现地下径流。

当包气带厚度中等，有相对不透水层，久旱后遇大强度、短历时暴雨，也可能出现这种类型。这是因为暴雨历时短，下渗水量少，尽管上土层不厚，下渗水量也不致使其饱和，只可能由于雨强大而超渗。有相对不透水层容易出现壤中流。久旱，整个包气带缺水量大，短历时暴雨下渗水量不大，包气带难以蓄满，意味着下层干燥，下渗水量不会到达地下水面。

影响一次降雨径流总径流的因素为降雨量，降雨强度，上、下土层初始蓄水量，蒸发量。

3. $R_{sat}+R_{sb}$ 型

径流由饱和地面径流和壤中流两种成分组成。多发生在相对不透水层浅、下层很厚、上层土壤透水性强的山区或森林流域。上层土壤透水性强，雨强不会超过地面下渗能力相对不透水层浅，意味着上层薄，降雨量很容易使上土层饱和而出现饱和地面径流。有相对不透水层，容易出现壤中流。下层厚，下渗水量不能到达地下水面，不会产生地下径流。影响一次降雨径流总径流的因素与土层的初始蓄水量有关，与雨强关系不大。

影响一次降雨径流总径流的因素为降雨量，上、下土层初始蓄水量，蒸发量。

4. R_s+R_g 型

发生在包气带厚度中等或较薄、均质土壤、土层透水性一般但地下水埋深不大的地区。土层透水性一般容易超渗，均质土壤不会出现壤中流。地下水埋深不大，下渗水分容易到达地下水面。

影响一次降雨径流总径流的因素为降雨量、降雨强度、土层初始蓄水量、蒸发量。

5. $R_{sb}+R_g$ 型

包气带不厚，但相对不透水层较深，上层土壤透水性极强，下层稍次。上层土壤透水性极强，雨强不可能超过地面下渗能力，上土层厚，不容易蓄满，因此，既不可能出现超渗地面径流，也不可能出现饱和地面径流。有相对不透水层，容易出现壤中流。上、下土层透水性都好，整个包气带不厚，下渗水量容易到达地下水面。

影响一次降雨径流总径流的因素为降雨量，上、下土层初始蓄水量，蒸发量。

6. R_{sb} 型

包气带厚，相对不透水层深，上层土壤透水性极强，下层差。上层土壤透水性极强，难以超渗。包气带厚，难以蓄满，下渗水量也难以到达地下水面。有相对不透水层，容易出现壤中流。

影响一次降雨径流总径流的因素为降雨量，上、下土层初始蓄水量，蒸发量。

7. $R_s+R_{sb}+R_g$ 型

包气带厚度中等，有相对不透水层，地面透水性差，下层更差，雨强大，雨时长。地面透水性差，雨强大，容易超渗。有相对不透水层，容易出现壤中流。雨时长，下渗水量多，包气带不厚，下渗水量易达地下水面。

影响一次降雨径流总径流的因素为降雨量、降雨强度、土层初始蓄水量、蒸发量。

8. $R_{sat}+R_{sb}+R_g$ 型

包气带厚度中等，存在相对不透水层，上层极易透水，下层次之。上层极易透水而又有相对不透水层，有利于上层土壤饱和，从而产生饱和地面径流和壤中流。包气带厚度不大而透水性又好，下渗水量易达地下水面，从而产生地下径流。

影响一次降雨径流总径流的因素为降雨量、土层初始蓄水量、蒸发量。

9. R_g 型

包气带不厚，均质土壤强透水层，下有基岩，雨强小，雨时长，或表层有孔洞、裂隙等。强透水层，雨强小，因此，不易超渗又不易饱和。均质土壤不会出现壤中流。强透水，下渗水量容易到达地下水面，地下水又容易排入河槽。

10. R_g+R_{sat} 型

包气带较薄，土壤前期含水量较大，缺水量较小的湿润易积水地区或坡脚部位。下渗水极容易与毛管支持水上缘建立水力联系，形成地下径流，若后续的降雨持续时间够长，包气带最终变为饱和带，后续超过地表稳渗强度的降雨将会形成饱和地面径流。

影响一次降雨径流总径流的因素为降雨量、土层初始蓄水量、蒸发量。每种产流类型都有其相应的径流成分。但同一地点，在不同的供水和土壤初始含水量条件下，会出现不同的产流类型。注意饱和地面径流一定与壤中流相伴，这是因为一般认为，如果没有相对不透水层，要使整层土层饱和是不可能发生的。

二、单点产流模式

由于流域各点产流类型可能不同，同一地点的产流类型又随不同的供水和土壤初始含水量条件而变化。当前产流计算技术尚不能精确考虑流域时空变化的产流类型，近几年发展起来的分布式水文模型，虽然可考虑流域时空变化的产流情况，但目前尚达不到实用要求。一是模拟径流的精度不高，二是计算时间太长。为使水文学能服务于科学研究和生产实际，必须对流域的产流类型进行进一步概括，提炼出易于计算的几种产流模式。从次降雨-径流关系出发考察产流类型及影响因素，可以发现上述10种产流类型，根据其与供水强度的关系是否密切可以概括为两种产流模式：

$$R=f(P,\ i,\ W_0,\ E)$$

$$R=f(P,\ W_0,\ E)$$

(1) $R=f(P,\ i,\ W_0,\ E)$ 型。10种产流类型中，凡是径流总量 R 受雨强影响或与雨强关系密切的，这类产流类型称为超渗产流模式。

(2) $R=f(P,\ W_0,\ E)$ 型。10种产流类型中，凡是降雨径流总量 R 不受雨强影响或与雨强关系不密切，径流总量 R 主要取决于降雨总量 P 和包气带土壤初始含水量 W_0 的，这类产流类型称为蓄满产流模式（或超蓄产流模式）。

两种产流模式的概括简化了产流计算，提供了实用的产流计算方法，是过去和目前广泛使用的产流计算方法，它的提出为水文学的发展做出了贡献。

思　考　题

1. 试从土壤形成过程角度出发，分析自然界多存在水力特性突变的土壤层次性包气带的原因。

2. 试分析自然条件下，坡地包气带与平原包气带土壤水分增长与消退的可能途径。

3. 试分析降雨期间，哪些因素会影响土壤累计下渗水量的大小？为何说下渗水量满足包气带缺水量，后续的降雨几乎全部产生地下径流？

4. 绘图示意两层土壤分层剖面在降雨过程中不同界面的水量分配过程，并列出不同界面的水量平衡公式，探讨单位时间内水流的供给关系，并说明其中水量平衡要素的符号与含义。

5. 基于4种径流成分的形成机制，试分析为何只有10种单点产流类型。10种单点产流类型归类为两类产流模式的目的是什么？

第九章　流　域　产　流

流域产流研究的是流域上的一场降雨究竟有多少水量可以转化为径流，降雨过程如何转化为净雨过程。流域产流与流域的自然地理和气象条件密切有关。一个大流域通常由若干个中等流域组成，中等流域又由许多小流域集合而成，小流域则由更小的集水单元组成。周围为山坡的山谷是流域空间上最小的集水单元，一般称为山坡流域。显然，组成流域的各山坡流域的产流特性决定了流域的产流特性。

第一节　山坡流域的分类

按包气带厚度及土壤、岩石、植被特点以及地下水的有无，大致上可把山坡流域划分为 4 种类型。

（1）第一类山坡流域。包气带较薄，植被茂密，表土疏松，山坡地形较陡。这些地区的特点是土壤经常比较湿润，地下水埋藏浅，产流类型属 $R_{sat}+R_{sb}+R_g$ 型或 $R_{sat}+R_{sb}$ 型，此类山坡流域多位于南方湿润地区和东北森林地区。

（2）第二类山坡流域。包气带厚度中等，土层透水性中等，有相对不透水层，存在地下水位，植被良好，山坡地形中等。产流类型属 $R_s+R_{sb}+R_g$ 型，此类山坡流域多位于半湿润地区。

（3）第三类山坡流域。包气带很厚，均质土壤，土层透水性差，植被稀少；地下水埋深很大，常深达数十米。我国西北黄土高原地区的山坡流域均属这种流域，其径流特征是只有超渗地面径流，没有或很少有壤中流和地下径流。产流类型属 R_s 型。从地理分布看，这类山坡流域主要出现在干旱地区。

（4）第四类山坡流域。地势平坦，土层透水性好，地下水埋深很浅，毛管水带接近地面，土层缺水量小，一次降雨的下渗锋面极易与毛管水带建立联系，包气带缺水量极易得到满足。其径流由饱和地面径流和地下径流组成。产流类型属 $R_{sat}+R_g$ 型，这种流域一般位于冲积平原。

山坡流域的产流类型是山坡流域产流的常态，在特定气象条件下可转换为其他类型。例如：第一类山坡流域在长期干旱后，遇短历时暴雨，则该次暴雨产流类型可能属 R_s 型或 R_s+R_{sb} 型。第二类山坡流域在连绵阴雨后，遇长历时暴雨，则该次暴雨产流类型可能属 $R_{sat}+R_{sb}+R_g$ 型；遇中雨，可能属 $R_{sb}+R_g$ 型；遇小雨，可能属 R_{sb} 型。

第二节　流域产流模式和产流特征

1. 流域产流模式

任何事物或过程均有一定特征，它是区分事物和过程的依据。要识别事物或过程的特征，首先面临的是如何描述特征。对流域产流而言，产流特征指的是流域内各点产流机制的宏观表现。单点产流类型是流域内单点产流机制的组合，显然，用流域产流类型的分布就能够刻画流域的产流特征。流域产流类型的分布十分复杂，要找出和应用这种分布是困难的。考虑到组成流域的山坡流域的产流特征决定了流域的产流特征，在任何一个流域中，各类山坡流域占有不同比重，占比重较大的山坡流域对流域产流特征的贡献大，则可以认为占主导地位的山坡流域的产流特征决定了流域的主要产流特征，占主导地位的山坡流域的产流类型就代表了流域的产流类型。由第八章所述内容可知，产流类型可进一步概化为产流模式；因此，流域的产流模式是流域主要产流特征的数学描述。

对中小流域，流域的下垫面构成情况变化不大，其组成的山坡流域差异较小，因此，用占主导地位的山坡流域的产流模式代替流域的产流模式进行产流计算不会造成大的误差。

当流域较大时，山坡流域组成复杂，各类山坡流域产流特征差异大，这时不宜将整个流域看作存在单一产流模式。在这种情况下，通常将大的流域划分为更小的计算流域，使计算流域下垫面构成及气象因素相差不大，由各计算流域的产流模式计算产流量，相加就得到研究流域总产流量。如果要推算流域出口断面流量过程，一般是对各计算流域作汇流计算，求得各计算流域出口断面流量过程，最后由各计算流域的出口断面流量过程经河网汇流计算，推求出研究流域的出口断面流量过程。以下的产流特征影响因素分析，主要针对中小流域。

2. 流域产流特征影响因素分析

流域的下垫面构成情况和流域上变化着的各种水分因素，是影响流域产流特征的两大因素。前者是自然地理因素，而后者是气象因素。

(1) 流域下垫面的构成因素。天然流域的下垫面构成是比较复杂的，由于流域中存在着各类地形、地貌单元，如高山、丘陵、平原、谷地、洼地及湖沼等，它们又有相应的地质构造、土壤分布、植被分布及不同的地下水位等，这种下垫面条件构成的差异，造成产流模式和产流条件的差异，从而形成了流域中不同产流类型的空间分布及其组合。正如前面所分析，如果计算单元局限在中小流域，则下垫面条件相对比较均一，其产流模式不难根据其自然地理特征确定。由于下垫面条件的稳定性和缓变性，对一个固定流域来说，其产流的基本特征是相对稳定的，因而其产流模式也是相对稳定的。

(2) 流域上的水分因素。流域水分因素，如降雨、蒸发、下渗、土壤湿度、地下水位等，一般是变化的。这些因素的时、空分布与组合，导致了不同产流类型在时程上的相互转换。由于产流模式具有概括性，只要产流类型仍属原产流模式概括范围，这种产流类型的转换不会对产流计算造成影响。如果产流类型的转换造成了产流模式的变化，针对这种非常态模式，产流计算必须相应调整。产流过程中，产流面积在空间上的发展对流域产流量影响极大；产流计算时，多数情况下应考虑产流面积在空间和时间上的发展变化，在流域的产流模式计算中，用一定的方法反映这种时空变化。

第三节 流域上产流面积的变化与发展

一、流域产流面积的变化与发展概述

流域上产生径流的面积，在一次降雨过程中是不断变化的。由于降雨、下渗和土壤含水量在流域上分布的不均一性，造成流域各处的产流，无论是开始时间还是发展过程不是同步和均一的。降雨之初，在满足产流条件的地方先产流，随着降雨的持续，其余地方则后续产流。在一次降雨过程中，产流面积随着条件的变化不断地发展和变化着。这一事实，国内外通过大量的观测和实验，已被人们公认。

1. 湿润地区产流面积的发展特点

湿润地区植被良好的山坡流域，土壤具有较大的下渗能力，且土壤经常湿润，包气带缺水量不大。超渗很难发生，包气带缺水量却易于满足，也很容易达到饱和，地面径流主要是以饱和地面径流的形式产生。地面径流首先产生于具有较大土壤含水量和容易达到饱和的相对不大的面积上，如沟边、河谷地、坡脚等处。随着降雨的继续，饱和面积不断由坡脚向上延伸和扩展，先向次一级河沟延伸，继而向无河沟的谷地扩展，逐渐向坡面发展，产流面积不断扩大。据观测，多数降雨过程，流域的饱和面积达到全流域的情况很少见。

饱和面积不仅在降雨期间扩大，而且对于不同的降雨和不同的季节，它们的大小也是不同的。对于不同坡度的流域，其发展速度和扩展范围也有很大差别。

平缓坡面流域的饱和面积发展速度较快，扩展范围也大，有时可达全流域50%以上，而坡度较大的流域则相反。

流域中饱和面积的发展，与流域地形、土壤、初期土湿程度及地下水地埋深有关。前期土壤越湿润，地下水埋藏越浅，饱和面积发展越迅速，发展范围越大。

2. 超渗产流面积发展的特点

超渗地面径流产流面积的发展，在空间分布上具有很大的随机性。其大小及发展取决于降雨强度与下渗强度的对比关系。影响下渗强度的主要因素，如土壤类型、土壤湿度、地面坡度等情况，在流域上的分布一般是无规律的，而各次降雨特性，如空间分布、强度的时程变化等，基本上是随机的，故而超渗地面径流产流面积的发展，在空间分布上有更大的随机性。根据对实验流域的观测分析，超渗产流面积的发展，可以概括为以下几点。

（1）流域中各处的产流是不同步的，产流最先发生于透水性较小或土壤湿度较大的地方。

（2）产流面积的变化与发展，与降雨强度有密切的关系，一次降雨径流过程中，产流面积的变化，并不是单向增长，一般随着降雨强度的增大或减小，产流面积也将有增、有减。

（3）全流域产流是罕见的。

对于壤中流，同样也存在着产流面积的空间变化，而且比地面径流复杂得多。一般是距地面愈深，产流面积愈大；此外，还受到地形的影响。由于壤中流在向出口

断面的汇集过程中，受到流域地面、地下的迟滞和调蓄作用，壤中流成分较大的流域，流域中饱和面积最大的时刻，并不是壤中流出流率最大的时刻，这是与地面径流的不同点。

二、产流面积空间变化统计特性曲线

产流面积的空间分布与发展，直接影响流域产流过程的发展和产流量的大小，它对产流计算是十分重要。由于不可能获得整个流域上产流面积时空变化的资料，所以目前采用一种统计模式法，即应用反映产流面积的下渗能力面积分配曲线和流域蓄水容量面积分配曲线，来研究其分布变化规律。

1. 流域蓄水容量面积分配曲线（简称流域蓄水容量曲线）

流域上各处因包气带的厚度不均一，各处都有一个蓄水容量值 W'_m（土壤所能持有的最大水量，约为田间持水量，单位为 mm）。对湿润地区，地下水位埋深浅，产流面积的形成是以包气带含水量达到其蓄水容量为前提条件。一次降雨过程中，产流面积的增长，将随包气带含水量的增长而变化。把全流域划分为许多微小单元面积，然后按其蓄水容量由小到大顺序排列，并逐一累加统计。设 f 为逐一累加的面积（称为部分面积），F 为全流域面积，显然，上述的统计方法使每一个部分面积 f 对应了一个容量值 W'_m，也表示了小于 f 的那些面积上，各点的蓄水容量都不超过 W'_m。点绘 W'_m-f 的关系，所得曲线称为流域蓄水容量曲线。为今后计算方便，实际使用的曲线是 W'_m-f/F（在不引起误解时，相对面积 f/F 仍简称为部分面积），如图 9-1 所示。因此，流域蓄水容量曲线可定义为：流域内蓄水容量小于等于给定值 W'_m 的面积 f/F 与蓄水容量值 W'_m 的关系曲线。

蓄水容量曲线的特点如下：

(1) 是一条单值递增曲线，W'_m 最小值为流域微单元蓄水容量的最小值，通常假定为 0，最大值为流域中蓄水容量最大的微单元的蓄水容量值，记为 W_{mm}。

(2) 曲线上某点的横坐标代表流域中小于等于某一个 W'_m 值的流域面积占全流域面积的比重。

(3) 整条曲线与横坐标所围面积代表的水量，等于流域各点达到田间持水量时的总蓄水容量 W_m，由于横坐标使用了相对面积，所以该值是以流域平均深度表示的水量，注意到 W'_m 也是以深度表示的点蓄水容量，则 WM 也可称为流域平均蓄水容量。一般情况下，总是称 WM 为流域蓄水容量。

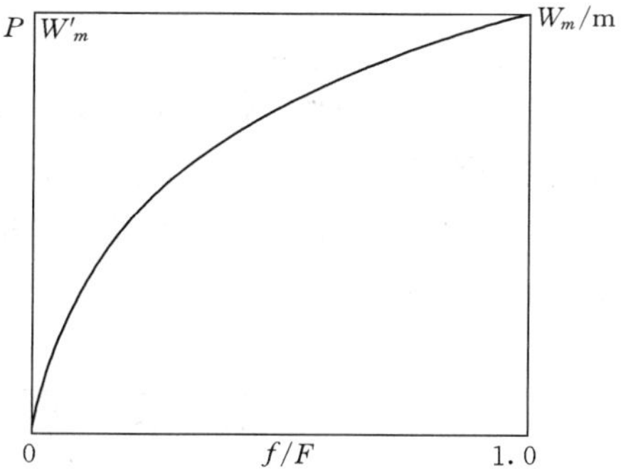

图 9-1　流域蓄水容量面积分配曲线

由于不可能通过测量或实验得到流域蓄水容量曲线，实际工作中一般是通过假定曲线方程形式，再用实际的降雨径流资料予以校验。我国常采用指数曲线或抛物线形式的曲线，其函数形式如下：

$$\alpha=\varphi(W'_m)=1-\left(1-\frac{W'_m}{W_{mm}}\right)^b \quad \text{（抛物线）} \tag{9-1}$$

$$\alpha=\varphi(W'_m)=1-e^{-bW'_m} \quad (指数曲线) \tag{9-2}$$

式中 α——部分面积，$\alpha=f/F$；

b——反映面积分配情况的指数；

其余符号意义同前。

2. 流域下渗能力面积分配曲线

当流域是以超渗地面径流为主导机制时，其产流过程的发展，则受下渗规律的支配。流域各点因土壤性质不均一，土壤含水率各异，因而各点的下渗能力不一致。只有了解下渗能力在流域面上的分布，才能知道产流面积的发展过程。要取得大量的流域面上的下渗资料是困难的，与蓄水容量曲线一样，也可采用统计性质的流域下渗能力面积分配曲线来刻画下渗能力在流域面上的分布。设想按流域上各处的下渗特性，将全流域划分为很多单元面积，每一单元面积都有相应的下渗能力曲线。根据这些曲线，对于给定的前期土壤含水量，可求出各单元的相应下渗能力，然后统计并累加小于等于该下渗能力的所有单元面积，并以占全流域总面积的百分数 f/F 表示，即可建立下渗能力 f_n 与相对面积 f/F 的关系曲线。因此，流域下渗能力面积分配曲线定义为：流域内下渗能力小于等于给定值 f_n 的面积 f/F 与下渗能力 f_n 的关系曲线。下渗能力面积分配曲线一般与流域起始土壤含水量有一定的关系，若以土壤含水量为参数，其曲线形式如图 9-2 所示。

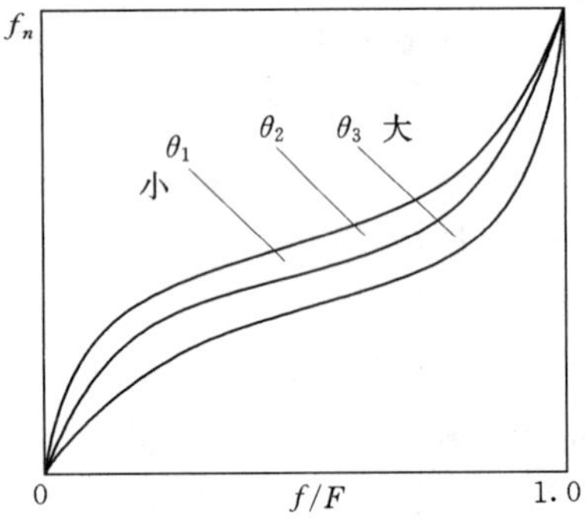

图 9-2 流域下渗能力面积分配曲线

下渗能力面积分配曲线的特点如下：

(1) 由于土壤初始含水量不一样，流域的下渗能力面积分配曲线，是一组曲线。这组曲线的上包线是流域完全干燥情况下的下渗能力面积分配曲线，下包线是全流域土壤包气带达到田间持水量状况下的下渗能力面积分配曲线。

(2) 下渗能力面积分配曲线不能给出流域各点的下渗能力，只能给出下渗能力小于某一下渗值的面积。

第四节 蓄满产流模式的产流计算

考察蓄满产流模式包含的各种产流类型及产流类型所含径流成分的发生条件，就可以知道，只有在湿润地区，当包气带缺水量得到满足后才可能产流，包气带缺水量是指包气带蓄水容量 W'_m 与包气带初始蓄水量 W'_0 的差值，包气带蓄水容量大致等于土壤田间持水量。因此，流域中某点包气带土壤蓄水量达到蓄水容量后即产流；反之，不产流。

产流的可能情况有以下 3 种：

(1) 如果包气带土壤蓄水量不但达到了蓄水容量，而且达到了饱和蓄水量，此时，由于土壤下渗能力下降至稳定下渗率，后续降雨强度超过稳定下渗率时，一定会发生饱和地面径流（产流类型：$R_{sat}+R_{sb}+R_g$ 型或 $R_{sat}+R_{sb}$ 型）。

（2）包气带土壤含水量达到蓄水容量，但未达到饱和含水量，一定不会产生地面径流。后续降雨强度一定不会超过表土层的下渗能力，但是却可能超过下层的下渗能力。土壤的下渗水量转换成的径流包含壤中流和地下径流，或仅有壤中流（产流类型：$R_{sb}+R_g$ 型或 R_{sb} 型）。

（3）包气带土壤含水量达到蓄水容量，但未达到饱和含水量，一定不会产生地面径流。后续降雨强度未超过下层的下渗能力。土壤的下渗水量转换成的径流仅有地下径流（产流类型：R_g 型）。

利用流域的蓄水容量曲线，可以计算流域降雨径流过程中的总产流量。水文学中为计算方便，各种水量均以流域平均深度表示。

1. 蓄满产流的降雨径流关系

对蓄满产流，根据流域蓄水容量曲线，可求出流域蓄满产流的降雨径流关系。

如果降雨开始时，流域蓄水量 $W_0=0$，降雨量为 P，雨期蒸散发量为 E，记 $PE=P-E$，并称之为有效降雨；则由图 9-3（a），蓄水容量 W'_m 小于等于 PE 的面积上要产流，产流面积为 α_d、不产流面积为 $1-\alpha_d$。面积 $oadhgo$ 表示的水量为产流量。面积 $oadfbco$ 表示的水量为流域包气带的蓄水增量，即降雨量中不能形成径流的损失量。不同的有效降雨量 PE，都对应一个产流量 R。根据这一关系，便可得到一条 $W_0=0$ 时的 $PE-R$ 关系曲线，如图 9-3（b）所示。

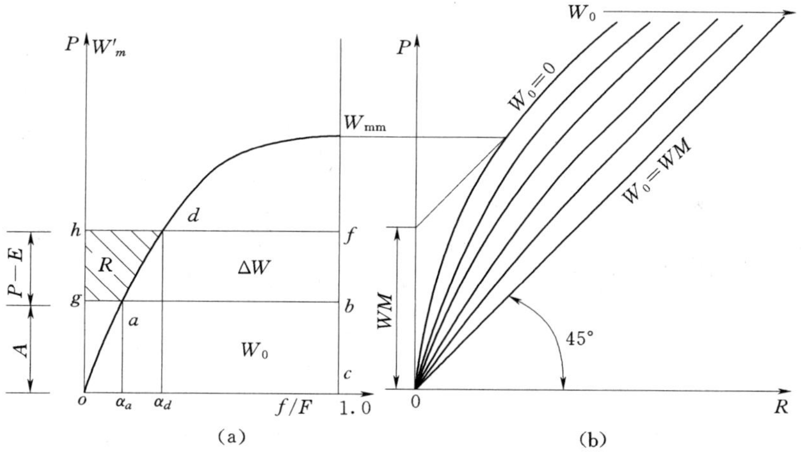

图 9-3　流域蓄水容量曲线与降雨径流关系示意图

（a）流域蓄水容量曲线产流计算；（b）流域蓄满产流的降雨径流关系

如果降雨开始时，流域初始蓄水量为 $W_0=W$，如图 9-3（a）所示，面积 $oabco$ 代表的水量就是该 W_0，有效降雨量 PE 产生的径流量 R 为图中阴影部分面积。而面积 $adfba$ 代表的水量为流域包气带的蓄水增量 ΔW。图中 W_0 对应纵坐标上一个高度为 A 的值，可以把它设想为本次降雨之前，在流域包气带初始土壤蓄水为 0 的情况下，降了一次雨量为 A 的有效降雨，它使流域包气带蓄存了 W_0 的水量，因此，可以把本次降雨开始时的初始土壤蓄水 W_0 对应的 A 值称为前期影响雨量。显然，在这种情况下，不同的 PE 依然对应唯一的 R 值，即可得一条 $W_0=W$ 的 $PE-R$ 关系曲线。

如果降雨开始时，流域初始蓄水量为 $W_0 = WM$，容易知道，这时候全流域都要产流，有效降雨量 PE 全部转换为径流量 $PE = R$，因此 $PE - R$ 关系是一条通过原点的 45°直线。

在 $0 \sim WM$ 范围内取不同的 W_0 值，便可得一组以 W_0 为参数的 $PE - R$ 关系的线，如图 9-3（b）所示，该图即为蓄满产流降雨径流关系曲线。可见，降雨径流关系曲线实际上是流域蓄水容量曲线的另一种表现形态，它们都是反映湿润地区产流规律的工具，代表的是蓄满产流模式。

降雨径流关系曲线的上部为平行于 $PE = R$ 线的直线，表示不管流域初始蓄水量为多少，只要 $PE + A > W_{mm}$，两者之差的那部分降雨量 $DP = PE + A - W_{mm}$ 将全部转换为径流，说明 DP 雨量开始降落时，流域已经处于全流域产流。关系曲线的下部为曲线，属于流域部分面积产流。

利用蓄水容量曲线，还可以说明一个重要概念，即相对产流面积等于时段径流系数。设对应于某一 W_0 值，其产流面积为 f/F，若在 $\mathrm{d}t$ 时段内有降雨增量 $\mathrm{d}PE$，其对应的产流量为 $\mathrm{d}R$，由蓄水容量曲线可知：

$$\mathrm{d}R = \frac{f}{F}\mathrm{d}P \rightarrow \frac{\mathrm{d}R}{\mathrm{d}P} = \frac{f}{F} \tag{9-3}$$

上式说明，在蓄水容量曲线产流计算中，$\mathrm{d}t$ 时段内的径流系数等于（相对）产流面积。从图 9-4 中可看出，它恰为降雨径流关系曲线对应点的斜率 $\mathrm{d}P/\mathrm{d}R$ 的倒数。

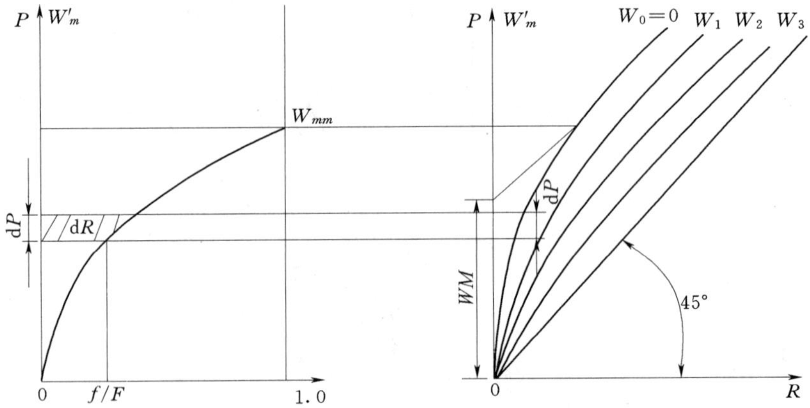

图 9-4 产流面积与时段降雨径流系数关系示意图

2. 蓄满产流的产流量计算

不失一般性，设流域容量曲线为抛物线：

$$\alpha = \varphi(W'_m) = 1 - \left(1 - \frac{W'_m}{W_{mm}}\right)^b \tag{9-4}$$

式（9-4）有两个参数 b 和 W_{mm}，其意义已经在前述内容中说明。由于 W_{mm} 不便分析，通常利用蓄水容量曲线的意义，寻求它与流域平均蓄水容量 WM 的关系，以便利用 WM 计算 W_{mm}。根据流域平均蓄水容量 WM 的物理含义，平均流域蓄水容量 WM 是流域蓄水容量曲线与横标包围的面积，其值可表达为

$$WM=\int_0^{W_{mm}}[1-\varphi(W'_m)]\mathrm{d}W'_m=\int_0^{W_{mm}}\left(1-\frac{W'_m}{W_{mm}}\right)^b\mathrm{d}W'_m=\frac{W_{mm}}{1+b} \tag{9-5}$$

如果已知流域的 WM 和 b，就可计算出 W_{mm}。通常 WM 取决于流域的气候和植被等地区分区性因素，其值一般为 80～150mm，并具有一定的地带性规律。b 反映流域中包气带蓄水容量分布的不均匀性，其值一般为 0.2～0.5。主要取决于流域地形地质、土壤等非分区性因素。

设降雨开始时，流域的初始蓄水量为 W_0，其对应的前期影响雨量为 A 值，从图 9-3 中表示的含义，可知它可以由下式求出：

$$W_0=\int_0^{A}[1-\varphi(W'_m)]\mathrm{d}W'_m=\int_0^{A}\left(1-\frac{W'_m}{W_{mm}}\right)^b\mathrm{d}W'_m=\frac{W_{mm}}{1+b}\left[1-\left(1-\frac{A}{W_{mm}}\right)^{1+b}\right] \tag{9-6}$$

解出 A 得：

$$A=W_{mm}\left[1-\left(1-\frac{W_0}{WM}\right)^{\frac{1}{1+b}}\right] \tag{9-7}$$

已知参数 WM 和 b，有了 A 后就可计算产流量 R。

1）当 $P+A-E<W_{mm}$，流域为部分面积产流，产流量为

$$R=(P-E)-\Delta W=(P-E)-\int_A^{A+P-E}[1-\varphi(W'_m)]\mathrm{d}W'_m \tag{9-8}$$

将蓄水容量曲线函数 $\varphi(W'_m)$ 代入后积分得产流计算式：

$$R=(P-E)-(WM-W_0)+WM\left(1-\frac{A+P-E}{W_{mm}}\right)^{1+b} \tag{9-9}$$

2）当 $P+A-E\geqslant W_{mm}$，流域为全面积产流，降雨扣除损失量（$WM-W_0$）后的水量即为产流量：

$$R=(P-E)-(WM-W_0) \tag{9-10}$$

如果已知逐时段降雨量 P_i、蒸发量 E_i 和次降雨开始时的流域蓄水量 W_0，应用式（9-7）～式（9-10）可逐时段计算流域产流量 R_i 和流域蓄水增量 ΔW_i。

第一个时段（$i=1$），已知其流域初始蓄水量为 W_0，用式（9-7）计算 A_1，再用式（9-9）可计算出 R_1，则 $\Delta W_1=P_1-E_1-R_1$，下一个时段初的流域蓄水量 $W_1=W_0+\Delta W_1$。

第二个时段（$i=2$），已知其流域初始蓄水量为 W_1，用式（9-7）计算 A_2，再用式（9-9）或式（9-10）可计算出 R_2，则 $\Delta W_2=P_2-E_2-R_2$，下一个时段初的流域蓄水量 $W_2=W_{0,1}+\Delta W_2$。

依此类推，可计算出一次降雨径流过程中各时段的产流量。

算例：清江上游恩施以上流域控制面积 2928km^2，流域内，岩石破碎，植被较好，多年平均降雨量约 1440mm，属典型湿润地区。试用蓄满产流模型计算 1966 年 6 月的一次降雨过程对应的产流量。采用的蓄水容量曲线参数为：流域蓄水容量 $WM=130$mm；蓄水容量曲线指数 $b=0.46$。流域初始蓄水量 $W_0=119.88$mm。蒸散发折算系数 $k=0.9$ 计算过程列于表 9-1。

表 9-1　　清江恩施以上流域 1966 年 6 月的一次降雨的蓄满产流计算表

计算时段	观测值		计算值					是否全流域产流
	雨量	观测蒸发	流域蒸发	有效降雨	前期影响雨量 A/mm	流域蓄水量	产流量	
	P/mm	E'/mm	E/mm	$P-E$/mm	$A<W_{mm}$	W_0/mm	R/mm	
						119.88		
1	0.1	0.03	0.03	0.07	156.77	119.88	0.04	否
2	4.9	0.20	0.18	4.72	156.84	119.91	2.68	否
3	5.3	0.22	0.20	5.10	161.56	121.95	3.07	否
4	2.1	0.31	0.28	1.82	166.66	123.98	1.14	否
5	1.4	0.31	0.28	1.12	168.48	124.66	0.72	否
6	1.2	0.22	0.20	1.00	169.60	125.06	0.65	否
7	1.1	0.10	0.09	1.01	170.60	125.42	0.66	否
8	1.9	0.02	0.02	1.88	171.61	125.76	1.26	否
9	7.4	0.02	0.02	7.38	173.49	126.39	5.27	否
10	24	0.10	0.09	23.91	180.87	128.50	22.41	否
11	3.5	0.10	0.09	3.41	189.80	130.00	3.41	是
12	1.7	0.14	0.13	1.57	189.80	130.00	1.57	是
13	2.4	0.14	0.13	2.27	189.80	130.00	2.27	是
14	2.3	0.10	0.09	2.21	189.80	130.00	2.21	是
15	0.6	0.06	0.05	0.55	189.80	130.00	0.55	是
16	0.6	0.01	0.01	0.59	189.80	130.00	0.59	是
17	0							

第五节　超渗产流模式的产流计算

在干旱和半干旱地区，地下水埋藏很深，流域的包气带很厚，缺水量大，降雨过程中下渗的水量不易使整个包气带达到田间持水量；所以通常不产生地下径流，地面径流仅当降雨强度大于下渗强度时才有可能产生，因此，其产流规律服从超渗产流模式。从模式的含义可知，超渗产流量的大小取决于当时的土壤下渗率和雨强两个因素。雨强一般通过降雨观测获得，而下渗率则由土壤含水量经流域下渗曲线确定。超渗产流的产流计算模式可表达为：

$$\left.\begin{aligned}&\text{当 } i\leqslant f_n,\ r_s=0\\&\text{当 } i>f_n,\ r_s=i-f_n\end{aligned}\right\}\qquad(9-11)$$

式中　i——流域降雨雨强，mm/h；

f_n——流域下渗能力，mm/h；

r_s——流域产流率，mm/h。

要应用超渗产流计算模式计算产流量，必须将流域下渗曲线 f_n-t 转换为下渗能力与累积下渗量 F_t 的关系 f_n-F_t。

1. 下渗曲线的转换

超渗产流量计算的基本方法是下渗曲线法，即应用下渗曲线来确定流域的下渗能力。方法的关键是确定流域的下渗曲线，其内容已经在第六章中叙述。流域的下渗曲线是指从流域包气带土壤完全干燥开始，在充分供水条件下的流域下渗过程，即下渗能力与下渗历时之间的关系曲线 f_n-t。由于在自然条件下，降雨开始之初，流域包气带土壤具有一定含水量，直接使用下渗曲线计算超渗产流量将遇到困难，实际应用时需把它转化为 f_n-W_t 关系，即下渗能力与累积下渗量的关系。因为土壤从完全干旱（含水量为 0）变到具有含水量 W_t，则 W_t 可看作土壤在时段 $[0，t]$ 内充分供水条件下的下渗水量。对 f_n-t 曲线积分：

$$W_t=\int_0^t f_n\,\mathrm{d}t \tag{9-12}$$

给定一系列 t，计算出相应的 W_t，点绘 f_n、W_t 关系点并连成光滑曲线即得到 f_n-W_t 关系曲线如图 9－5 所示。

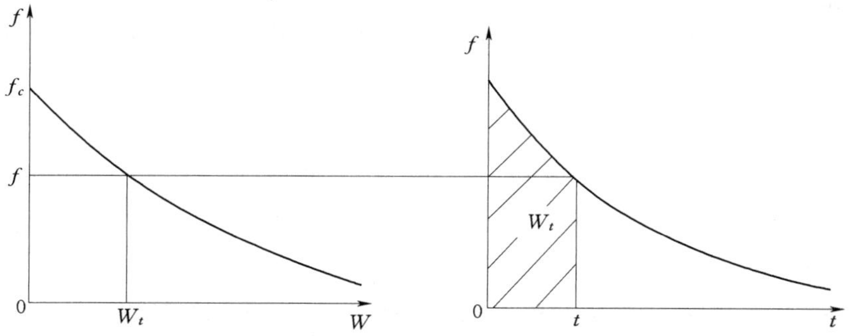

图 9－5　f_n-t 与 f_n-W_t 关系转换示意图

2. 超渗产流量计算

设计算时段为 Δt，降雨开始时，流域的初始土壤含水量为 W_0。由 W_0 查曲线 f_n-W_t 得 $f_{n,1}$，再由计算模式（9－11）按以下情况计算超渗产流量和土壤蓄水增量。

1）若 $i_1\leqslant f_{n,1}$，则 $r_{s,1}=0$，$R_{s,1}=0$，$\Delta W_1=i\Delta t$。

2）若 $i_1>f_{n,1}$，则 $r_{s,1}=i_1-f_{n,1}$，$R_{s,1}=r_{s,1}\Delta t$，$\Delta W_1=f_{n,1}\Delta t$。

下一时段的流域初始蓄水量为 $W_1=W_0+\Delta W_1$，转入下一时段计算。

以上计算式中，$i_1=P_1/\Delta t$ 为时段平均雨强，$f_{n,1}$ 为时段初流域下渗能力，$r_{s,1}$ 为时段平均产流率，$R_{s,1}$ 为时段产流量，ΔW_1 为时段流域土壤含水增量，W_1 为时段末流域土壤含水量。

当计算时段 Δt 不大时，由 $f_{n,1}$ 代替时段流域平均下渗能力不会造成明显误差。如果计算时段 Δt 较大，要提高计算精度，应采用试算法，其算法过程如下：由 W_0 查曲线 f_n-W_t 得 $f_{n,0}$，假定时段末（即下一时段初）的下渗能力为 $f'_{n,1}$，则时段平均下渗能力

为 $\overline{f}_{n,1}=0.5(f_{n,0}+f'_{n,1})$。由式（9-11）判断并计算出 $R_{s,1}$、W_1 后，用 W_1 查 f_n-W_t 得 $f_{n,2}$，如果 $f'_{n,2}-f_{n,2}$ 的绝对值小于给定精度，则试算成功，否则，需重新假定 $f'_{n,2}$ 后再计算，直至 $f'_{n,2}-f_{n,2}$ 的绝对值小于给定精度。

算例：采用菲利浦下渗公式（6-42）用试算法计算黑矾沟小流域1964年8月的一场降雨的超渗产流量。计算时段 $\Delta t=2\text{min}$，试算精度 $|f'_n-f_n|\leqslant 0.01$，土壤初始蓄水量 $W_0=12.8\text{mm}$。取 $\Delta t=1$ 的单位计算时段时，下渗公式的参数 $S=11.2$，$A=0.1$。首先将菲利浦下渗公式：

$$f_n=\frac{1}{2}St^{-\frac{1}{2}}+A \tag{9-13}$$

转换为累积下渗量 F_t 与下渗能力 f_n 的关系，为此，将菲利浦下渗公式积分：

$$W_t=\int_0^t f_n\mathrm{d}t=\int_0^t\left(\frac{1}{2}St^{-\frac{1}{2}}+A\right)\mathrm{d}t=\frac{1}{2}S\sqrt{t}+At=B\sqrt{t}+At \tag{9-14}$$

上式解出 t 后代入菲利浦下渗公式（9-13）得

$$f_n=B^2(1+\sqrt{1+AW_t/B^2})/W_t+A \tag{9-15}$$

其中 $$B=\frac{1}{2}S=11.2/2=5.6$$

第一个时段：根据 $W_0=12.8\text{mm}$，由式（9-15）算出 $f_{n,0}=5.05\text{mm}$，假定时段末 $f'_{n,1}=5.00\text{mm}$，则时段平均下渗能力 $\overline{f}_{n,1}=5.025\text{mm}$，因 $p_1=0.3\text{mm}<5.025\text{mm}$ 所以 $\Delta W_1=P_1=0.3\text{mm}$，$W_1=12.8+0.3=13.1\text{mm}$，由式（9-15）计算 $f_{n,1}=4.94\text{mm}$；$|f'_{n,2}-f_{n,2}|=0.06>0.01$，不满足精度要求。重新假定 $f'_{n,1}=4.94\text{mm}$，重复以上计算，得 $f_{n,1}=4.941\text{mm}$，满足精度要求。转入下一个计算时段。

全部试算结果见表9-2。

表9-2　　黑矾沟小流域1964年8月的一场降雨的超渗产流试算表

t /min	P /mm	W /mm	f_n /mm	$\overline{f}$ /mm	ΔW /mm	R_s /mm	t /min	P /mm	W /mm	f_n /mm	$\overline{f}$ /mm	ΔW /mm	R_s /mm
14：39		12.8	5.05				15：01	2.3	34.15	1.98	2.04	2	0.26
14：41	0.3	13.1	4.94	4.99	0.3	0	15：03	0.5	34.65	1.96	1.97	0.5	0
14：43	0.6	13.7	4.73	4.83	0.6	0	15：05	0.5	35.15	1.93	1.94	0.5	0
14：45	0.7	14.4	4.5	4.61	0.7	0	15：07	0.5	35.65	1.91	1.92	0.5	0
14：47	2.7	17.1	3.82	4.16	2.7	0	15：09	0.5	36.15	1.88	1.89	0.5	0
14：49	2.8	19.9	3.3	3.56	2.8	0	15：11	0.3	36.45	1.87	1.88	0.3	0
14：51	3.4	22.8	2.9	3.1	2.9	0.3	15：13	0.3	36.75	1.86	1.86	0.3	0
14：53	4	25.42	2.62	2.76	2.6	1.24	15：15	0.3	37.05	1.85	1.85	0.3	0
14：55	4	27.83	2.41	2.51	2.4	1.49	15：17	0.1	37.15	1.84	1.84	0.1	0
14：57	5	30.07	2.24	2.32	2.2	2.68	15：19	0.1	37.25	1.83	1.83	0.1	0
14：59	5	32.17	2.1	2.17	2.1	2.83							

第六节　总 径 流 量 的 划 分

水源划分包括两方面内容：①实测径流过程的水源划分；②计算总产流量的水源划分。前者的目的是为了分析划分水源的方法所需要的参数，后者的目的是为了模拟径流过程时分别不同水源进行汇流计算。根据需要，水源划分有 3 种方式：①二水源划分；②三水源划分；③多水源划分。本节主要介绍二水源划分和三水源划分，多水源划分可参见水文预报有关书籍。

一、实测径流过程的水源划分

对实测洪水过程线进行直接径流与地下径流的分割可求得实测直接径流流量过程。分割的方法是利用已经观测到的洪水资料，点绘洪水过程线，在过程线上找到直接径流退水的中止点 E，然后自洪水起涨点至 E 点连斜线，如图 9－6 所示。斜线以上面积代表的水量为本次洪水直接径流量总量 $R_{s,实测}$。如果要求不高，对 E 点的确定可采用文献［4］建议的方法，按式（9－16）计算洪峰至 E 点的时距 N：

$$N = 0.8F^{0.2} \tag{9-16}$$

式中　N——洪峰至 E 点的时距单位为日，可以为小数；

　　F——流域面积，km^2。

已知 N 后，在图 9－6 上可定出 E 点。直接径流与地下径流分割的更准确方法是在深入分析流域退水规律的基础上，制作流域退水曲线，然后利用退水曲线进行分割，这方面的内容可参见水文预报书籍。

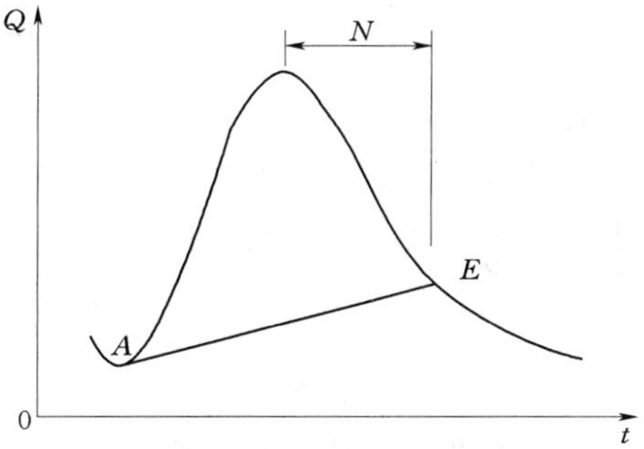

图 9－6　实测径流分割示意图

在求得实测洪水过程的直接径流量 $R_{s,实测}$后，可进一步推求流域平均稳定下渗率 f_c。分析确定的依据是：湿润地区用蓄满产流模型计算产流量时，有地面径流发生的前提是，流域内有部分面积达到饱和，或全流域面积达到饱和，在饱和面积上，后续降雨雨强超过稳定下渗率。利用这个特性，可用试算法分析确定流域平均稳定下渗率 f_c。具体做法是，假定一个流域平均稳定下渗率 f_c，再依据产流方案计算出的逐时段净雨量 ΔR，按下式计算一次洪水的地下径流总量 $R_{g,计算}$：

$$R_{g,计算} = \sum_{PE > f_c \Delta t} f_c \frac{\Delta R}{\Delta PE} \Delta t + \sum_{PE \leqslant f_c \Delta t} \Delta R \tag{9-17}$$

式中　f_c——稳定下渗率，mm/h；

　　Δt——计算时段，h；

ΔR——时段净雨，mm；

ΔPE——时段有效降雨，mm；

$R_{g,计算}$——一次洪水地下径流总量。

有了 $R_{g,计算}$，再按下式计算一次洪水直接径流总量 $R_{s,计算}$：

$$R_{s,计算}=R_{总,实测}-R_{g,计算} \tag{9-18}$$

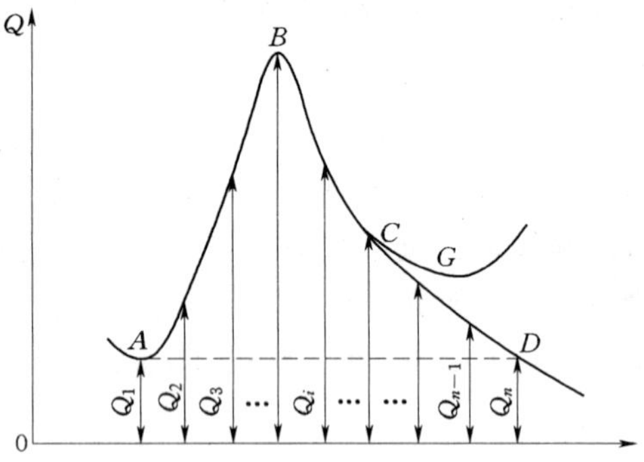

图 9-7　平割法推求次洪径流总量

如果实测洪水过程的直接径流量 $R_{s,实测}$ 与式（9-18）计算的直接径流量 $R_{s,计算}$ 之差小于给定的精度，则认为假定的流域平均稳定下渗率 f_c 就是待求的稳定下渗率。

式（9-18）中，$R_{总,实测}$ 是一次洪水的实测径流总量，利用洪水过程线，分割前后相邻的洪水流量后容易求得它。如果选择起涨低的孤立洪水，则用平割法就可求得较为准确的 $R_{总,实测}$，如图 9-7 所示。式（9-17）中经常取 $\Delta t=1$ 为一个单位时段，f_c 的单位也取为一个单位时段的下渗量，即 mm/（Δt），则式（9-17）可简化为

$$R_{g,计算}=\sum_{PE>f_c} f_c\frac{\Delta R}{\Delta PE}+\sum_{PE\leqslant f_c}\Delta R \tag{9-19}$$

注意到式（9-3）的意义，就知道 $\Delta R/\Delta PE$ 是面临时段的产流面积。

给定计算精度 α，利用式（9-19）分析 f_c 的步骤为：假定一个 f_c，由式（9-19）计算 $R_{g,计算}$，由式（9-18）计算 $R_{s,计算}$，计算误差是否小于给定计算精度，即判断：

$$|R_{s,实测}-R_{s,计算}|<\alpha$$

是否成立，若不成立，重新假定 f_c 再试算。

二、计算总产流量的水源划分

蓄满产流计算所得产流量是逐时段的总净雨量，汇流计算时需要划分出不同汇流速度的水源，一般把总净雨量划分为直接径流净雨量与地下径流净雨量两种水源，对直接径流和地下径流这两种不同的水源，再分别用不同的方法进行汇流计算。

已知流域平均稳定下渗率 f_c，应用蓄满产流模型计算出逐时段净雨产流量 ΔR 后，按下述情况划分水源：

（1）如果 $\Delta PE>f_c$，则 $\Delta R_g=f_c(\Delta R/\Delta PE)$，$\Delta R_s=\Delta R-\Delta R_g$。

（2）如果 $\Delta PE\leqslant f_c$，则 $\Delta R_s=\Delta R$，$\Delta R_s=0$。

如果需要将总产流量划分为地面径流、壤中流、地下径流三种水源，一般是把土层自由水空间（即非毛管孔隙空间）抽象为一个容量为 S_M 的自由水蓄水箱，如图 9-8 所示。

水箱有一个边孔，其出流系数为 K_{sb}，出流量为壤中流 R_{sb}。一个底孔，其出流系数

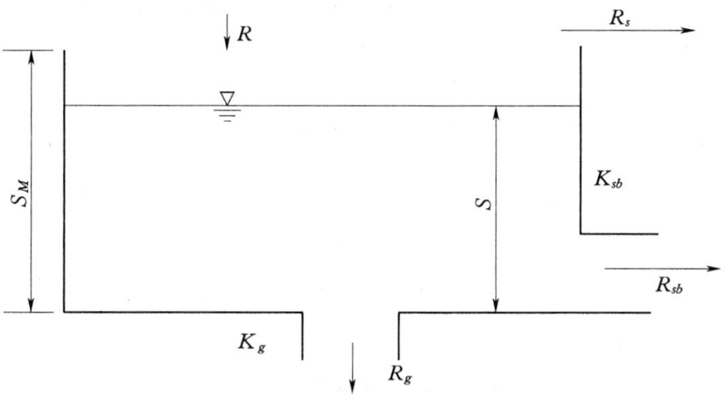

图 9-8　三水源划分示意图

为 K_g，出流量为地下径流 R_g。总产流量 R 首先进入水箱，补充水箱自由水蓄水量 S，如果蓄水量 S 超过水箱容量，则多余水量成为地面径流 R_s。壤中流和地下径流出流量取决于出流孔的出流系数和水箱蓄水量 S 的大小。水源划分的计算式如下。

（1）如果 $S>S_M$，则 $R_s=S-S_M$，否则 $R_s=0$。

（2）如果 $S>0$，则 $R_{sb}=K_{sb}S$，$R_g=K_gS$，否则 $R_{sb}=0$，$R_s=0$。

思　考　题

1. 试分析流域蓄水容量面积分配曲线的概念，曲线有何特点。

2. 试分析流域下渗能力面积分配曲线的概念，曲线有何特点。为何流域下渗能力曲线难以直接利用求解流域超渗产流量？

3. 在蓄满产流模式计算过程中，如何从总径流中划分出地表径流与地下径流？

4. 主导某小流域总体产流量的模式是蓄满产流，小流域概化成三个子流域 A、B、C 分别占流域总面积的 30%，40% ，30%。A、B、C 三个子流域的蓄水容量分别是 15mm、25mm、32mm。如图 9-9 所示，求小流域在起始蓄水量 $W_0=0$ 时，一次降雨过程中 4 个连续时段的产流量 R_1、R_2、R_3、R_4，其中第 1 个时段的降雨量 P_1 为 10mm，第 2 个时段的降雨量 P_2 为 18mm，第 3 个时段的降雨量 P_3 为 4mm，第 4 个时段降雨量 P_4 为 8mm。

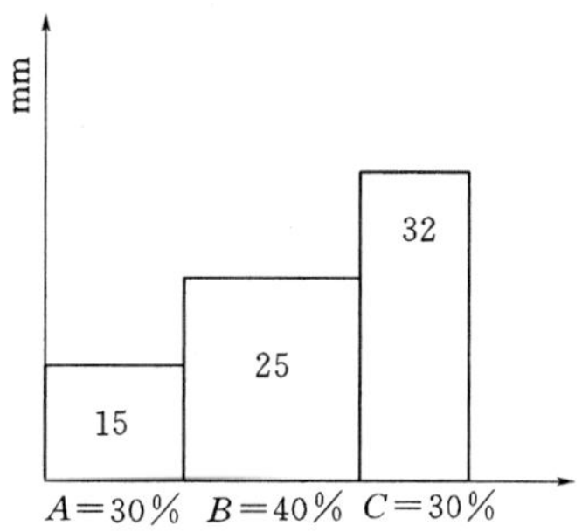

图 9-9　柱状概化分布蓄水容量分布曲线

5. 某流域的产流模式为蓄满产流，可用抛物线形的流域蓄水容量曲线计算流域产流量（图 9-10）。已知流域内各处包气带恰好达到田间持水量的蓄水容量 WM 为 120mm，抛物线形蓄水容量曲线的指数 $b=0.45$（图 9-10（a）曲线）。

（1）试计算流域初始蓄水量 $W_0=60$mm 时的前期影响雨量 A_{60}；

（2）试计算有效降水 $P-E$ 为 40mm 时的产流量 R_{40}［图 9-10（b）中 d 点］；

（3）试计算有效降水 $P-E$ 为 120mm 时的产流量 R_{120} [图 9-10（b）中 e 点]；

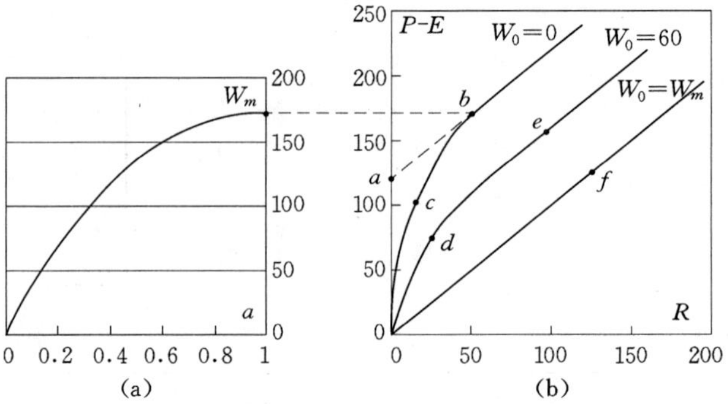

图 9-10 流域蓄水容量

（a）流域蓄水容量分布曲线；（b）蓄满产流模式的降雨径流关系

第十章　河槽洪水演算

根据河段上断面的洪水过程推求河段下断面的洪水过程称为洪水演算。洪水演算在水文预报、防洪规划、水利工程防洪控制运用中都有重要应用。

第一节　河槽洪水波概念

一、河槽洪水波及其要素

河流在没有大量径流汇入时，其水流要素如流速、流量、水深、断面面积等一般不随时间而变，或变化甚为缓慢，属稳定流。如果流域内出现暴雨，大量径流在短时间内汇入河网，进入干流河槽形成洪水波。洪水波向下游传播，形成洪水波的运动。河槽中洪水波经过之处，流速、流量、水深、断面面积等均随时间急剧变化，因此，河槽内的洪水波属非稳定流。洪水波常用以下特征要素描述。

1. 洪水波的形态特征

（1）波体。在原稳定流水面之上附加的水体称为波体。

（2）波峰。波体的最高点称为波峰。

（3）波高。波峰至稳定流水面的高度称为波高。

（4）波长。波体的底宽称为波长，图 10－1 中的 AC 线段的长度 l 即为波长。洪水波的波长远大于波高，属长波。

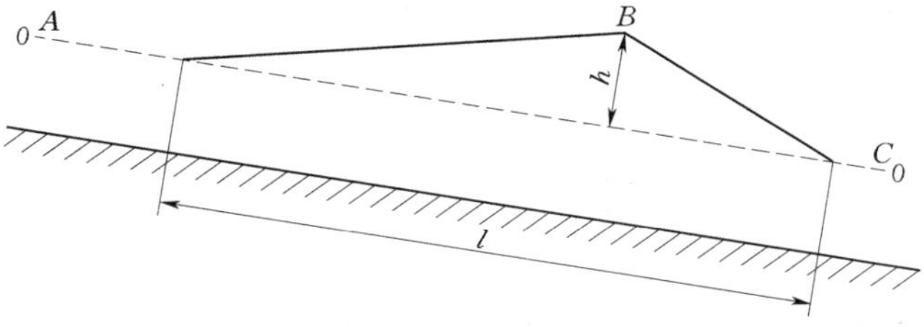

图 10－1　洪水波形态示意图

（5）波前。以波峰为界，位于波峰前部的波体称为波前。

（6）波后。以波峰为界，位于波峰后部的波体称为波后。

2. 洪水波的运动特征

（1）位相。洪水波轮廓线上任一点的位置称为该点的位相。

（2）波速。洪水波波体上某一位相点沿河道的运动速度称为该位相的波速，按定义：

$$C_K = \mathrm{d}L/\mathrm{d}t \tag{10-1}$$

式中　C_K——洪水波波速；

dL——洪水波在微小时段 dt 内传播的距离。

（3）相应流量（或相应水位）。洪水波波体上某一位相点所对应的河槽断面流量（或水位）$Q(L, t)$[或 $Z(L, t)$] 称为洪水波的相应流量（或相应水位）。由此可见，洪水波的波速即相应流量（或相应水位）的传播速度，因此，相应流量（或相应水位）的传播速度不是指断面平均流速。

（4）附加比降。洪水波的水面比降与稳定流的水面比降的差值 $i-i_0$ 称为洪水波的附加比降。由水力学知，洪水波水面比降 $i=-\partial Z/\partial L$。在河槽断面沿程变化不大的情况下，稳定流水面比降 i_0 近似等于河底比降（天然河道属宽浅型河槽，一般满足此近似条件）。由于洪水波波前水面比稳定流水面陡，所以，波前附加比降为正；由于洪水波波后水面比稳定流水面缓，所以，波后附加比降为负。

3. 洪水波的变形

假设河段为棱柱体河槽，区间无水量加入，则洪水波在向下游运动的过程中将发生如下变形。

（1）洪水波的坦化（展开）变形。因为洪水波波前水面比降大于稳定流水面比降，波后水面比降小于稳定流水面比降，故波前各位相点的波速大于波后各位相点的波速。所以，洪水波波体将不断被拉长，波长变大，波峰变小，这种现象称为洪水波的坦化变形。

（2）洪水波的扭曲变形。因为洪水波各位相点的波高不同，自然水深不同，波速也不同。波峰处水深最大，因此，洪水波在向下游运动的过程中，波峰将不断前移，波前缩短，附加比降变大，波前的水量将不断向波后转移，这种现象称为洪水波的扭曲变形。

洪水波的变形可以从河段上下游断面的流量过程线上观察出来，图 10－2 是某河段上、下游的一次洪水流量过程线，从图中可看出，由于洪水波的坦化（展开）变形，下游与上游相比，洪水过程历时拉长，洪峰降低，如图 10－3 所示。由于洪水波的扭曲变形，波前缩短，导致下游涨洪历时小于上游。

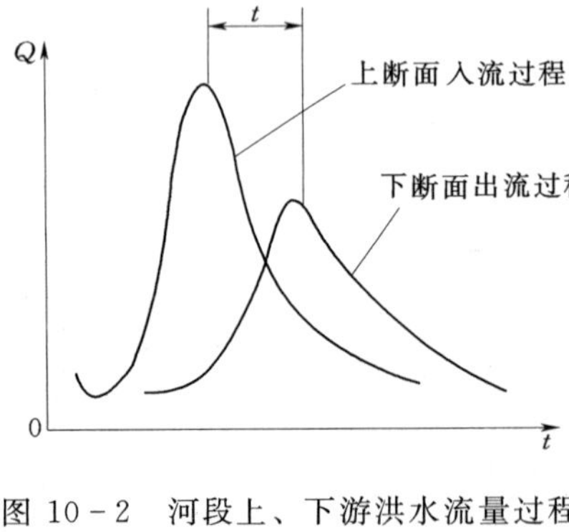

图 10－2　河段上、下游洪水流量过程线

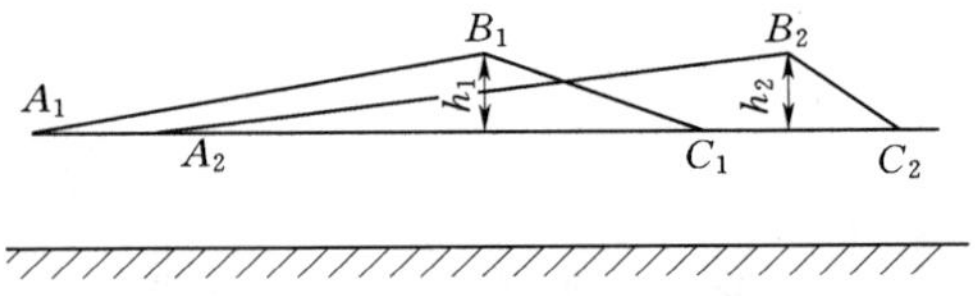

图 10－3　洪水波变形示意图

任何自然现象的运动规律都会不同程度地受内外两个因素的影响，洪水波的运动规律也不例外。洪水波的坦化变形和扭曲变形是洪水波在向下游运动的过程中由内因造成的现象。此外，区间水量的加入、河段情况的变化等外部因素都会影响洪水波的运动规律；比如河段之间有大量水量加入，或下游河段变窄，或遇到卡口，下游洪峰就有可能大于上游洪峰。因此，研究洪水波的运动要区分内外因素，对具体河段要搞清是内因起主导作用还

是外因起主导作用。

二、河槽洪水波运动微分方程

1. 圣维南方程组

当河槽断面变化不大，河槽中的洪水波一般可看作一维不稳定渐变流，天然河道绝大多数情况均满足此条件。因此，可以用一维圣维南方程组描述河槽洪水波运动，其方程形式如下：

$$\begin{cases} \dfrac{\partial A}{\partial t}+\dfrac{\partial Q}{\partial L}=0 & \text{（连续方程）} \quad (10-2) \\ -\dfrac{\partial Z}{\partial L}=\dfrac{1}{g}\dfrac{\partial V}{\partial t}+\dfrac{V}{g}\dfrac{\partial V}{\partial L}+\dfrac{\partial h_f}{\partial L} & \text{（运动方程）} \quad (10-3) \end{cases}$$

式中　A——过水断面面积，m^2；

V——过水断面平均流速，m/s；

Q——过水断面流量，m^3/s；

Z——过水断面水位，m；

L——水流流程，m；

h_f——沿程摩阻损失，m；

g——重力加速度，m/s^2。

方程中，$-\dfrac{\partial Z}{\partial L}$为水面坡度，$\dfrac{1}{g}\dfrac{\partial V}{\partial t}$为局地惯性项，$\dfrac{V}{g}\dfrac{\partial V}{\partial L}$为迁移惯性项，$\dfrac{\partial h_f}{\partial L}$为摩阻项（又称摩阻比降）。

方程组包含两个独立变量 t 和 L，两个从属变量 Q 和 Z（或 V 和水深 h），方程组在数学上属于一阶线性双曲型偏微分方程组。目前，在数学上尚无解析解，实际工作中常结合具体的初始条件和边界条件用两类近似的方法求解圣维南方程组：一类是水力学途径的数值解法；另一类是水文学途径的简化解法。

2. 河槽洪水波运动的初始条件和边界条件

初始条件指 $t=0$ 的水流状态，通常采用洪水波发生前一时刻的稳定流状态，即

$$Q(L,\ 0)=Q_0 \tag{10-4}$$

边界条件指计算河段上、下游两断面在整个计算时段中的水流情况，分别称为上边界条件和下边界条件。上边界条件通常取上游断面的流量过程：

$$Q(0,\ t)=Q_{上}(t) \tag{10-5}$$

下边界条件通常取下游断面的水位-流量关系：

$$Q(L,t)=f\left[Z_{下}(t),\frac{\partial Z(t)}{\partial t}\right] \tag{10-6}$$

若河段较长，下游不受水工建筑物或干支流回水顶托等因素影响时，则洪水波必衰减为稳定流状态，下边界条件可简化为

$$Q(\infty,\ t)=Q_0 \tag{10-7}$$

圣维南方程组和洪水波运动的初始条件及边界条件一起构成了洪水波运动的定解问题，不同的定解问题刻画了不同的洪水波运动。

第二节 洪水波的分类和运动特征

一、洪水波的分类

对于不同类型的河流、渠道和水库，由于其所处的具体条件不同，水流运动中各种力的大小作用不同，对水流的影响相异，会造成洪水波运动方程中各项量级的差别很大，洪水波的运动特性当然也有较大差别。有些情况下，某些项所起作用不大，完全可以忽略，有些项则起主导作用，必须考虑。

根据运动方程中各项作用力的对比关系，忽略某些次要项，把运动方程加以简化。简化后的方程，突出了影响洪水波运动的主导因素，忽略了次要因素，因而反映了不同性质的洪水波运动规律。为明确起见，将洪水波运动方程改写如下：

$$-\frac{\partial Z}{\partial L}=\frac{1}{g}\frac{\partial V}{\partial t}+\frac{V}{g}\frac{\partial V}{\partial L}+\frac{\partial h_f}{\partial L} \tag{10-8}$$

记水深为 h，河底高程为 Z_0，水面高程为 $Z=Z_0+h$，则

$$-\frac{\partial Z}{\partial L}=-\frac{\partial(Z_0+h)}{\partial L}=-\frac{\partial Z_0}{\partial L}-\frac{\partial h}{\partial L}=i_0+\left(-\frac{\partial h}{\partial L}\right) \tag{10-9}$$

式中 i_0——河底比降；

$-\frac{\partial h}{\partial L}$——洪水波附加比降。

记 $i_f=\partial h_f/\partial L$，则运动方程可写作：

$$\frac{1}{g}\frac{\partial V}{\partial t}+\frac{V}{g}\frac{\partial V}{\partial L}+\frac{\partial h}{\partial L}=i_0-i_f \tag{10-10}$$

摩阻项尚无理论公式表达，目前只能借用明渠均匀流公式将其表示，即

$$i_f=V^2/C^2R \tag{10-11}$$

式中 C——谢才系数；

R——水力半径。

为分析方便，通常把摩阻项进一步表示为

$$i_f=\frac{V^2}{C^2R}=\frac{(VA)^2}{(AC)^2R}=\frac{Q^2}{K^2} \tag{10-12}$$

式中 K——流量模数。

式（10－12）代入式（10－10）得

$$\frac{1}{g}\frac{\partial V}{\partial t}+\frac{V}{g}\frac{\partial V}{\partial L}+\frac{\partial h}{\partial L}=i_0-\frac{Q^2}{K^2} \tag{10-13}$$

根据式（10－13）中各项在具体条件下所起作用的大小不同，可对洪水波进行简化，简化后的洪水波可分为4类：运动波、扩散波、惯性波和动力波。

(1) 运动波。将洪水波运动方程写作：

$$i_0-\left(\frac{1}{g}\frac{\partial V}{\partial t}+\frac{V}{g}\frac{\partial V}{\partial L}+\frac{\partial h}{\partial L}\right)=\frac{Q^2}{K^2} \tag{10-14}$$

若河底比降远大于惯性项和附加比降，即成立：

$$i_0 \gg \frac{1}{g}\frac{\partial V}{\partial t}+\frac{V}{g}\frac{\partial V}{\partial L}+\frac{\partial h}{\partial L} \tag{10-15}$$

则洪水波运动方程可简化为

$$Q=K\sqrt{i_0} \tag{10-16}$$

此即运动波运动方程。

（2）扩散波。若附加比降不能忽略，但惯性项可以忽略，即成立：

$$\left(i_0-\frac{\partial h}{\partial L}\right) \gg \left(\frac{1}{g}\frac{\partial V}{\partial t}+\frac{V}{g}\frac{\partial V}{\partial L}\right) \tag{10-17}$$

则洪水波运动方程可简化为

$$Q=K\sqrt{i_0-\frac{\partial h}{\partial L}} \tag{10-18}$$

此即扩散波运动方程。

（3）惯性波。若河底比降与摩阻比降两者能相互抵消。则洪水波运动方程可简化为

$$\frac{1}{g}\frac{\partial V}{\partial t}+\frac{V}{g}\frac{\partial V}{\partial L}+\frac{\partial h}{\partial L}=0 \tag{10-19}$$

此即惯性波运动方程。

（4）动力波。若洪水波运动方程中各项都不能忽略，这种波称为动力波，因此动力波运动方程即为式（10－13）。

洪水波的分类情况可归纳为表10－1。

表10－1　　洪水波的分类

洪水波类型	局地惯性项	迁移惯性项	附加比降	摩阻比降	河底比降
	$\frac{1}{g}\frac{\partial V}{\partial t}$	$\frac{V}{g}\frac{\partial V}{\partial L}$	$\frac{\partial h}{\partial L}$	i_f	i_0
运动波	×	×	×	√	√
扩散波	×	×	√	√	√
惯性波	√	√	√	×	×
动力波	√	√	√	√	√

注　×表示被忽略的项，√表示要考虑的项。

二、洪水波的运动特征和波速公式

1. 洪水波的运动特征

（1）运动波的运动特性。已知运动波的运动方程为

$$Q=K\sqrt{i_0} \tag{10-20}$$

它具有如下特性：因流量模数 $K=AC\sqrt{R}$ 是断面形状和水深的函数，说明对固定断面而言，水位与流量呈单值关系，即 $Q=f(Z)$ 或 $Q=f(A)$。因 $Q-A$ 呈单值关系，所以

$$\frac{\partial A}{\partial t}=\frac{\partial A}{\partial Q}\frac{\partial Q}{\partial t}=\frac{\mathrm{d}A}{\mathrm{d}Q}\frac{\partial Q}{\partial t} \tag{10-21}$$

代入连续方程，得

$$\frac{\mathrm{d}A}{\mathrm{d}Q}\frac{\partial Q}{\partial t}+\frac{\partial Q}{\partial L}=0\rightarrow\frac{\mathrm{d}Q}{\mathrm{d}A}=-\frac{\partial Q}{\partial t}\Big/\frac{\partial Q}{\partial L}\tag{10-22}$$

以后将证明 $C_K=\mathrm{d}Q/\mathrm{d}A$ 为运动波波速，则上式可写作：

$$\frac{1}{C_K}\frac{\partial Q}{\partial t}+\frac{\partial Q}{\partial L}=0\rightarrow\frac{\partial Q}{\partial t}+C_K\frac{\partial Q}{\partial L}=0\tag{10-23}$$

根据偏微分方程的特征理论，式（10－23）与下列常微分方程组等价：

$$\begin{cases}\dfrac{\mathrm{d}L}{\mathrm{d}t}=C_K & (10-24)\\[2ex] \dfrac{\mathrm{d}Q}{\mathrm{d}t}=0 & (10-25)\end{cases}$$

式（10－24）是运动波的特征线方程，物理意义是运动波总是向下游传播。式（10－25）是运动波的特征方程，表明运动波沿特征线方向运动时，任何一个相应流量都不发生变化，也就是说运动波是一种没有坦化现象的洪水波。但这并不意味着运动波不会发生扭曲变形，它是否变形，取决于波速 C_K 是否为常数。若 C_K 为常数，则不发生变形；大多数情况 C_K 是随水深和流量变化，故运动波在传播过程中，一般存在着扭曲变形，即运动波的波前越来越陡，最终可导致破裂。山区河流由于底坡较大，其洪水波接近于运动波。

（2）扩散波的运动特性。已知运动波的运动方程为

$$Q=K\sqrt{i_0-\frac{\partial h}{\partial L}}=K\sqrt{i_0}\sqrt{1-\frac{1}{i_0}\frac{\partial h}{\partial L}}=Q_0\sqrt{1-\frac{1}{i_0}\frac{\partial h}{\partial L}}\tag{10-26}$$

它具有如下特性：因为波前上任意相位点沿流程 ΔL 有 $\Delta h=h_2-h_1<0$，根号内 $\partial h/\partial L$ 为负值，波后上任意相位点沿流程 ΔL 有 $\Delta h=h_2-h_1>0$，根号内 $\partial h/\partial L$ 为正值；故涨洪时 $Q>Q_0$，落洪时 $Q<Q_0$，断面水位-流量关系呈逆时针方向绳套曲线，如图10－4所示。

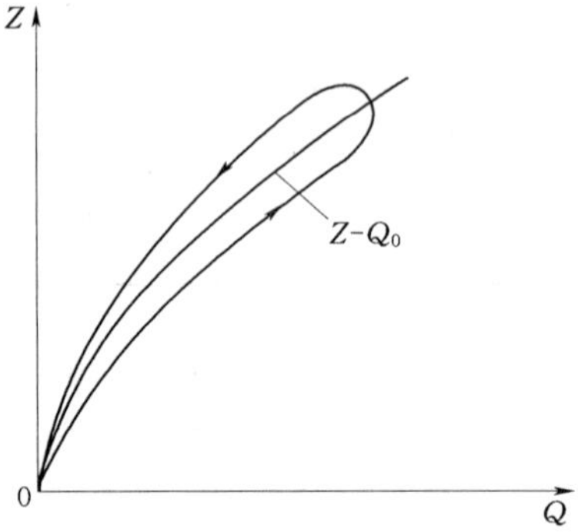

图 10－4　扩散波的水位-流量关系

设河槽为宽浅河槽，可以证明扩散波方程式（10－26）与下列微分方程组等价：

$$\begin{cases}\dfrac{\mathrm{d}L}{\mathrm{d}t}=C_K & (10-27)\\[2ex] \dfrac{\mathrm{d}Q}{\mathrm{d}t}=\mu\dfrac{\partial^2 Q}{\partial L^2} & (10-28)\end{cases}$$

式（10－27）是扩散波方程的特征线方程，表明扩散波总是以波速 C_K 向下游传播。式（10－28）是扩散波的特征方程。由于 $\mathrm{d}Q/\mathrm{d}t\neq 0$，所以沿着扩散波前进方向，相应流量将会发生变化。其变化程度取决于 μ 与 $\partial^2 Q/\partial L^2$ 两个因子。称 μ 为扩散系数，它与河槽特性、流量大小均有关系。当 $\mu=0$ 时，式（10－28）变为运动波方程。可见，运动波实际上是扩散波的一个特例。

在宽浅矩形河道情况下，扩散波的波速与运动波的波速相同。一般河流的洪水波大多接近于扩散波。

（3）惯性波的运动特性。已知惯性波的运动方程为

$$\frac{1}{g}\frac{\partial V}{\partial t}+\frac{V}{g}\frac{\partial V}{\partial L}+\frac{\partial h}{\partial L}=0 \tag{10-29}$$

由式（10－29）可知，惯性波是由惯性力起主要作用的洪水波。对于水面宽阔及水深很大的水库，通常河底比降 i_0 和摩阻比降 i_f 都很小，因而入库的洪水波接近于惯性波。惯性波没有阻力项，波峰没有衰减。但其波形在传播过程中仍可能有变形，这与运动波相似。

（4）动力波的运动特性。平原河道的洪水波接近于动力波。动力波的运动特性比较复杂，其讨论可参见有关文献。

2. 洪水波的波速公式

波速是洪水波运动的重要物理量，洪水波的运动要素 Q 是时间 t 和流程 L 的函数，即 $Q=f(L, t)$。对流量全微分可得

$$\mathrm{d}Q=\frac{\partial Q}{\partial t}\mathrm{d}t+\frac{\partial Q}{\partial L}\mathrm{d}L \tag{10-30}$$

（1）运动波的波速公式。运动波因其没有坦化现象，故流量不衰减，$\mathrm{d}Q=0$，由上式得

$$\frac{\partial Q}{\partial t}\mathrm{d}t+\frac{\partial Q}{\partial L}\mathrm{d}L=0 \rightarrow \frac{\mathrm{d}L}{\mathrm{d}t}=-\frac{\partial Q}{\partial t}\bigg/\frac{\partial Q}{\partial L} \tag{10-31}$$

对照式（10－22），我们证明了运动波波速公式为

$$C_K=\frac{\mathrm{d}L}{\mathrm{d}t}=\frac{\mathrm{d}Q}{\mathrm{d}A} \tag{10-32}$$

此式称为塞当公式。又 $Q=AV$，做全微分：

$$\mathrm{d}Q=V\mathrm{d}A+A\mathrm{d}V \rightarrow \frac{\mathrm{d}Q}{\mathrm{d}A}=V+A\frac{\mathrm{d}V}{\mathrm{d}A}$$

进一步写作：

$$\frac{\mathrm{d}Q}{\mathrm{d}A}=\left(1+\frac{A}{V}\frac{\mathrm{d}V}{\mathrm{d}A}\right)V=\eta V \tag{10-33}$$

η 称为波速系数，显然 $\eta>1$，即 $C_K=\eta V \rightarrow C_K>V$，说明运动波波速大于断面平均流速。波速系数 η 与断面形状、流速有关，当采用不同流速公式时，几种简单断面的 η 值见表 10－2。

表 10－2　　　　波速系数表

断　　面	曼宁公式 $V=\frac{1}{n}R^{2/3}i^{1/2}$	谢才公式 $V=C\sqrt{Ri}$
三角形	1.33	1.25
宽浅矩形	1.67	1.50
宽浅抛物线形	1.44	1.33

对一般的天然河道，可根据实测的流量-面积关系 $Q=f(A)$ 由式（10－32）直接计算断面处的波速。

（2）扩散波的波速公式。可以证明其波速公式形式与运动波相同，但推导比较繁琐，

在此从略。

(3) 惯性波的波速公式。设河槽为宽浅矩形，$A=hB$，$Q=hVB$，连续方程简化为

$$\frac{\partial h}{\partial t}+\frac{\partial (hV)}{\partial L}=0 \tag{10-34}$$

考虑到在微小河段 $\mathrm{d}V\approx \partial V$，$\mathrm{d}L\approx \partial L$，$\mathrm{d}h\approx \partial h$，$\mathrm{d}(hV)\approx \partial (hV)$，所以

$$\frac{\partial V}{\partial L}=\frac{\mathrm{d}V}{\mathrm{d}h}\frac{\partial h}{\partial L} \tag{10-35}$$

$$\frac{\partial V}{\partial t}=\frac{\mathrm{d}V}{\partial h}\frac{\partial h}{\partial t} \tag{10-36}$$

$$\frac{\partial (hV)}{\partial L}=\frac{\mathrm{d}(hV)}{\partial h}\frac{\partial h}{\partial L}=\left(V+h\frac{\mathrm{d}V}{\mathrm{d}h}\right)\frac{\partial h}{\partial L} \tag{10-37}$$

将式(10-35)～式(10-37)代入惯性波方程式(10-29)，化简后得

$$\frac{\mathrm{d}V}{\mathrm{d}h}=\pm\sqrt{\frac{g}{h}} \tag{10-38}$$

因 $h=h(L,t)$，做全微分，$\mathrm{d}h=\frac{\partial h}{\partial t}\mathrm{d}t+\frac{\partial h}{\partial L}\mathrm{d}L$，由前述知惯性波不衰减，即水深不变，$\mathrm{d}h=0$，即

$$\frac{\partial h}{\partial t}\mathrm{d}t+\frac{\partial h}{\partial L}\mathrm{d}L=0 \tag{10-39}$$

将式(10-38)、式(10-39)代入式(10-34)得

$$\frac{\mathrm{d}L}{\mathrm{d}t}=V+h\frac{\mathrm{d}V}{\mathrm{d}h} \tag{10-40}$$

把式(10-40)代入波速公式得

$$C_K=\frac{\mathrm{d}L}{\mathrm{d}t}=V+h\frac{\mathrm{d}V}{\mathrm{d}h}=V\pm\sqrt{gh} \tag{10-41}$$

此即惯性波波速公式，它表明惯性波有两个波速，一个指向下游，为主要波速，一个指向上游，为次要波速。

(4) 动力波的波速公式。由偏微分方程特征理论可推得动力波的波速公式为

$$C_K=\frac{\mathrm{d}L}{\mathrm{d}t}=\left(1+\frac{1}{Fr}\right)V \tag{10-42}$$

式中：Fr 为水流的弗劳德(Froude)数，$Fr=V/\sqrt{gh}$。

第三节 河段槽蓄原理和槽蓄方程

河流中洪水波运动形成不稳定流，河流洪水波一般属扩散波，可由方程

$$Q=Q_0\sqrt{1-\frac{1}{i_0}\frac{\partial h}{\partial L}} \tag{10-43}$$

描述。对一特定河段，在 $\mathrm{d}t$ 时段内其入流水量 $I(t)\mathrm{d}t$ 与出流水量 $Q(t)\mathrm{d}t$ 之差应等于河段的蓄水增量 $\mathrm{d}W(t)$，即

$$I(t)\mathrm{d}t - Q(t)\mathrm{d}t = \mathrm{d}W(t) \tag{10-44}$$

显然，水量平衡方程是水流的连续方程推广到整个河段的必然结果。从河段上下游流量过程线可看出（图 10－5），河段具有调蓄作用，涨洪时入流大于出流，部分入流水量暂存于河段中，落洪开始后不久，出流将大于入流，河段中蓄存的水量又陆续流出河段，水流最终将恢复到稳定流。

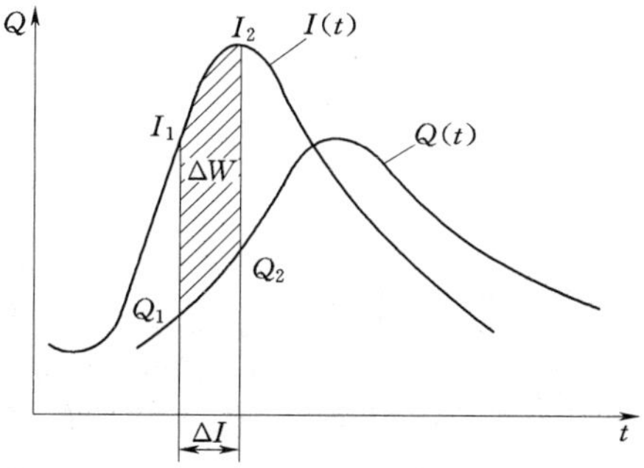

图 10－5 河段水量平衡示意图

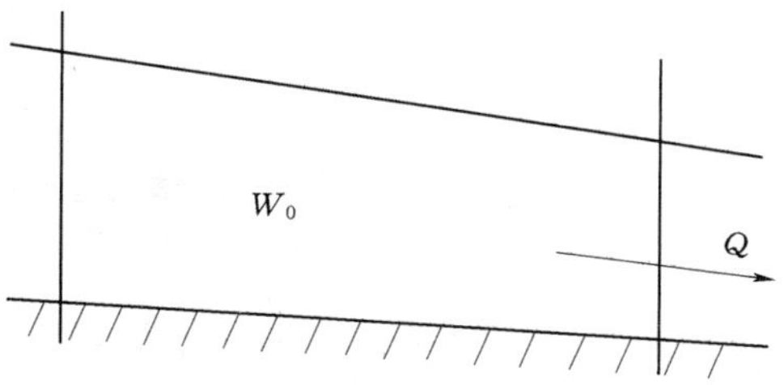

图 10－6 河段蓄量与出流量关系

设某时刻河段蓄水量为 $W(t)$，从河段水量平衡方程可知：

（1）稳定流时，河段蓄量只取决于稳定流流量 Q_0，因此

$$W(t) = W_0 = f(Q_0) \tag{10-45}$$

是单值函数关系。

（2）不稳定流时的河段蓄量是上断面入流量和下断面出流量的函数，即

$$W(t) = f[I(t), Q(t)] \tag{10-46}$$

上式称为河段槽蓄方程。由于对固定河段的某时刻 t，洪水波水面线具有确定的形状，此时刻的河段入流 $I(t)$ 与出流 $Q(t)$ 具有确定的对应关系，也即当 t 固定时，入流 $I(t)$ 可看作出流 $Q(t)$ 的函数。所以在固定时刻，也可只观察 $W(t)$ 与 $Q(t)$ 之间的关系，即只是考察河段蓄量与河段出流流量的关系：

$$W(t) = f[Q(t)] \tag{10-47}$$

这时称式（10－47）为河段的蓄泄方程，如图 10－6 所示。

为了解不稳定流时蓄泄方程的性质，对下断面某一时刻 t 出现的水位 $Z(t)$，考察洪水发生时，由于附加比降与稳定流比降的对比关系不同，河段蓄泄方程可能出现多种情况。由于具体河段不同，河段的蓄泄方程可能很复杂，比较简单的三种情况如下。

（1）洪水波经过河段时，出流断面在涨水阶段的任意 t 时刻，对应的河段蓄量总是大于同水位下落水阶段对应的蓄量，$W(t) = f[Q(t)]$ 关系为逆时针绳套曲线，如图 10－7 所示。

这种情况一般出现在河底比降 i_0 较大的山区河流长河段上，因为，由扩散波运动方程：

$$Q = Q_0\sqrt{1 - \frac{1}{i_0}\frac{\partial h}{\partial L}} \tag{10-48}$$

当 i_0 较大时，任何时刻 t，$\dfrac{1}{i_0}\dfrac{\partial h}{\partial L}$ 很小，河段出流流量 $Q(t)$ 与同水位 $Z(t)$ 下的稳定流流

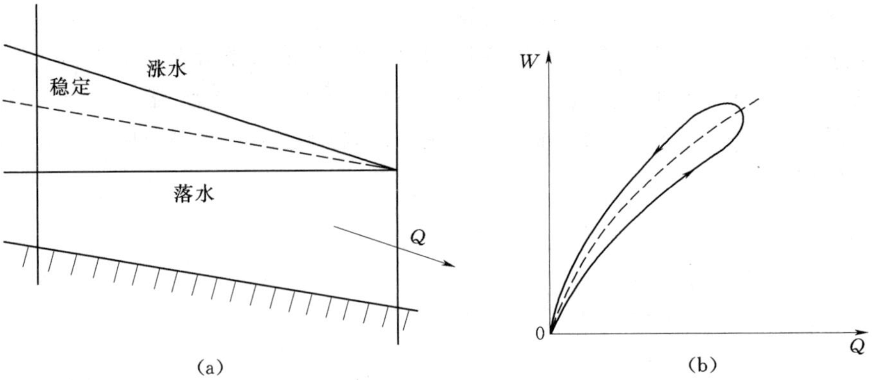

图 10-7　涨水时河段蓄量总是大于落水时的蓄量的蓄泄关系
(a) 河段水面线；(b) 河段蓄量与出流量的关系

量差别很小。假如忽略这个差别的话，则可知涨水阶段的任意时刻 t，由于河段较长，河段中的蓄量 $W(t)$ 增加较多，蓄量 $W(t)$ 总是大于同水位 $Z(t)$ 下的稳定流蓄量 W_0（图 10-7），涨水时的 $W(t)=f[Q(t)]$ 关系线总是位于稳定流蓄泄关系线 $W_0=f(Q_0)$ 的右边。同理，可分析河段洪水波在落水阶段的任意时刻 t 的蓄泄关系 $W(t)=f[Q(t)]$ 线，它一定位于 $W_0=f(Q_0)$ 曲线的左边。

(2) 洪水波经过河段时，出流断面在涨水阶段的任意 t 时刻，对应的河段蓄量总是小于同水位下落水阶段对应的蓄量，$W(t)= f[Q(t)]$ 关系为顺时针绳套曲线，如图 10-8 所示。

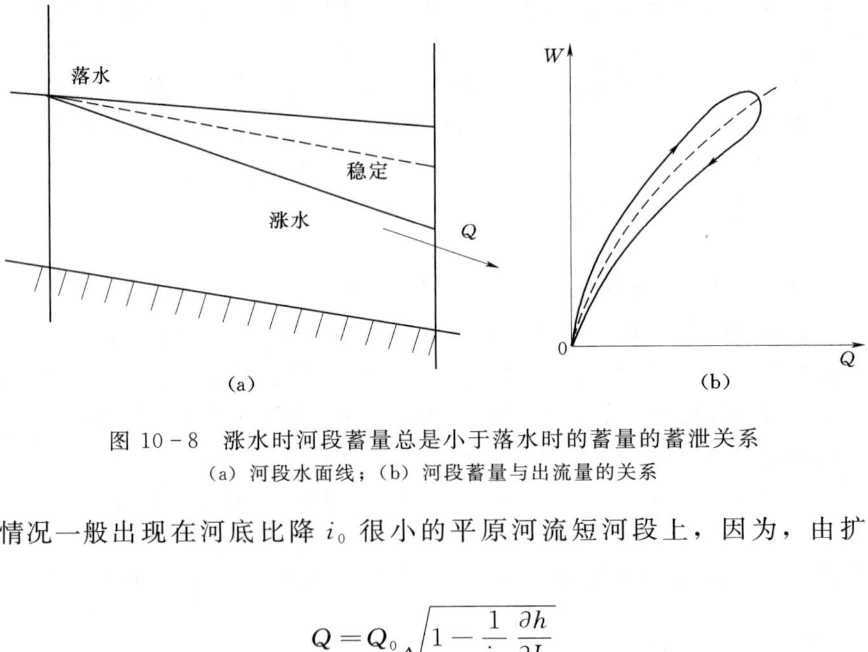

图 10-8　涨水时河段蓄量总是小于落水时的蓄量的蓄泄关系
(a) 河段水面线；(b) 河段蓄量与出流量的关系

这种情况一般出现在河底比降 i_0 很小的平原河流短河段上，因为，由扩散波运动方程：

$$Q=Q_0\sqrt{1-\frac{1}{i_0}\frac{\partial h}{\partial L}} \tag{10-49}$$

当 i_0 较小时，河段涨水阶段的任何时刻 t，$\dfrac{1}{i_0}\dfrac{\partial h}{\partial L}$ 为负且绝对值较大，涨水阶段河段出流流量 $Q(t)$ 大于同水位 $Z(t)$ 下的稳定流流量 Q_0，由于河段短，时刻 t 的蓄量 $W(t)$ 与同水位

$Z(t)$ 下的稳定流蓄量 W_0 比较，增加很小。假如忽略这个差别的话，则可知在涨水阶段的任意时刻 t，由于蓄量 $W(t)$ 与 W_0 无差异，而出流流量 $Q(t)$ 大于同水位的稳定流流量 Q_0（图 10-8），涨水阶段的 $W(t)=f[Q(t)]$ 关系线总是位于稳定流蓄泄关系线 $W_0=f(Q_0)$ 的左边。同理，注意到落水阶段的任意时刻，洪水波的附加比降为正，可分析河段洪水波在落水阶段的任意时刻 t 的蓄泄关系 $W(t)=f[Q(t)]$ 线，它一定位于 $W_0=f(Q_0)$ 曲线的右边。

（3）洪水波经过河段时，河段的 $W(t)=f[Q(t)]$ 关系为单一曲线，如图 10-9 所示。这种情况可发生在任何河流的特定长度的河段上。这个特定的河段长度称为该河流的特征河长。

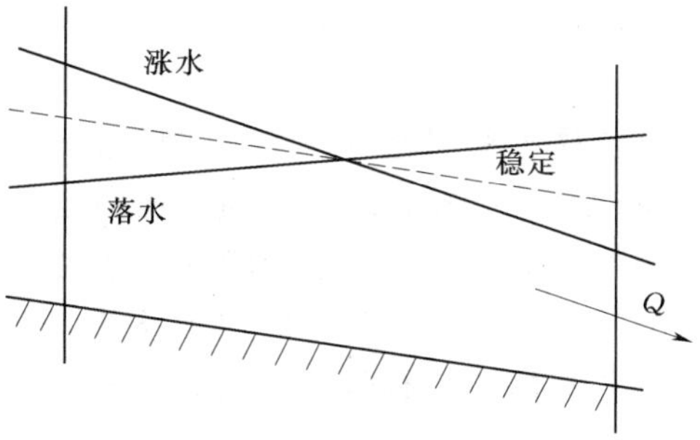

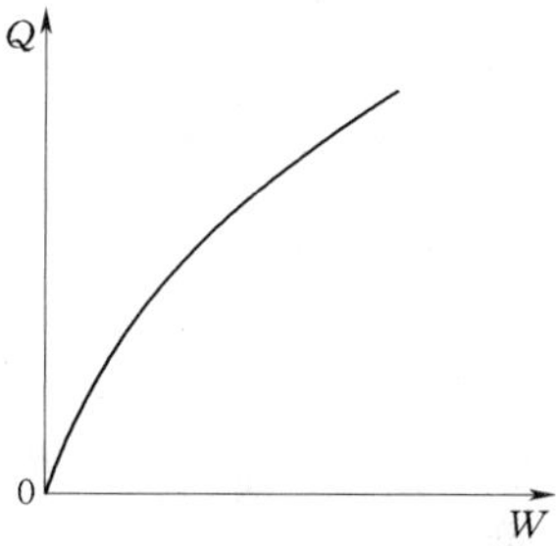

图 10-9　涨水时河段蓄量总是等于落水时的蓄量的蓄泄关系

（a）河段水面线；（b）河段蓄量与出流量的关系

前述两种情况均是在任意时刻 t，以河段下断面同一水位 $Z(t)$ 作为比较的基础，探讨河段蓄量 $W(t)$ 与河段出流流量 $Q(t)$ 的关系。但探讨河段蓄量与河段出流流量的关系不一定非要以河段下断面同一水位 $Z(t)$ 作为比较的基础。对于目前的情况，可以取河段中断面任意时刻 t 的水位 $Z_{中}(t)$ 作为比较的基础。具体分析见下节特征河长概念有关内容。

由上述 3 种简单情况的分析可知，河段的 $W(t)=f[Q(t)]$ 关系既与研究的河流河段的比降有关，又与河段的长度有关。对于所研究的具体河流的具体河段，$W(t)=f[Q(t)]$ 关系可能出现介于上述 3 种情况之间的复杂形态。例如，某些河段的 $W(t)=f[Q(t)]$ 关系可能呈不同的 8 字形，具体河段究竟呈现何种关系与河段的水力特性有关。

应用水文学方法进行河槽洪水演算时，实际上是用蓄泄方程（或槽蓄方程）代替洪水波运动方程，用水量平衡方程代替连续方程进行计算。由于多数情况下，蓄泄方程不是单值函数，因此，如何处理河槽蓄泄关系是一个关键性的问题，要求计算方法简便易行又要满足一定的精度。下节的洪水波特征河长演算法，实际上就是通过对河段的选择，使河段 $W(t)=f[Q(t)]$ 呈现简单单值关系，达到简化计算的目的。

第四节　洪水波的特征河长演算法

一、河槽洪水演算概述

1871 年，A. J. 圣维南成功地导出了明渠水流渐变非恒定流方程组，方程组至今仍是研究明渠非恒定流的基本理论公式。洪水演算的实质就是求解一维圣维南方程组式（10－2）与式（10－3），由于方程组的解析解在大多数具体问题中均无法求得，实践中常根据应用的目的和可能取得的研究河段的边界条件资料，采用简化的方法求解。圣维南方程组求解的算法就称为洪水演算，按演算的方法和途径，洪水演算可分为两大类：水力学演算方法和水文学演算方法。

1. 水力学演算方法

随着计算机运算速度的提高，数学物理方程的数值解法得到日益广泛地应用，求解精度不断提高。过去许多不能得出解析解的方程，在采用数值解法后，大多数情况下都可以得出具有相当精度的近似解。作为水力学中最重要的数学物理方程之一，圣维南方程组的求解一直是水利科学工作者的重要研究课题。

为了简化方程组的求解，研究者常结合具体工程问题对圣维南方程组中的运动方程的各项做出一定取舍。例如，研究河槽洪水运动时，一般忽略局地惯性项和迁移惯性项，将洪水波看作扩散波求解。根据对运动方程中保留的项不同，水力学演算法又可分为运动波演算、扩散波演算、惯性波演算和动力波演算。结合具体问题的初始条件和边界条件，采用不同的数值模型，如显式差分模型、隐式差分模型、有限单元法等，形成了内容十分丰富的水力学洪水演算方法。这方面的内容，读者可阅读水力学教材及有关专著。

2. 水文学演算方法

水力学洪水演算方法，需要有准确的河道地形和河床观测数据，测量工作成本很高；同时计算工作量也十分巨大，当要求很快得到演算结果时，方法适用性一般不高。因此，水力学洪水演算方法一般只在需要深入研究问题时使用，研究的河段通常很短。水文学中研究洪水运动，面临的河段一般很长，同时要求很快获知演算结果。例如，河段洪水预报时，需要根据河段上断面出现的洪水过程很快演算出下断面的洪水过程，因此，水文学洪水演算方法在水文学中得到了广泛使用。水文学演算方法又可分为概化模型方法和经验相关方法两类方法。

概化模型方法的实质是用河段水量平衡方程和蓄泄方程近似代替圣维南方程组，根据河段水文资料进行计算。对实际河段的洪水波运动适当概化，可建立河段蓄泄方程，从而可建立起演算模型。根据建立蓄泄方程的方法不同，概化模型方法又有特征河长法、马斯京根法、非线性槽蓄曲线法等方法。

经验相关法是根据河段实测入流和出流资料建立经验槽蓄曲线，与水量平衡方程联立，通过图解进行洪水演进，如水库调洪半图解法。

本书通过洪水波的特征河长演算方法介绍水文学处理洪水演算的思路和特点，其他方法参见水文预报书籍和相关文献。

二、特征河长的分析和计算

洪水波的特征河长演算法是一种水文学方法，它的基本思想是选择一定的河段长度，使在该河段上的蓄泄关系是单值关系，或近似单值关系。河流的特征河长就是满足这样条件的河流的特征长度。河流的特征河长一般是比较稳定的，含义是在河流相当长的范围内，只要其河道特性，如河底比降、断面形态、糙率等变化不太大，其特征河长值变动范围很小。例如河流的上、中、下游特征河长值明显不同，但同一范围内，如中游不同河流长度上的特征河长值变化不大。粗略地说，河流某一河长范围内的特征河长平均值是该河长范围内的一个水力特征值。

1. 特征河长的概念

取一河段考察，如图 10－10 所示。河段中任意断面的流量是水位（或水深）和比降的函数，$Q=Q(Z,\ i)$。假定水面线呈直线变化，如果中断面的水位保持不变，则不论比降怎样变化，只要河段长度一定，河段中蓄量 W 均保持不变。现在考察中断面的水位与中断面下游各断面流量的关系。同一中断面水位，在下游某一断面，涨洪时与稳定流比较，水面比降比稳定流时的水面比降大，导致下断面流量比稳定流时的流量大，其增大值在下游各断面上相同，记为 ΔQ。另一方面，由于下断面水深比稳定流水深小，导致下断面流量比稳定流流量小，其减小量为 $\Delta Q'$。显然，离中断面越远处的下断面，水深减小越多，其减小的 $\Delta Q'$越大；依次考察各下断面，必有一个断面，它因水面比降增大而导致的 ΔQ 与因水深减小而导致的 $\Delta Q'$相等。即在该位置处，中断面水位与下断面流量和河段蓄量均呈单值关系，而与水面比降无关。显然，河段蓄量与下断面流量也呈单值关系。因此，特征河长可定义为：使河段蓄量与下断面出流量呈单值关系的河段长度。

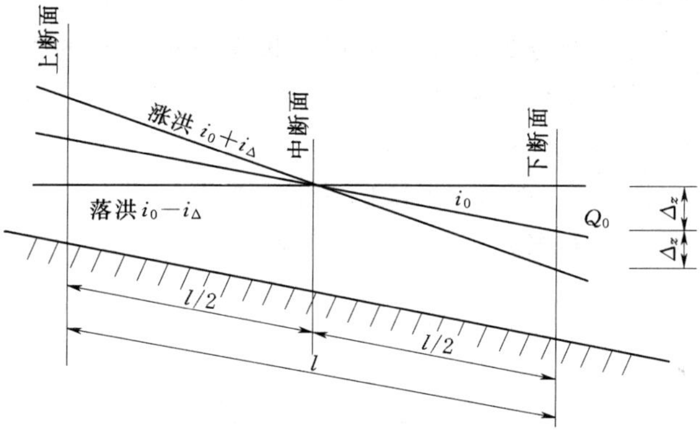

图 10－10　特征河长示意图

2. 特征河长的计算式

记 l 为特征河段长度，在中断面水位一定的条件下，由于比降的变化，一般而言下游各断面的流量发生了变化，对下断面 $Q=Q(Z,\ i)$ 做全微分，得

$$dQ=\frac{\partial Q}{\partial Z}dZ+\frac{\partial Q}{\partial i}di \qquad (10-50)$$

如果河段长度为特征河长，则下断面处有

$$dQ=0 \qquad (10-51)$$

由图 10－10 可知，下断面处的水位降低值为

$$dZ=-\frac{l}{2}di \qquad (10-52)$$

将式（10－51）和式（10－52）代入式（10－50）得

$$-\frac{l}{2}di\frac{\partial Q}{\partial Z}+\frac{\partial Q}{\partial i}di=0 \qquad (10-53)$$

由公式 $Q=K\sqrt{i}$，对 i 求偏导：

$$\frac{\partial Q}{\partial i}=\frac{K}{2\sqrt{i}}=\frac{Q}{2i} \tag{10-54}$$

代入式（10－53）后解出 l 得

$$l=\frac{Q}{i}\left(\frac{\partial Z}{\partial Q}\right) \tag{10-55}$$

此即特征河段长计算式，从公式中可知，l 与河段的水力要素流量、水面比降和水位均有关，实用中常用同水位的稳定流要素代替，即按下式计算 l：

$$l=\frac{Q_0}{i_0}\left(\frac{\partial Z}{\partial Q}\right)_0 \tag{10-56}$$

式（10－56）就是实用的计算特征河长的公式。在某一水位 Z，$(\partial Z/\partial Q)_0$ 可在稳定流水位流量关系曲线上取差分 $\Delta Z/\Delta Q$ 计算。

三、洪水波的线性特征河长演算

1. 河段汇流瞬时单位线

把演算河段按特征河长划分为 n 个子河段，根据特征河长的概念，其每个子河段的蓄量与子河段出流量为单值关系。如果假定这个关系为线性关系，即对第 j 个河段成立：

$$W_j=K_jQ_j \quad (j=1,\ 2,\ 3,\ \cdots,\ n) \tag{10-57}$$

这样的河段称为线性河段，K_j 称为该河段的蓄泄系数。

第 j 个子河段水量平衡方程为

$$I_j-Q_j=\frac{\mathrm{d}W_j}{\mathrm{d}t} \tag{10-58}$$

将式（10－58）代入式（10－57），得

$$I_j-Q_j=K_j\frac{\mathrm{d}Q_j}{\mathrm{d}t}\rightarrow K_j\frac{\mathrm{d}Q_j}{\mathrm{d}t}+Q_j=I_j \tag{10-59}$$

例如

第一个河段
$$K_1\frac{\mathrm{d}Q_1}{\mathrm{d}t}+Q_1=I_1 \tag{10-60}$$

第二个河段
$$K_2\frac{\mathrm{d}Q_2}{\mathrm{d}t}+Q_2=I_2 \tag{10-61}$$

注意到第一个河段的出流就是第二个河段的入流 $Q_1=I_2$，所以，有下式成立：

$$K_2\frac{\mathrm{d}Q_2}{\mathrm{d}t}+Q_2=Q_1 \tag{10-62}$$

类似推导可得第 j 个河段有

$$K_j\frac{\mathrm{d}Q_j}{\mathrm{d}t}+Q_j=Q_{j-1} \quad (j=1,\ 2,\ \cdots,\ n) \tag{10-63}$$

记第一个河段的入流 $I_1=I$，第 n 个河段的出流 $Q_n=Q$。上述 n 个一阶线性常微分方程联立，消去中间变量 Q_1，Q_2，$\cdots$，Q_{n-1} 得

$$Q+(K_1+K_2+\cdots+K_n)\frac{\mathrm{d}Q}{\mathrm{d}t}+(K_1K_2+K_1K_3+\cdots)\frac{\mathrm{d}^2Q}{\mathrm{d}t^2}+(K_1K_2K_3+K_1K_2K_4+\cdots)\frac{\mathrm{d}^3Q}{\mathrm{d}t^3}+\cdots+K_1K_2+\cdots+K_n\frac{\mathrm{d}^nQ}{\mathrm{d}t^n}=I \tag{10-64}$$

这是一个 n 阶线性常微分方程。如果各子河段水力特性相同，即有

$$K_1=K_2=K_3=\cdots=K_J=\cdots=K_n=K \tag{10-65}$$

则式（10－64）简化为

$$Q+nK\frac{\mathrm{d}Q}{\mathrm{d}t}+\frac{n(n-1)}{2!}K^2\frac{\mathrm{d}^2Q}{\mathrm{d}t^2}+\frac{n(n-1)(n-2)}{3!}K^3\frac{\mathrm{d}^3Q}{\mathrm{d}t^3}+\cdots+K^n\frac{\mathrm{d}^nQ}{\mathrm{d}t^n}=I \tag{10-66}$$

令上断面入流 I 为一瞬时单位入流 $\delta(t)$（又称单位瞬时脉冲），即 $t=0$ 时瞬间输入一个强度无穷大而积分总量为一个单位水量，其余时间无水量输入。则这个 $\delta(t)$ 函数在物理学中一般称为狄拉克函数：

$$\delta(t)=\infty,\ t=0$$
$$\delta(t)=0,\ t\neq 0$$
$$\int_{-\infty}^{\infty}\delta(t)\,\mathrm{d}t=1 \tag{10-67}$$

入流为 δ 函数的解，记在这种输入条件下的出流量 $Q(t)$ 为 $u(t)$，后面将证明这种入流情况的解为

$$u(t)=\frac{1}{K(n-1)!}\left(\frac{t}{K}\right)^{n-1}\mathrm{e}^{-\frac{t}{K}}=\frac{1}{K\Gamma(n)}\left(\frac{t}{K}\right)^{n-1}\mathrm{e}^{-\frac{t}{K}} \tag{10-68}$$

式（10－68）称为河段汇流瞬时单位线。按定义，它是指演算河段入流断面输入为单位瞬时脉冲时，河段出流断面的出流过程。式中 n 为河段分段数，K 的意义分析如下：在演算河段中任意取一长为 ΔL 的河段，当 t 时的上断面流量经时间 Δt 传播至下断面位置处时，河段中的蓄量 ΔW 刚好移出河段 ΔL，由于时间不长，可忽略出流 Q 的变化，则由

$$\Delta W=KQ\rightarrow K=\Delta W/Q \tag{10-69}$$

可知，K 近似为在 ΔL 河段，洪水波相应流量从上断面传播到下断面的时间，上述意义推广至子河段，就可知 K 近似为洪水波在子河段的传播时间，K 的物理意义解释如图 10－11 所示。

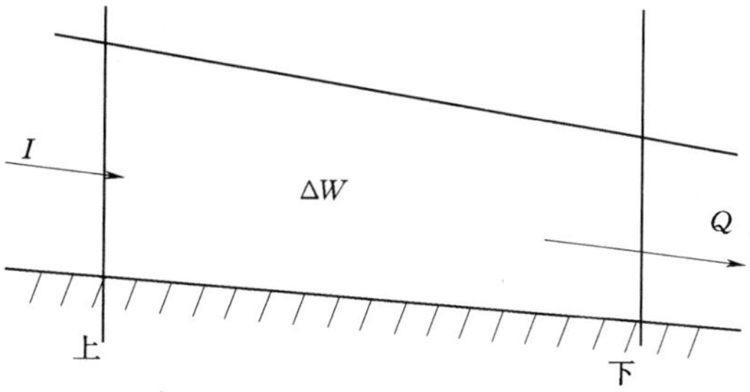

图 10－11　K 的物理意义解释示意图

2. 几种简单入流的出流过程

可以证明时间 $0\leqslant\tau<\infty$ 时，任意的上断面入流过程 $I(\tau)$，在下断面 $\tau=t$ 时刻的出流量可以表示为

$$Q(t)=\int_0^t u(\tau)I(t-\tau)\mathrm{d}\tau=\int_0^t\frac{1}{K\Gamma(n)}\left(\frac{\tau}{K}\right)^{(n-1)}\mathrm{e}^{-\frac{t}{K}}I(t-\tau)\mathrm{d}\tau \tag{10-70}$$

此式推导需要用到线性系统理论，本书后面将做详细推导，在此暂时略过。现在以式（10－70）作基础，研究几种简单入流情况引起的出流量计算。首先定义如下的入流函数。

（1）单位入流。指入流在 $[0,\infty)$ 始终维持一个单位强度（例如一个流量），其他时间为零的入流过程，如图 10－12（a）所示。

（2）延迟单位入流。指入流在 $[\Delta t,\infty)$ 始终维持一个单位强度（例如一个流量），其他时间为零的入流过程，如图 10－12（b）所示。

（3）单位矩形入流。指入流在 $[0,\Delta t]$ 始终维持一个单位强度（例如一个流量），其他时间为零的入流过程，如图 10－12（c）所示。

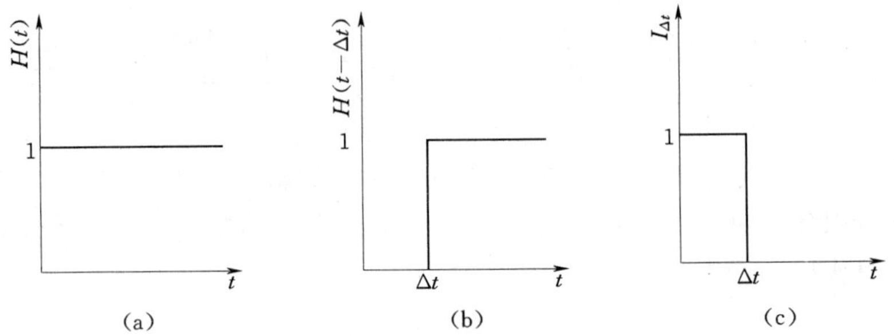

图 10－12　入流函数示意图

（a）单位入流；（b）延迟单位入流；（c）单位矩形入流

3 种入流的数学表达式如下。

（1）单位入流：

$$H(t)=\begin{cases}0 & (t<0)\\ 1 & (t\geqslant 0)\end{cases} \tag{10-71}$$

（2）延迟单位入流：

$$H(t-\Delta t)=\begin{cases}0 & (t<\Delta t)\\ 0 & (t\geqslant \Delta t)\end{cases} \tag{10-72}$$

（3）矩形单位入流：

$$I_{\Delta t}=\begin{cases}0 & (t<0)\\ 1 & (0\leqslant t\leqslant \Delta t)\\ 0 & (t>\Delta t)\end{cases} \tag{10-73}$$

显然有 $I_{\Delta t}=H(t)-H(t-\Delta t)$。

（1）单位入流的出流过程 $S(t)$。在式（10－70）中令 $I(t)=H(t)$，则有

$$S(t)=\int_0^t u(\tau)H(t-\tau)\mathrm{d}\tau \tag{10-74}$$

注意到 τ 从 0 变到 t 时，$H(t-\tau)=1$，故有

$$S(t)=\int_0^t \frac{1}{K\Gamma(n)}\left(\frac{\tau}{K}\right)^{n-1}\mathrm{e}^{-\frac{\tau}{K}}\mathrm{d}\tau$$

$$=\int_0^t \frac{1}{\Gamma(n)}\left(\frac{t}{K}\right)^{n-1}\mathrm{e}^{-\frac{\tau}{K}}\mathrm{d}\left(\frac{\tau}{K}\right) \tag{10-75}$$

上式积分值为单位入流引起的出流过程，通常称为 S 曲线。显然 $t\to\infty$，则 $S(\infty)=1$，其图形如图 10－13 所示的 $S(t)$ 线。上述积分是以 n 和 K 为参数的积分式，对不同的 n 和 K，水文水资源部门已经将积分制成 S 曲线表，供生产和科研使用。

（2）延迟单位入流的出流过程 $S(t-\Delta t)$。

在式（10－70）中令 $I(t)=H(t-\Delta t)$ 与单位入流相比，因为入流延迟了一个 Δt 时间，所以出流也延迟一个 Δt 时间，即

$$S(t-\Delta t)=\int_0^t u(\tau)H(t-\tau-\Delta t)\mathrm{d}\tau \tag{10-76}$$

出流过程如图 10－13 所示的 $S(t-\Delta t)$ 线。

（3）单位矩形入流的出流过程 $Q_{\Delta t}$。在式（10－72）中，令 $I(t)=I_{\Delta t}$，有

$$Q_{\Delta t}=\int_0^t u(\tau)I_{\Delta t}\mathrm{d}\tau=\int_0^t u(\tau)[H(t-\tau)-H(t-\Delta t-\tau)]\mathrm{d}t=S(t)-S(t-\Delta t) \tag{10-77}$$

可见，单位矩形入流的出流过程是图 10－13 中 $S(t)$ 曲线和 $S(t-\Delta t)$ 曲线的纵坐标之差，如图中的阴影部分。如果入流是 $2I_{\Delta t}$，则很容易就看出其出流是 $2[S(t)-S(t-\Delta t)]$。

3. 任意入流的出流过程

对任意的入流，可以用一系列底宽为 Δt 的矩形入流去逼近，如图 10－14 所示。只要求出每个矩形入流的出流过程，将其叠加就可近似得到任意入流的出流过程。上述用一系列矩形面积逼近流量过程线与横标包围面积的手段，等价于用折线逼近流量过程线，数学上称为曲线的离散化。离散化的入流函数为一系列延迟矩形函数的叠加，虽然可以写出其数学表达式，并代入式（10－70）推出对应的出流表达式，但数学表达式非常烦琐。一般根据其意义计算不同时间发生的矩形入流所对应的出流，再错开时间叠加。

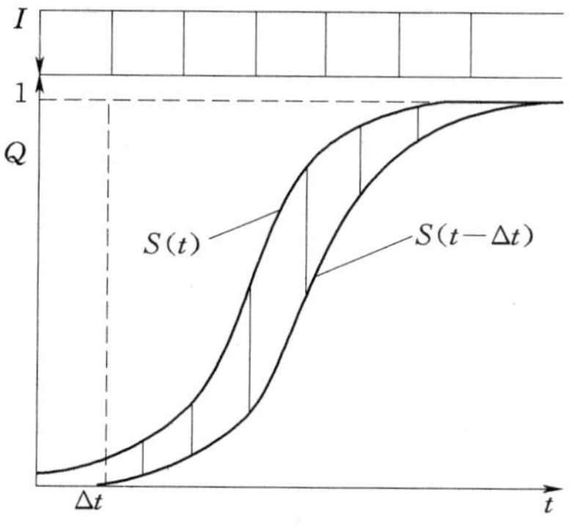

图 10－13　S 曲线与延迟 S 曲线意义示意图

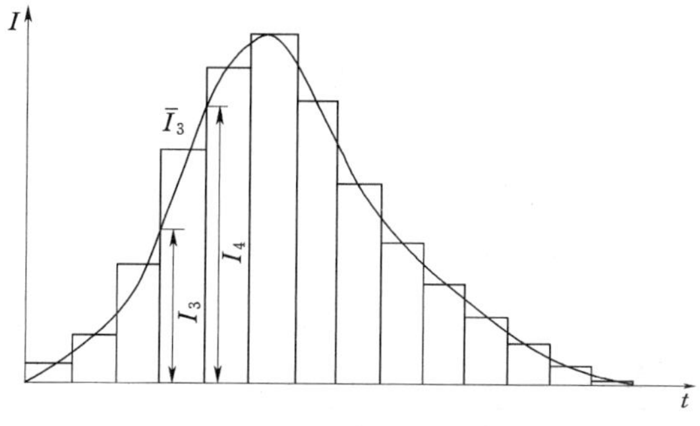

图 10－14　入流过程的离散化处理

4. 演算参数 n、K 的确定

若演算河段长为 L，利用演算河段上下游的水位流量关系曲线，按式（10－56）算出特征河长 l，则，$n=L/l$；如果全河段的洪水传播时间为 T，则洪水在每个特征子河段的传播时间 $K=T/n$。也可利用演算河段上下游的实测流速资料推求波速，再利用波速推求 K 值。方法如下：求出两断面的流速再平均得 $\overline{V}$，根据两断面形状确定波速系数 η，用 $C_K=\eta\overline{V}$ 算出洪水波波速。则洪水波相应流量在子河段的传播时间 $K=l/C_K$。

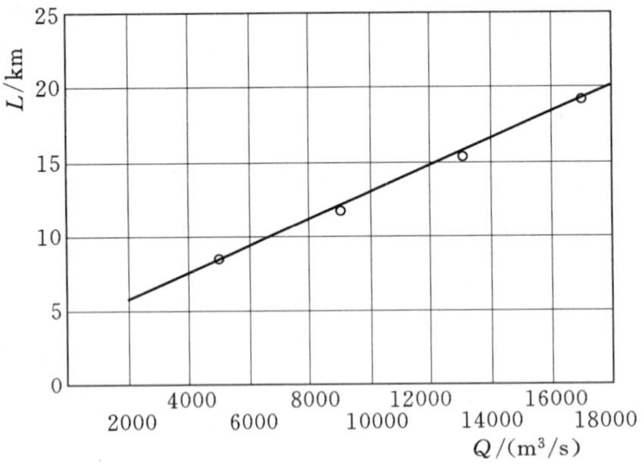

图 10－15 河段流量与特征河长关系

算例：某河段长 112km，1968 年 8 月的洪水，上游洪峰流量 $7150m^3/s$，下游洪峰流量 $6650m^3/s$；首先利用上下游稳定的水位流量关系曲线计算演算河段的特征河长，计算过程见表 10－3。从表中可看出，特征河长随流量（或水位）而变化，其关系如图 10－15 所示。其次计算本次洪水入流各时段平均流量过程（入流离散化处理），得平均最大入流 $6865m^3/s$，用该流量查图 10－15 就得到本次计算所需的特征河长值 $l=9.96$km；则 $n=L/l=11.245$，取 $n=11$。又从本次上、下游流量过程可知，全河段的洪峰传播时间为 $T=10$h，因此求得每个特征河长的洪峰传播时间为 $K=T/n=0.91$。根据 n 查 S 曲线表得河段汇流单位线，见表 10－4。S 曲线表是按 $m=t/K$ 列出汇流单位线（即 S 曲线）的对应值，使用时应将 m 转换为时间 t。根据生产任务要求及洪水特性选择计算时段 $\Delta t=3h$，将河段汇流单位线延后一个计算时段后相减，得到单位矩形入流的出流过程（通常称为汇流系数），见表 10－5。有了汇流系数即可按前述方法推流，计算过程见表 10－6。

表 10－3 **特征河长计算表**

Q /(m^3/s)	$H_上$ /m	$H_下$ /m	$i_0=\dfrac{H_上-H_下}{L}$	$\left(\dfrac{\Delta H}{\Delta Q}\right)_上$ /[m/($m^3\cdot s^{-1}$)]	$\left(\dfrac{\Delta H}{\Delta Q}\right)_下$ /[m/($m^3\cdot s^{-1}$)]	$\left(\dfrac{\overline{\Delta H}}{\Delta Q}\right)$ /[m/($m^3\cdot s^{-1}$)]	$\bar{i}_0$	$\overline{Q}$ /(m^3/s)	l /m
3000	90.78	47.16	0.389						
7000	93.06	50.1	0.384	0.57	0.735	0.653	0.387	5000	8.44
11000	94.81	52.35	0.379	0.437	0.561	0.499	0.381	9000	11.78
15000	96.38	54.3	0.376	0.392	0.488	0.44	0.377	13000	15.16
19000	97.85	56.18	0.372	0.368	0.47	0.419	0.374	17000	19.05

表 10－4 **S 曲线及 $t/K-t$ 时间转换表**

$m=t/K$	3	5	7	8	9	10	11	12	13	14	16	18	21	25
S/m	0	0.005	0.053	0.112	0.197	0.303	0.421	0.538	0.647	0.74	0.873	0.945	0.987	0.999
$t=mK$	2.73	4.35	6.37	7.28	8.19	9.10	10.01	10.92	11.83	12.74	14.56	16.38	19.11	22.75

表 10-5　　单位矩形入流汇流系数 P 计算表

t	0	3	6	9	12	15	18	21	24
$S(t)$	0	0	0.037	0.291	0.666	0.895	0.976	0.996	1.00
$S(t-3)$	0	0	0.00	0.037	0.291	0.666	0.895	0.976	0.996
P	0	0	0.037	0.254	0.375	0.23	0.081	0.02	0.004

表 10-6　　特征河长分段连续演算推流表

日	时	入流流量/(m³/s)	平均入流/(m³/s)	汇流系数 P	部分出流/(m³/s) 0.037	0.254	0.375	0.23	0.081	0.02	0.004	计算流量/(m³/s)	实测流量/(m³/s)
17	11	1950	1950	0	72.2	495	731	449	158	39.0	7.8	1950	2050
	14	2200	2075	0.037	76.8	495	731	449	158	39.0	7.8	1960	2050
	17	2470	2335	0.254	86.4	527	731	449	158	39.0	7.8	2000	2050
	20	3340	2905	0.375	107.5	593.1	778.1	449	158	39.0	7.8	2130	2150
	23	6350	4845	0.23	179.3	737.9	875.6	477.3	158	39.0	7.8	2480	2350
18	2	7150	6750	0.081	249.8	1230.6	1089.4	537	158	39.0	7.8	4610	3450
	5	6580	6865	0.02	254	1714.5	1816.9	668.2	189.1	41.5	7.8	4690	5710
	8	5710	6145	0.004	227.4	1743.7	2531.3	1114.3	235.3	46.7	8.3	5910	6650
	11	4820	5265	0	194.8	1560.8	2574.4	1552.5	392.4	58.1	9.3	6340	6400
	14	4300	4560	0	168.7	1337.3	2304.4	1579	546.8	96.9	11.6	6040	5900
	17	3980	4140	0	153.2	1158.2	1974.4	1413.3	556.1	135	19.4	5410	5250
	20	3700	3840	0	142.1	1051.6	1710	1211	497.7	137.3	27	4780	4710
	23	3450	3575	0	132.3	975.4	1552.5	1048.8	426.5	122.9	27.5	4290	4350
19	2	3200	3325	0	123	908.1	1440	952.2	369.4	105.3	24.6	3920	4000
	5	3000	3100	0	114.7	844.6	1340.6	883.2	335.3	91.2	21.1	3630	3700
	8	2750	2875	0	106.4	787.4	1246.9	822.3	311	82.8	18.2	3380	3400
	11	2550	2650	0	98.1	730.3	1162.5	764.8	289.6	76.8	16.6	3140	3200
	14	2400	2475	0	91.6	673.1	1078.1	713	269.3	71.5	15.4	2910	2980
	17	2300	2350	0	87	628.7	993.8	661.3	251.1	66.5	14.3	2700	2780
	20	2180	2240	0	82.9	596.9	928.1	609.5	232.9	62	13.3	2530	2570
	23	2100	2140	0	79.2	569	881.3	569.3	214.6	57.5	12.4	2380	2400
20	2	2000	2050	0	75.8	543.6	840	540.5	200.5	53	11.5	2260	2320
	5	1970	1985	0	73.4	520.7	802.5	515.2	190.4	49.5	10.6	2160	2210
	8	1900	1935	0	71.6	504.2	768.8	492.2	181.4	47	9.9	2080	2210

一个水库的蓄量 W 与水库的下泄流量 Q 的关系，若其仍满足线性关系：

$$W = KQ \tag{10-78}$$

则称为线性水库，这时 K 称为该水库的蓄泄系数。由此可见，上述具有 n 个子河段的演算河段也可以看做是 n 个串联的线性水库系统。

洪水演算的方法很多，本章仅介绍了其中的特征河长连续演算法，生产上使用较多的马斯京根法将在水文预报课程中介绍。洪水波的数值解法由于需要较多资料，在生产上应用不多，一般用于科研目的，有兴趣的读者可参阅其他文献。

思考题

1. 试分析洪水波坦化变形与扭曲变形的特点。

2. 利用河段水量平衡公式与河段上、下两断面的流量过程线，解释河段为何有调蓄洪水的作用。

3. 试分析特征河长河段所具有的特点。

4. 试分析河段典型蓄泄关系曲线为何有逆时针、顺时针、一一对应的表现形式。

5. 某河段长 147km ，已知河段在不同稳定流量值所对应下的上下游断面水位值（表 10－7）。

（1）试确定特征河长计算公式。

（2）计算平均稳定流量为 $850m^3/s$ 时所对应的特征河长。

表 10－7　　河段在不同稳定流量值所对应下的上下游断面水位值

稳定流流量 Q_0 /(m^3/s)	上游断面水位 $Z_{上0}$/m	下游断面水位 $Z_{下0}$/m	稳定流流量 Q_0 /(m^3/s)	上游断面水位 $Z_{上0}$/m	下游断面水位 $Z_{下0}$/m
500	61.89	37.53	900	62.48	38.38
600	62.03	37.76	1000	62.63	38.58
700	62.18	37.97	1100	62.77	38.77
800	62.33	38.18	1200	62.91	38.96

6. 已知某河段单位矩形入流的出流过程 $S(t)$，即 S 曲线值（表 10－8）。试利用下表计算该河段单位矩形入流的出流过程 $P(t)$，也就是河段的汇流系数。

表 10－8　　单位矩形入流的出流过程计算

时间/h	0	4	8	12	16	20	24	28	32	36	40
单位入流的出流过程 $S(t)$	0	0	0.162	0.462	0.812	0.912	0.982	1.000	1.000	1.000	1.000
延迟单位入流的出流过程 $S(t-4)$	/										
河段汇流系数 $P(t)$	/										

第十一章　流　域　汇　流

流域产流研究的是降雨过程转换为净雨过程的问题，流域汇流研究的是流域上的地面净雨、壤中流净雨和地下净雨转换为流域出口断面流量过程的问题。由于地面径流和快速壤中流汇流速度比较接近，且不易划分，实际工作中有时把两者合并后称为直接径流，其汇流特性视作与地面径流相同；同理，常把慢速壤中流与地下径流合并之后视作地下径流。本章只介绍地面径流（或直接径流）与地下径流的汇流计算原理。

第一节　概　　述

一、流域汇流计算途径

流域上降落的雨水经流域蓄渗、蒸发后形成流域坡面上的净雨，净雨从流域各处向流域出口断面汇集的过程称为流域汇流，包括坡地汇流和河网汇流两个阶段。净雨在坡地汇流过程中，有的沿着坡面注入河网成为地面径流；有的下渗后，在一定的下垫面条件下形成壤中流和地下径流再流入河网。地面径流流速较大且流程短，因而汇流时间较短；地下径流要通过土层中各种孔隙或岩石裂隙再汇入河网，所以比地面径流汇流速度小得多。因此，地下径流汇流时间总是比地面径流汇流时间长得多。壤中流则介于两者之间。各种水源的径流进入河网后，即开始河网汇流阶段。在这一阶段，各种水源的径流汇集在一起，从低一级河流汇入高一级河流，从上游到下游，最后汇集到流域出口断面。因此，这一阶段不同水源的径流在汇流时间上就不再存在差异。河网中水流的汇流速度比坡地大，但因汇流路径长，所以汇流时间也较长。上述两个汇流阶段，在实际降雨过程中并无截然的分界，而是交错进行的。不同流域各种水源比重不同，其洪水过程特性也有差异。

在水文学中，多数应用问题并不强求掌握水流在流域空间上和时程上变化的全部发展过程，实际所需要的是由降雨所形成的流域出口断面的流量过程。这种情况下，流域汇流的途径有两种，如图 11－1 所示。

（1）使用一条流域汇流曲线将地面净雨过程直接转换为流域出口断面的地面径流过程，壤中流和地下径流采用线性水库出流来模拟出口断面过程。

（2）忽略地面径流的坡地汇流过程，地面净雨直接进入河网，壤中流和地下径流采用线性水库出流来模拟坡地出流过程。所有水源进入河网后，使用河网汇流模型模拟出口断面流量过程。

当需要掌握水流在流域空间上和时程上变化的全部发展过程时，配合分布式产流计算，可采用分布式汇流模型。这部分内容在第十五章介绍。

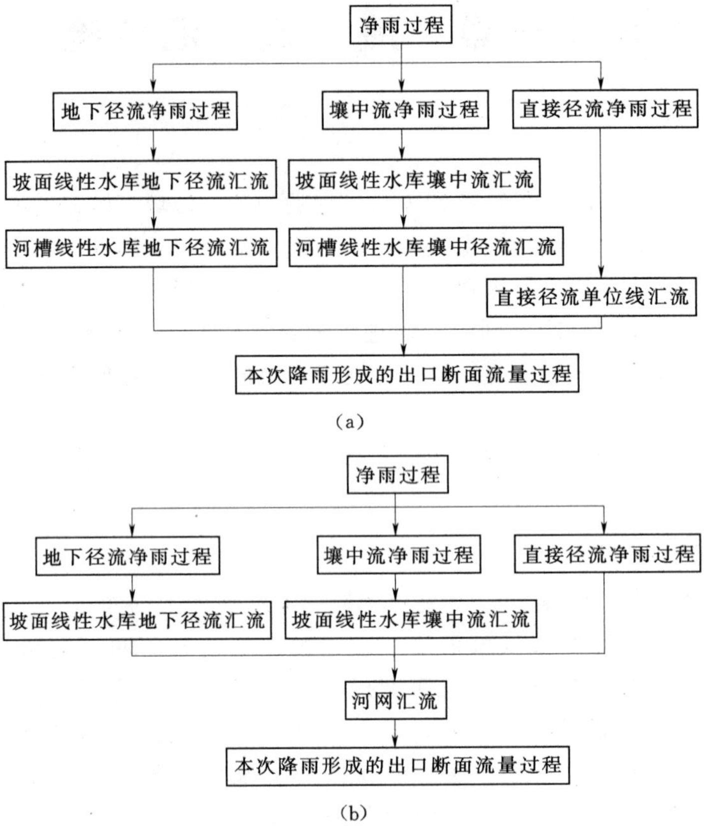

图 11-1 汇流计算框图

(a) 汇流计算途径一；(b) 汇流计算途径二

二、流域汇流时间

在汇流过程中，流域某一位置点的净雨到达流域出口断面的时间称为该位置点的汇流时间。地面径流汇流时间是坡面汇流时间和河网汇流时间之和，通常记为 τ。

在汇流分析中还经常用到以下概念。

(1) 流域最大汇流时间。流域内流程最长的净雨水质点到达出口断面所经历的时间 τ_m，可按下式估算：

$$\tau_m = \frac{L_m}{\overline{V}} \tag{11-1}$$

式中 L_m——自流域出口断面逆流而上至流域分水线的最远距离；

$\overline{V}$——流域干流的平均流速，可用稳定流时的断面流速估计。

(2) 流域平均汇流时间。流域内，各净雨水质点流达出口断面所经历的时间 τ 的平均值，即

$$\bar{\tau}=\frac{1}{A}\int_A \tau \mathrm{d}A(\tau) \qquad (11-2)$$

式中　$\mathrm{d}A(\tau)$——汇流时间为 τ 的微单元面积；

A——流域面积。

（3）流域滞时。净雨过程线形心与其相应的出口断面径流过程线形心之间的时间差称为流域滞时 t_K，如图 11-2 所示。

$$t_K=M(Q)-M(R) \qquad (11-3)$$

式中　$M(R)$——净雨过程线形心横坐标，t；

$M(Q)$——径流过程线形心横坐标，t。

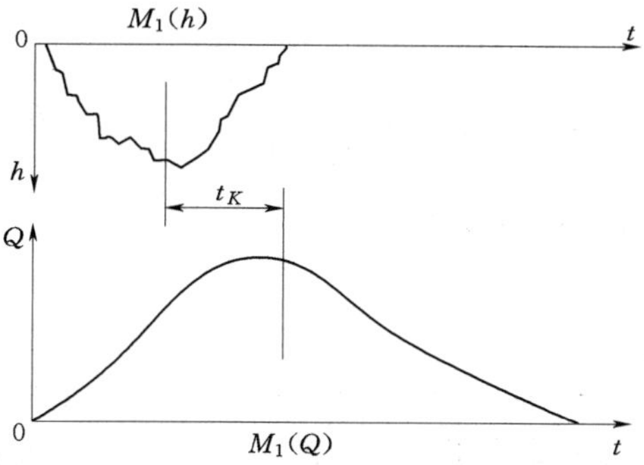

图 11-2　流域滞时示意图

第二节　地面径流成因公式

同一时刻在流域各处形成的地面净雨距流域出口断面有远有近，流速也不一定相同，所以不可能全部在同一时刻到达流域出口断面，距离流域出口断面较远和流速较慢的地面净雨到达流域出口断面的时间较迟。通常认为，净雨水质点在地面的流速比在河流中小，因此，离流域出口断面远，但处于坡脚，很快进入河槽的净雨水质点，可能比离出口断面近，但位于坡顶的净雨水质点，更早流达出口断面。如图 11-3 中的点 1，可能比点 2 更早到达出口断面。但是，同一时刻在流域各处形成的地面净雨质点中，一定有部分净雨质点可以同时流达出口断面，这些位置点的集合称为一个等流时面积。显然，等流时面积是分散位置点的集合，不是普通几何意义上的面积。

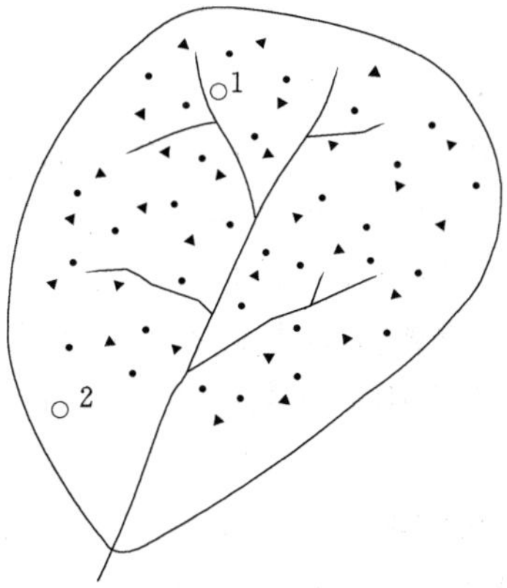

图 11-3　等流时面积分布示意图

记等流时面积上净雨质点的汇流时间为 τ，等流时面积记为 $\mathrm{d}F(\tau)$。$t-\tau$ 时刻，在等流时面积 $\mathrm{d}F(\tau)$ 上形成的地面净雨 $R(t-\tau)$，一定恰好在 t 时刻到达流域出口断面，所形成的出口断面地面径流量为

$$\mathrm{d}Q(t)=R(t-\tau)\mathrm{d}F(\tau) \qquad (11-4)$$

其物理意义为，距 t 时刻一个 τ 时间段之前的时刻 $t-\tau$ 降落的地面净雨，经过 τ 时间后，流达了出口断面，它们是流域出口断面 t 时刻流量 $Q(t)$ 的组成部分。对不同的 τ，满足式（11-4）的所有 $\mathrm{d}Q(t)$ 之和即为流域出口断面 t 时刻的流量 $Q(t)$。

$$Q(t)=\int_0^t \mathrm{d}Q(\tau)=\int_0^t R(t-\tau)\mathrm{d}F(\tau) \qquad (11-5)$$

等流时面积是汇流时间 τ 的函数，$\mathrm{d}F(\tau)=\left[\frac{\mathrm{d}F(\tau)}{\mathrm{d}\tau}\right]\mathrm{d}\tau$，代入上式得

$$Q(t)=\int_0^t \mathrm{d}Q(t)=\int_0^t R(t-\tau)\frac{\mathrm{d}F(\tau)}{\mathrm{d}\tau}\mathrm{d}\tau \quad (11-6)$$

上式称为地面径流成因公式。式中，$\frac{\mathrm{d}F(\tau)}{\mathrm{d}\tau}$ 称为流域汇流曲线，记 $\frac{\mathrm{d}F(\tau)}{\mathrm{d}\tau}=u(\tau)$，则式（11－6）可以写为

$$Q(t)=\int_0^t u(\tau)R(t-\tau)\mathrm{d}\tau \quad (11-7)$$

式（11－6）和式（11－7）也称为卷积公式。由这两式可知，流域出口断面的地面径流过程取决于流域内的产流过程和汇流曲线。净雨过程可以通过产流模型计算，因此，只要确定出流域汇流曲线，就可以推求流域出口断面的地面流量过程。实际工作中常用的流域汇流曲线有等流时线、经验单位线、瞬时单位线、地貌单位线等。

地面径流成因公式从理论上阐明了地面径流汇流的物理意义，暗示了各种单位线只不过是流域汇流曲线的不同近似。

第三节 流域汇流系统分析

用系统的观点研究水文现象已经成为水文水资源领域的重要途径。系统科学的内容十分丰富，本节结合水文现象对有关内容作一概要介绍。

一、系统概念及数学描述

将输入与输出联系起来的任何实在的或抽象的结构、装置或过程都可称为系统。系统的形式可以是多种多样的，它可以是某个仪器装置或线路结构，也可以是某种物理、化学过程。系统把输入与输出联系到一起，输入、输出可以是物质、能量或信息。输入、输出体现了某种因果关系，输入在系统的作用下转化为输出，或者说输出是系统对输入的响应。因此，输入、输出和系统作用是系统的 3 个要素。水文学中，研究系统的目的大多数情况下是为了预测输出。

依据系统概念，可以把流域汇流过程看作一个系统，它的输入是净雨过程，输出是流域出口断面的洪水过程，系统作用是流域对净雨的调蓄功能。流域出口断面的洪水过程可称为流域系统对净雨过程的响应，或简称流域响应。流域响应 $Q(t)$ 与净雨输入 $I(t)$ 之间的关系可表示为

$$Q(t)=\Phi[I(t)] \quad (11-8)$$

函数 Φ 代表系统的作用，从数学上看函数也是一种运算。

（1）线性系统与非线性系统。如果运算 $\Phi[I(t)]$ 满足叠加性和倍比性，则系统为线性系统，反之为非线性系统。

所谓叠加性是指，n 个输入 $I_i(t)$，（$i=1$，2，…，n）之和所产生的系统总响应等于每个输入所产生的响应的代数和，即

$$\sum_i^n Q_i(t)=\Phi\left[\sum_i^n I_i(t)\right] \quad (11-9)$$

叠加性意味着各输入所产生的响应之间互不干扰。

所谓倍比性是指，输入 $I(t)$ 扩大 n 倍，系统响应是原输入产生的响应的 n 倍，即

$$\Phi[nI(t)]=n\Phi[I(t)] \tag{11-10}$$

例如，$Q(t)=AI(t)$ 是线性系统，$Q(t)=AI(t)+C$ 是非线性系统。

物理世界的多数线性系统通常可用下述的 n 阶线性常微分方程描述：

$$\begin{aligned} &a_0Q(t)+a_1\frac{\mathrm{d}Q(t)}{\mathrm{d}t}+a_2\frac{\mathrm{d}^2Q(t)}{\mathrm{d}t^2}+a_3\frac{\mathrm{d}^3Q(t)}{\mathrm{d}t^3}+\cdots+a_n\frac{\mathrm{d}^nQ(t)}{\mathrm{d}t^n}\\ &=b_0I(t)+b_1\frac{\mathrm{d}I(t)}{\mathrm{d}t}+b_2\frac{\mathrm{d}^2I(t)}{\mathrm{d}t^2}++b_3\frac{\mathrm{d}^3I(t)}{\mathrm{d}t^3}+\cdots+b_m\frac{\mathrm{d}^mI(t)}{\mathrm{d}t^m} \end{aligned} \tag{11-11}$$

（2）时变与时不变系统。若上式的系数 $a_i(i=1,2,\cdots,n)$ 及 $b_i(i=1,2,\cdots,m)$ 中，至少有一个是时间 t 的函数，则称为时变系统，反之称为时不变系统。

（3）集总型和分散型系统。水文学中，当把全流域作为一个整体，采用一组参数进行汇流计算时，为集总型流域汇流系统。把流域按一定要求划分为若干块（称为子系统），以子系统作为汇流计算单元进行汇流分析计算，计算时各块的输入不同或参数不同，最后按一定方式汇总得到流域汇流过程，即为分散型流域汇流系统。

（4）分布式汇流系统。把流域按一定要求划分为若干网格单元，以网格单元作为汇流计算单元进行汇流分析计算，计算时各网格单元的输入不同或参数不同，最后按一定方式汇总得到流域汇流过程，即为分布式流域汇流系统。

这些类型可相互组合以确定流域汇流系统的特性。例如，集总型时变非线性流域汇流系统，分散型时不变线性流域汇流系统等。这里主要讨论线性时不变流域汇流系统。

研究流域汇流系统的目的在于由净雨输入预测流域的洪水出流过程。目前有 3 种求解途径：数学物理方法、黑箱分析方法和概念性模型方法。数学物理方法强调用数学方法描述特定的物理问题，例如用圣维南方程描述明渠不稳定流。黑箱分析方法忽略物理过程，仅依据已有的输入、输出资料去了解系统的特性。概念性模型则介于两者之间，它用一些简单的具有一定物理概念的单位（如水库、渠道等）组合而构成描述系统的模型。

二、线性时不变系统的卷积表达式

当式（11-11）中的各系数均为常数时，系统是线性时不变系统。这是一类最简单的系统，也是实际工作中用得最多的系统。所谓系统的卷积表达式是指联系输入、输出和单位脉冲响应的如下表达式：

$$Q(t)=\int_0^t u(t-\tau)I(\tau)\mathrm{d}\tau \tag{11-12}$$

式中，函数 $u(t)$ 称为系统的单位脉冲响应，或瞬时单位线、汇流曲线。其意义是系统输入为瞬时单位入流 δ（又称单位瞬时脉冲）时，系统对应的输出（或响应）。如果求得了系统的单位脉冲响应 $u(t)$ 函数，就可利用卷积表达式由输入过程推出输出过程，通过第十章第四节的学习，我们已经有了体会。

利用拉普拉斯变换，可以推出卷积表达式，推导过程要用到一些数学知识，为此，下面不加证明地列出有关内容。

1. 拉普拉斯变换的概念

称下列积分：

$$F(p)=\int_0^{\infty} e^{-pt}f(t)\mathrm{d}t \tag{11-13}$$

给出的函数 $F(p)$ 为函数 $f(t)$ 的拉普拉斯变换，简称拉氏变换。式中 $f(t)$ 是实变数 t 的函数，称为拉氏变换的原函数。p 为一复参变数，$F(p)$ 称为拉氏变换的象函数。常用记号 $L[f(t)]$ 表示拉氏变换 $F(p)$。

称下列积分：

$$f(t)=\int_0^{\infty} e^{-pt}F(p)\mathrm{d}p \tag{11-14}$$

为拉普拉斯逆变换，简称拉氏逆变换，常记为 $L^{-1}[f(t)]$。显然原函数的拉氏逆变换即为自身。

数学上已经将工程上使用的绝大多数函数制成拉普拉斯变换表，它可以不通过所定义的积分式解决由原函数求象函数，或由象函数求原函数的问题，表 11－1 列出了其中的几个函数。

表 11－1　　拉 氏 变 换 表

原函数	象函数	原函数	象函数
1	$\frac{1}{p}$	$\delta(t)$	1
t^n（n 为整数）	$\frac{n!}{p^{n+1}}$	$\sin(\omega t)$	$\frac{\omega}{p^2+\omega^2}$
$e^{\lambda t}$	$\frac{1}{p-\lambda}$	$\frac{1}{\Gamma(n)}t^{n-1}e^{-\lambda t}$（$n$ 为整数）	$\frac{1}{(p+\lambda)^n}$

2. 拉普拉斯变换的基本性质

（1）性质 1。设 $f_1(t)$ 和 $f_2(t)$ 是两个原函数，α 和 β 是任意实数或复数，则有

$$L[\alpha f_1(t)+\beta f_2(t)]=\alpha L[f_1(t)]+\beta L[f_2(t)] \tag{11-15}$$

（2）性质 2。设 $f(t)$ 是原函数且存在 n 阶导数 $f^{(n)}(t)$，则有

$$L[f^{(n)}(t)]=p^n\left\{L[f(t)]-\frac{f(0)}{p}-\frac{f'(0)}{p^2}-\cdots-\frac{f^{(n-1)}(0)}{p^n}\right\} \tag{11-16}$$

特别地，当原函数为零初始条件，即

$$f(0)=f'(0)=f^{(2)}(0)=\cdots=f^{(n-1)}(0)=0$$

时，式（11－17）成立：

$$L[f^{(n)}(t)]=p^nL[f(t)] \tag{11-17}$$

（3）性质 3。设 $f(t)$ 是原函数，则有

$$\frac{\mathrm{d}^n}{\mathrm{d}p^n}L[f(t)]=L[(-1)^nt^nf(t)] \tag{11-18}$$

（4）性质 4。设 $f(t)$ 是原函数，则有

$$L\left[\int_0^t f(t)\mathrm{d}t\right]=\frac{L[f(t)]}{p} \tag{11-19}$$

（5）拉氏变换的卷积定理。称如下积分：

$$f(t)=\int_0^t f_1(\tau)f_2(t-\tau)\mathrm{d}\tau \rightarrow \text{记为：} f(t)=f_1(t)*f_2(t) \tag{11-20}$$

为两个函数 $f_1(t)$ 和 $f_2(t)$ 的卷积，则有

$$L[f(t)]=L[f_1(t)*f_2(t)]=L[f_1(t)]L[f_2(t)] \tag{11-21}$$

式（11-21）表明，两个函数卷积的拉氏变换，等于两个函数分别的拉氏变换的乘积。

利用以上性质和定理可以求出线性时不变系统的卷积表达式。对时不变系统：

$$\begin{aligned}&a_0Q(t)+a_1\frac{\mathrm{d}Q(t)}{\mathrm{d}t}+a_2\frac{\mathrm{d}^2Q(t)}{\mathrm{d}t^2}+a_3\frac{\mathrm{d}^3Q(t)}{\mathrm{d}t^3}+\cdots+a_n\frac{\mathrm{d}^nQ(t)}{\mathrm{d}t^n}\\&=b_0I(t)+b_1\frac{\mathrm{d}I(t)}{\mathrm{d}t}+b_2\frac{\mathrm{d}^2I(t)}{\mathrm{d}t^2}+b_3\frac{\mathrm{d}^3I(t)}{\mathrm{d}t^3}+\cdots+b_m\frac{\mathrm{d}^mI(t)}{\mathrm{d}t^m}\end{aligned} \tag{11-22}$$

在零初始条件下：

$$I(0)=I'(0)=\cdots=I^{(m-1)}(0)=0$$

$$Q(0)=Q'(0)=\cdots=Q^{(m-1)}(0)=0$$

两边取拉氏变换，由拉氏变换性质（1）和性质（2）得

$$\begin{aligned}&a_0L[Q(t)]+a_1pL[Q(t)]+a_2p^2L[Q(t)]+\cdots+a_np^nL[Q(t)]\\&=b_0L[I(t)]+b_1pL[I(t)]+b_2p^2L[I(t)]+\cdots+b_mp^mL[I(t)]\end{aligned} \tag{11-23}$$

上式进一步写作：

$$L[Q(t)]=\frac{b_0+b_1p+b_2p^2+\cdots+b_mp^m}{a_0+a_1p+a_2p^2+\cdots+a_np^n}L[I(t)]=\frac{B(p)}{A(p)}L[I(t)] \tag{11-24}$$

有理函数 $B(p)/A(p)$ 可看作是某个原函数 $u(t)$ 的拉氏变换象函数，即

$$B(p)/A(p)=L[u(t)] \tag{11-25}$$

则有

$$L[Q(t)]=L[u(t)]L[I(t)] \tag{11-26}$$

按卷积定理就有 $L[Q(t)]=L[u(t)*I(t)]$，即

$$L[Q(t)]=L[\int_0^t u(\tau)I(t-\tau)\mathrm{d}\tau] \tag{11-27}$$

两边取拉氏逆变换就得到线性时不变系统的卷积表达式：

$$Q(t)=\int_0^t u(t)I(t-\tau)\mathrm{d}\tau \tag{11-28}$$

函数 $u(t)$ 称为系统的脉冲响应函数，水文上称之为瞬时单位线。由以上推导可知瞬时单位线完全取决于系统的参数 a_i，$i=0$，1，2，…，n；b_i，$i=0$，1，2，…，m。实际上，在式（11-28）中令输入为瞬时脉冲 $I(t)=\delta(t)$，由表 11-1 知 $L[\delta(t)]=1$，则系统的输出就是 $u(t)$，所以称函数 $u(t)$ 为系统的脉冲响应函数。

现在可以证明第十章第四节中的 n 个相同的线性水库串联系统（n 个相同长度的特征河长组成的河段洪水演算系统）：

$$Q+nK\frac{\mathrm{d}Q}{\mathrm{d}t}+\frac{n(n-1)}{2!}K^2\frac{\mathrm{d}^2Q}{\mathrm{d}t^2}+\frac{n(n-1)(n-2)}{3!}K^3\frac{\mathrm{d}^3Q}{\mathrm{d}t^3}+\cdots+K^n\frac{\mathrm{d}^nQ}{\mathrm{d}t^n}=I \tag{11-29}$$

其瞬时单位线式（10－63）。比较式（11－29）表达的具体系统与式（11－22）表达的一般系统，可知：

$$A(p)=1+nKp+\frac{n(n-1)}{2!}K^2p^2+\frac{n(n-1)(n-2)}{3!}K^3p^3+\cdots+K^np^n$$
$$=(1+Kp)^n$$
$$B(p)=1 \tag{11-30}$$

因此，$L[u(t)]=\frac{1}{(1+Kp)^n}$，两边取拉氏逆变换，得 $u(t)=L^{-1}\left[\frac{1}{(1+Kp)^n}\right]$

查拉氏变换表得

$$u(t)=\frac{1}{K\Gamma(n)}\left(\frac{t}{K}\right)^{n-1}\mathrm{e}^{-\frac{t}{K}} \tag{11-31}$$

证毕。

第四节 流域汇流计算方法

流域汇流计算方法很多，它们是不同时期的水文学者从不同角度提出的汇流计算方法；其中在生产实际或理论研究中广泛应用的代表性方法主要有：地面径流汇流的经验单位线法、瞬时单位线法；地下径流及壤中流汇流计算的线性水库演算法、河网汇流的变参数单位线法。

一、地面径流汇流的单位线法

1932 年谢尔曼（L. K. Sherman）通过对大量降雨径流数据的分析归纳后，提出了用于流域汇流计算的单位线法，单位线又称经验单位线或谢尔曼单位线。

1. 经验单位线的定义

在给定的流域上，单位时段内均匀分布的 1 单位的直接径流净雨量（或地面净雨量），在流域出口断面形成的直接径流（或地面径流）过程线，称为单位线，记为 *UH*。均匀分布的 1 单位的直接净雨量（或地面净雨量），记为 *UR*，一般取 10.0mm。

单位线如图 11－4 所示，它具有 3 个要素，分别是单位线的洪峰 q_m、单位线的洪峰滞时 T_p、单位线的底长 T。

单位净雨量一般取为 10mm，单位时段可取 1h、3h、6h、12h、24h 等，视流域大小而定。由于实际的净雨过程不一定正好是一个单位雨量和一个单位时段，所以，分析使用时有如下两条假定。

（1）如果单位时段内的净雨不是一个单位而是 n 个单位，则形成的流量过程线历时与 *UH* 相同，流量则为 *UH* 的 n 倍。

（2）如果净雨历时不是一个时段而是 m 个时段，则形成的出口断面流量过程是 m 个时段净雨形成的 m 个流量过程之线性和，如图 11－5 所示。

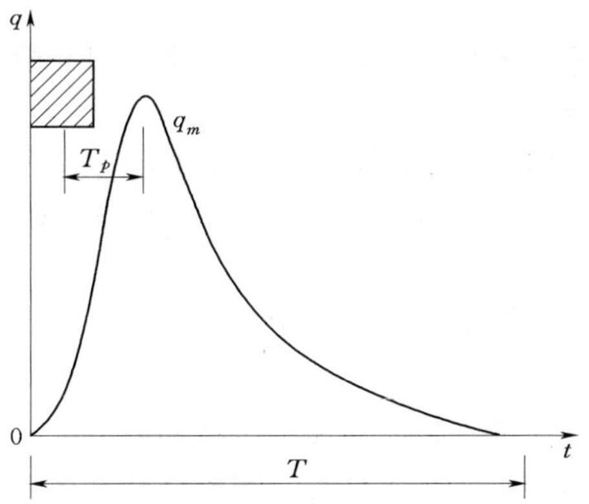

图 11-4　单位线示意图

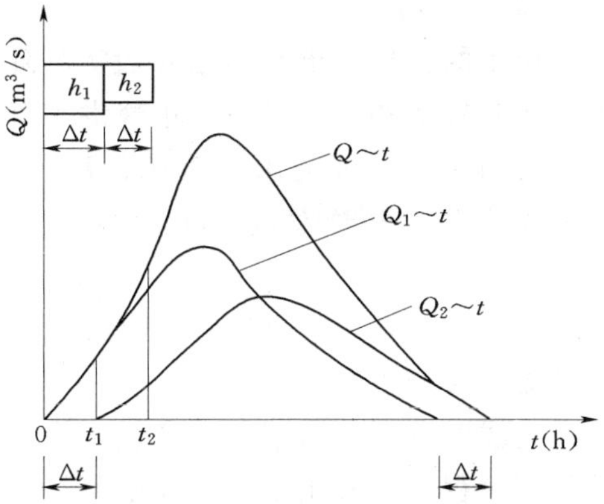

图 11-5　单位线推流示意图

2. 单位线推流计算

单位线推流计算是指已知单位线和地面径流（或直接径流）净雨过程，推求流域出口断面的流量过程。

设计算时段 $\Delta t=1$ 为单位时段，已知单位线在 $t=0$，1，2，…，n 时段的平均流量分别为 q_0，q_1，q_2，…，q_n；假设净雨过程为 R_1，R_2，…，R_m，总的推流时段为 $m+n-1$ 个 Δt 时段，则可推得出口断面的流量过程为

$$\left.\begin{aligned}&Q_0=q_0=0\\&Q_1=(R_1q_1)/UR\\&Q_2=(R_1q_2+R_2q_1)/UR\\&Q_3=(R_1q_3+R_2q_2+R_3q_1)/UR\\&\vdots\qquad\vdots\qquad\vdots\end{aligned}\right\}\tag{11-32}$$

算例：单位线推流计算示例（单位净雨量 10mm），见表 11-2。

表 11-2　　**单位线推流计算示例表**

时段 Δt	净雨量 /mm	单位线 /(m³/s)	部分出流/(m³/s)		出流流量 /(m³/s)
			22.0	7.5	
0	22	0	0		0
1	7.5	620	1360	0	1360
2		1650	3630	465	4100
3		4760	1670	1240	2910
4		360	790	570	1360
5		200	440	270	710
6		50	220	150	370
7		20	110	75	185
8		0	44	38	82
9			0	15	15
10				0	0

3. 单位线的分析

单位线的分析是指利用已知的实测降雨径流资料来反求单位线。一般选择时空分布较均匀、历时较短的降雨形成的单峰洪水资料予以分析。

在分析之前，要先求出直接径流的净雨过程和出口断面的直接径流流量过程。使用产流模型由降雨和蒸发过程可计算总的净雨过程，再经水源划分就得到直接径流净雨过程。

分析单位线常用的方法有试算法、分析法、最小二乘法等。本书只介绍分析法，其余方法参见水文预报书籍。

单位线的分析法过程与单位线的推流过程相反。推流是已知净雨过程和单位线，推求直接径流过程，通常用于洪水作业预报或径流模拟。单位线的分析过程是已知净雨过程和直接径流过程，分析出单位线。已知净雨过程和直接径流过程，利用式（11－32）逐次解出单位线的纵标即可。例如，已知 Q_1、R_1，利用式（11－32）的第一个算式，可推出 q_1；已知 Q_2、R_1、R_2，因 q_1 在前一步已经推出，利用式（11－32）的第二个算式，可推出 q_2；依此类推就能求出单位线的全部纵坐标。

由于产流模式推求的净雨含有误差，分析法求得的单位线不光滑，这与单位线的性质不符，必须人工修匀分析得到的单位线，并使其代表的水量等于单位净雨深。

二、地面径流汇流的瞬时单位线法

1957 年纳希（J. E. Nash）将系统方法引进水文学并首先用于流域汇流计算。他在系统理论的基础上提出了瞬时单位线，所以又称为纳希单位线。

瞬时单位线是指流域上分布均匀，历时趋于无穷小，强度趋于无穷大，总量为一个单位的直接净雨在流域出口断面形成的地面径流过程线。纳希假设流域对地面净雨的调蓄作用，可用一系列串联的线性水库的调节作用来模拟，如图 11－6 所示。

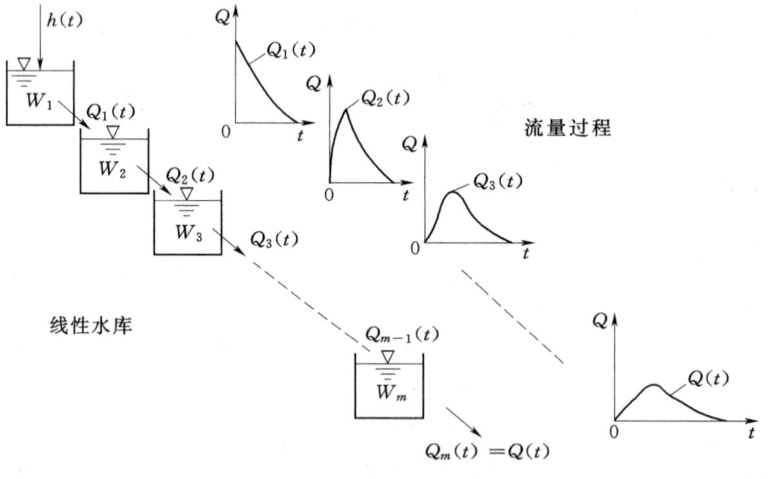

图 11－6　瞬时单位线模型示意图

设净雨过程为 $R(t)$，已知流域面积，则可将 $R(t)$ 用流量单位表示，它就是流域的入流量，相当于第 1 个水库的入流。记第一个水库的出流为 $Q_1(t)$，水库入流量与出流量

之差即为蓄水量的变率。由连续方程有

$$R(t)-Q_1(t)=\frac{dW_1}{dt} \tag{11-33}$$

又因为假设流域对地面净雨的调蓄作用为“线性水库”，故其蓄水量与出流量成正比，即

$$W_1=K_1Q_1(t) \tag{11-34}$$

式中　W_1——第一个水库的蓄水量；

K_1——第一个水库的蓄泄系数。

第一个水库的出流为第二个水库的入流，依此类推；所以这也是 n 个串联的线性水库系统。若再假定各水库蓄泄系数相同，则这个系统的数学方程形式与 n 个特征河长子河段构成的洪水演算系统相同，按系统理论，它们的脉冲响应或瞬时单位线的数学形式也相同，即都可表达为式（11－35）：

$$u(t)=\frac{1}{K\Gamma(n)}\left(\frac{t}{K}\right)^{n-1}e^{-\frac{t}{K}} \tag{11-35}$$

因此，推流步骤也与 n 个特征河长子河段构成的洪水演算系统相同，即都要通过 S 曲线转换为单位矩形入流后，再逐时段推流。尽管如此，两者在物理意义上是完全不同的。在河段洪水演算情况，式（11－35）中的 K 和 n 具有明确的物理意义，可以通过具体演算河段的水力要素分析；而在流域汇流情况下，K 和 n 没有明确的物理意义，只能采用系统方法，由实测的降雨径流资料分析。有鉴于此，前者称之为河段汇流单位线，后者称之为流域汇流瞬时单位线。

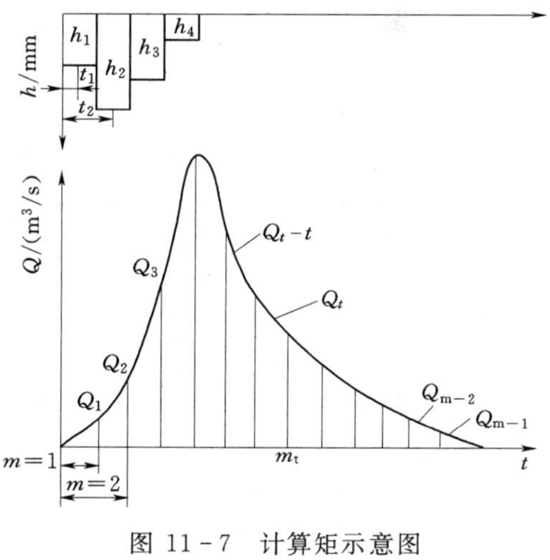

图 11－7　计算矩示意图

流域汇流瞬时单位线参数 K 和 n 的推求一般采用矩法，纳希在提出流域汇流瞬时单位线时就利用统计数学中矩的概念，如图 11－7 所示。推导出由实测净雨过程 $R(t)$ 和流域出口断面径流过程 $Q(t)$ 确定 n、K 的公式如下：

$$K=\frac{N_Q^{(2)}-N_R^{(2)}}{M_Q^{(1)}-M_R^{(1)}} \tag{11-36}$$

$$n=\frac{M_Q^{(1)}-M_R^{(1)}}{K} \tag{11-37}$$

式中　$M_Q^{(1)}$、$N_Q^{(2)}$——地面径流过程的一阶原点矩和二阶中心矩；

$M_R^{(1)}$、$N_R^{(2)}$——地面净雨过程的一阶原点矩和二阶中心矩。

原点矩、二阶中心矩用以下差分式计算：

$$M_R^{(1)}=\frac{\sum R_i t_i}{\sum R_i} \tag{11-38}$$

$$N_R^{(2)}=\frac{\sum R_i[t_i-M_R^{(1)}]^2}{\sum R_i} \tag{11-39}$$

$$M_Q^{(1)}=\frac{\sum Q_i t_i}{\sum Q_i} \tag{11-40}$$

$$N_Q^{(2)}=\frac{\sum Q_i[t_i-M_Q^{(1)}]^2}{\sum Q_i} \tag{11-41}$$

算例： 某流域面积为1846km²，8月2—10日净雨和流量资料见表11－3和表11－4，采用计算时段 $\Delta t=6\text{h}$，试用矩法计算瞬时单位线的参数值 n、K。

表11－3　　某流域一次净雨过程的一阶原点矩二阶中心矩计算示例

月	日	时	R_i	t_i	$R_i t_i$	$t_i-M_R^{(1)}$	$[t_i-M_R^{(1)}]^2$	$R_i[t_i-M_R^{(1)}]^2$
8	2	8						
		14	5.5	3	16.5	−10.3	106.1	583
		20	13.5	9	122	−4.3	18.5	250
	3	2	41.0	15	615	1.7	2.9	118
		8	5.8	21	122	7.7	59.3	344
$\sum$			65.8		875.5			1295

$$M_R^{(1)}=\frac{875.5}{65.8}=13.3\text{h},\qquad N_R^{(2)}=\frac{1295}{65.8}=19.7\text{h}^2$$

表11－4　　某流域一次地面径流过程的一阶原点矩二阶中心矩计算示例

月	日	时	Q	Q_i	t_i	$Q_i t_i$	$t_i-M_Q^{(1)}$	$[t_i-M_Q^{(1)}]^2$	$Q_i[t_i-M_Q^{(1)}]^2$
8	2	8	0						
		14	1.0	0.5	3	1.5	−57	3249	1620
		20	2.0	1.5	9	13.5	−51	2601	3900
	3	2	29.0	15.5	15	232	−45	2025	3140
		8	92.8	60.9	21	1280	−39	1521	92600
		14	229	161	27	4350	−33	1089	175000
		20	412	321	33	10600	−27	729	234000
	4	2	540	476	39	18600	−21	441	210000
		8	681	611	45	27400	−15	225	137000

续表

月	日	时	Q	Q_i	t_i	Q_it_i	$t_i-M_Q^{(1)}$	$[t_i-M_Q^{(1)}]^2$	$Q_i[t_i-M_Q^{(1)}]^2$
		14	753	717	51	36600	−9	81	58100
		20	687	720	57	41000	−3	9	6480
	5	2	578	633	63	39800	3	8	5700
		8	470	524	69	36200	9	81	42400
		14	359	414	75	31100	15	225	93200
		20	242	301	81	24300	21	441	133000
	6	2	175	209	87	18100	27	729	152000
		8	131	153	93	14200	33	1089	167000
		14	89.0	110	99	10900	39	1521	167000
		20	61.0	75.0	105	7870	45	2025	152000
	7	2	42.5	52.0	111	5770	51	2601	135000
		8	27.1	34.8	117	4070	57	3249	113000
		14	17.0	22.1	123	2720	63	3969	87800
		20	10.5	13.8	129	1780	69	4761	65700
	8	2	6.1	8.3	135	1120	75	5625	46700
		8	0	3.1	141	437	81	6561	20300
Σ				5637.5		338454			2330800

$$M_Q^{(1)}=\frac{338454}{5637.5}=60\text{h},\qquad N_Q^{(2)}=\frac{2330800}{5637.5}=413\text{h}^2$$

$$K=\frac{N_Q^{(2)}-N_R^{(2)}}{M_Q^{(1)}-M_R^{(1)}}=\frac{413-19.7}{60-13.3}=8.42\text{h}$$

$$n=\frac{M_Q^{(1)}-M_R^{(1)}}{K}=\frac{60-13.3}{8.42}=5.55$$

用矩法计算的 n、K 代入瞬时单位线公式后应用原资料还原检验，如达不到精度应作适当调整。此外，还可采用优选法确定 n、K。

三、地下径流的线性水库汇流演算

1. 线性水库及退水曲线

（1）线性水库的定义。t 时刻水库的出流流量与该时刻水库的蓄水量成正比的水库称为线性水库，表示为

$$Q_t=\lambda S_t \tag{11-42}$$

式中 Q_t——水库 t 时刻的出流流量，m^3/s；

S_t——水库 t 时刻的蓄量，m^3；

λ——水库的瞬时出流系数，1/s。

（2）线性水库退水曲线。线性水库无入流时的水量平衡方程为

$$-Q_t=\frac{dS_t}{dt} \tag{11-43}$$

将式（11-42）代入式（11-43）得到

$$\frac{dQ}{Q}=-\lambda dt \tag{11-44}$$

在 $[t_0, t]$ 上积分上式得

$$Q_t=Q_{t_0}e^{-\lambda(t-t_0)} \tag{11-45}$$

此式称为线性水库退水方程。

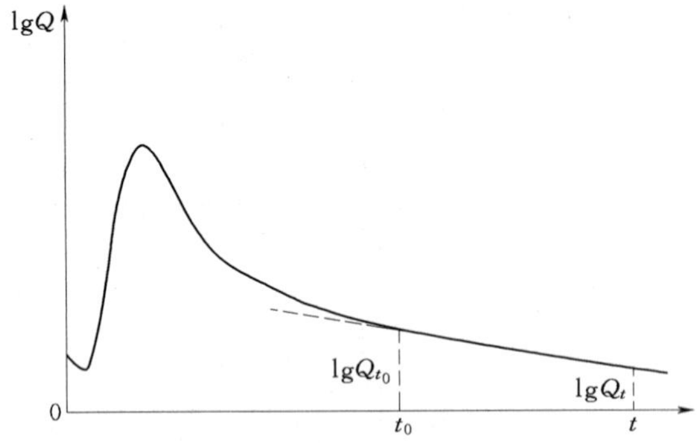

图 11-8 流域地下径流线性水库出流系数推求示意图

如果把流域地下径流视作一个线性水库出流，则利用流域退水资料可推求水库退水系数，如图 11-8 所示。式（11-45）两边取对数并解出 λ 得

$$\lg Q_t = \lg Q_{t_0} - \lambda(t-t_0)$$

$$\lambda = (\lg Q_0 - \lg Q_t)/(t-t_0) \tag{11-46}$$

2. 线性水库坡地汇流演算

线性水库的水量平衡方程为

$$I_t - Q_t = \frac{dS_t}{dt} \tag{11-47}$$

改写为差分式，得

$$\frac{1}{2}(I_{t+\Delta t}+I_t)-\frac{1}{2}(Q_{t+\Delta t}+Q_t)=\frac{\Delta S_t}{\Delta t}\rightarrow\frac{\Delta t}{2}(I_{t+\Delta t}+I_t)-\frac{\Delta t}{2}(Q_{t+\Delta t}+Q_t)=S_{t+\Delta t}-S_t \tag{11-48}$$

令 $K=1/\lambda$，显然 K 是时间，常取单位 h，应用时需要注意与 λ 之间的单位换算。现在改写式（11-42）为

$$KQ_t=S_t \tag{11-49}$$

将式（11-49）代入式（11-48）得到

$$\frac{\Delta t}{2}(I_{t+\Delta t}+I_t)-\frac{\Delta t}{2}(Q_{t+\Delta t}+Q_t)=KQ_{t+\Delta t}-KQ_t\Rightarrow$$

$$\left(\frac{I_{t+\Delta t}+I_t}{2}\right)\Delta t-\left(\frac{\Delta t}{2}+K\right)Q_{t+\Delta t}=\left(\frac{\Delta t}{2}-K\right)Q_t\Rightarrow$$

$$(K+0.5\Delta t)Q_{t+\Delta t}=\overline{I}_t\Delta t+(K-0.5\Delta t)Q_t \Rightarrow$$

$$Q_{t+\Delta t}=\frac{K-0.5\Delta t}{K+0.5\Delta t}Q_t+\frac{\Delta t}{K+0.5\Delta t}\overline{I}_t \tag{11-50}$$

令 $C_s=\frac{K-0.5\Delta t}{K+0.5\Delta t}$，注意 $1-\frac{K-0.5\Delta t}{K+0.5\Delta t}=\frac{\Delta t}{K+0.5\Delta t}$。

则式（11-50）可写作：

$$Q_{t+\Delta t}=C_sQ_t+(1-C_s)\overline{I}_t \tag{11-51}$$

将 Δt 时段内的地下径流净雨量 R_g（单位：mm）转换为 Δt 时段内的平均流量：

$$\overline{I}_t=R_gF/(3.6\Delta t) \rightarrow \overline{I}_t=R_gU \tag{11-52}$$

式中　U 为单位转换系数，$U=F/(3.6\Delta t)$；F 的单位为 km^2；Δt 的单位为 h。

地下径流的流态是渗流，坡地汇流时间远大于河网汇流时间，如果忽略河网汇流时间，利用式（11-52）就可以逐时段演算出地下径流净雨过程对应的流域出口断面地下径流流量过程。

四、河网汇流单位线

如果忽略直接径流的坡地汇流时间，直接径流直接注入河槽，地下径流经坡地汇流后注入河网。经河网汇流后得到流域出口断面地下径流流量过程。这就是本章第一节所述的第二种流域汇流途径。

流域出口断面以上的河网也可看作一个水库，如果看做是线性水库，则可推出如式（11-51）一样的公式形式，但应注意其意义完全不同。此时的 $\overline{I}_t$ 为时段 $[t, t+\Delta t]$ 内进入河网的平均入流流量，C_s 是综合反映河网水力特性与河网入流量的参数，Δt 是河网汇流时间。为了与地下径流汇流的线性水库演算公式相区别，将河网汇流单位线写作：

$$Q_{t+\tau}=C_sQ_t+(1-C_s)Q_{Z,t} \tag{11-53}$$

称 $Q_{Z,t}$ 为 t 时刻的河网总入流。由于河网总入流是随时间而变化的量，所以，C_s 是随时间而变化的时变参数。式（11-49）是赵人俊建立的河网汇流公式，他同时给出了 C_s 的计算式：

$$C_s=1-C_rQ_{Z,t}^{0.4} \tag{11-54}$$

式中，C_r 为反映流域河槽特性的系数，可由流域河网特征资料推算。一般很难获取流域河网特征资料，具体应用时可根据经验确定。

τ 是河网汇流时间，也是与河网总入流 $Q_{Z,t}$ 有关的时变参数，具体应用时可取为固定的计算时段 Δt。

第五节　分散流域汇流模型

在天然流域中，降雨的空间分布和时程分配一般都不均匀，导致了净雨的空间变化和时程变化；流域内各处的植被、土坡、地形和地质条件不完全相同，使得各处的地面径流、壤中流和地下径流各不相同，且流域各部分对净雨的调蓄作用也不相同。因此，实际流域汇流过程十分复杂。

例如，同一流域中的两次雨洪过程，其流域平均降雨量相同，但空间分布不同，所形成的流域出口断面洪水过程线差异较大，如图 11－9 所示。两次总雨量大致相当的暴雨过程，如果时程分配不同，洪水过程线也有差异，雨强大者洪峰高，地表径流所占比例大，如图 11－10 所示。

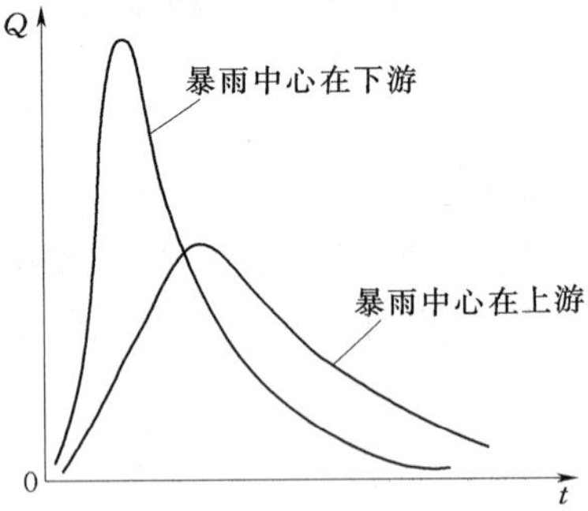

图 11－9　暴雨空间分布对汇流的影响示意图

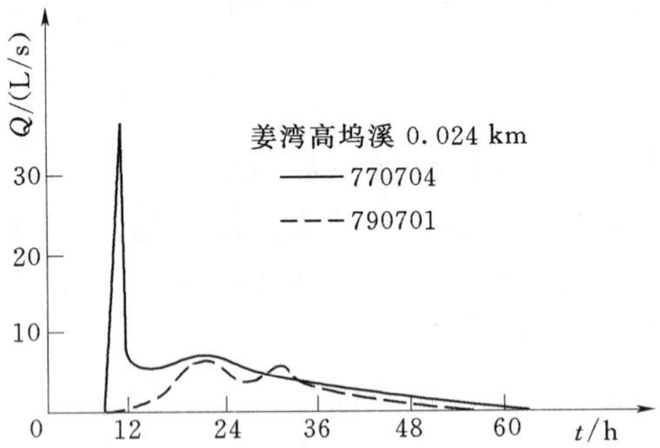

图 11－10　暴雨时程分配对汇流的影响示意图

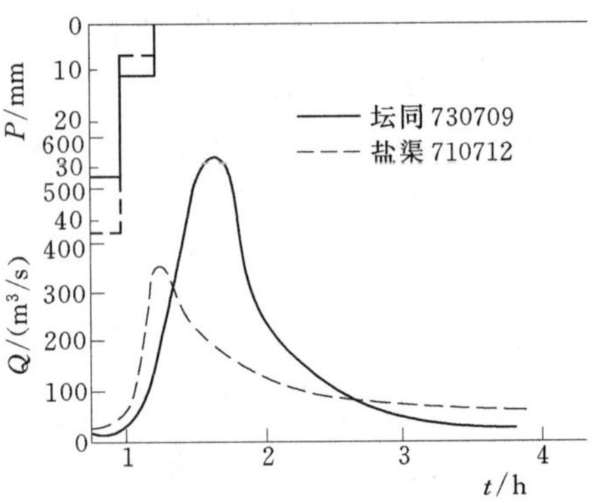

图 11－11　不同下垫面雨洪示意图

两个不同流域比较，地面透水性强者地面径流所占比例小，出口断面洪水过程较为矮胖，如图 11－11 所示。例如，坛同流域面积为 $1203km^2$，植被一般，下垫面为土质，盐渠流域面积为 $1072km^2$，植被也一般，下垫面以石灰岩为主，有裂隙溶洞；两次总量大致相当的降雨所形成的洪水中，前者的地下径流（不含壤中流）占 17.4％，而后者却达 43.1％。

显然，把全流域作为一个整体，采用前节所述汇流分析途径进行模拟是难以处理流域内净雨的空间变化和时程变化，也不能处理各部分的水源成分调蓄作用的差异。

分散流域汇流模型把流域划分为若干块，各块称为子流域或单元，如图 11－12 所示。按前述方法求每一子流域各自的出口流量过程，再通过河槽洪水演算方法，把各子流域的出口流量过程演算至研究流域出口断面叠加，最后得到研究流域的流量过程。显然，分块越多，单元面积越小，就越接近实际降雨和净雨分布情况，汇流过程的模拟也就越准确。

在划分单元时，注意使各单元内的植被、土壤、地形及地质等条件尽可能一致。分散流域汇流模型有各种形式，单元可按雨量站控制面积划分，或天然小流域划分。各单元内汇流计算及各单元流量向流域出口断面的汇流演算可采用不同的线性演算方法。

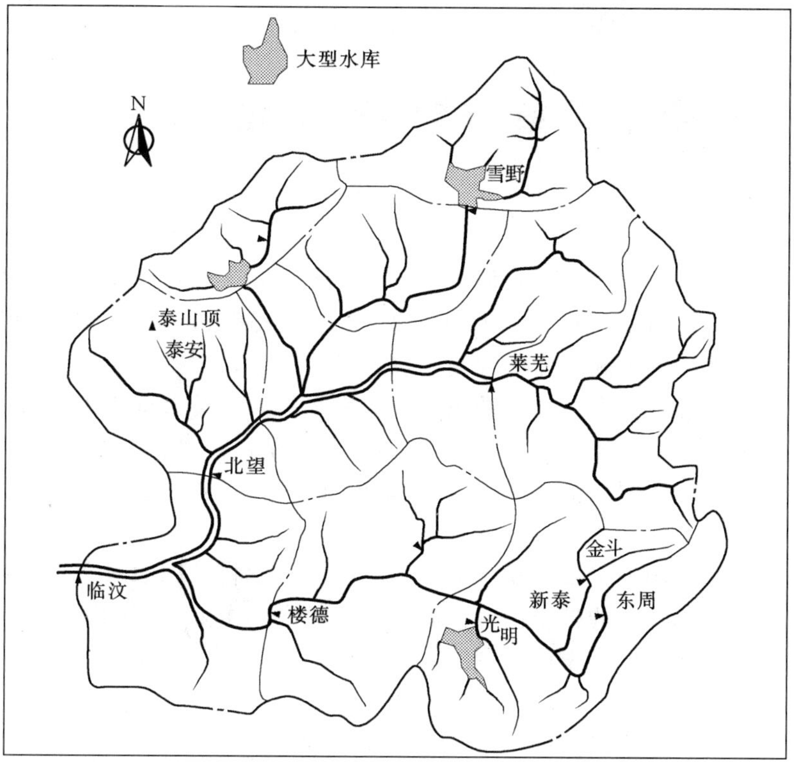

图 11-12 流域汇流单元划分示例

思 考 题

1. 试分析水文学中流域汇流计算的两种途径及其区别。

2. 试从等流时面积与汇流时间的概念出发，分析降雨过程中流域出口断面处地面径流的成因公式。

3. 将流域的汇流过程看成一个线性时不变系统，这个系统的地面径流输出为何可以通过系统的地面净雨输入与流域汇流曲线联系起来？

4. 试分析流域时段单位线、瞬时单位线之间的联系和区别。

5. 试分析流域单位线形状不是唯一不变的可能原因。

6. 已知流域地面径流的汇流曲线 $S(t)$，已知净雨过程 $h(t)$。若从 $S(t)$ 曲线可分割成 m 个 Δt 单位时段的纵坐标值，从净雨过程 $h(t)$ 曲线中可读出来 n 个 Δt 单位时段的纵坐标值，如何求算流域出口的流量过程 $Q(t)$，流量出流过程有多少个 Δt 时段？

7. 已知某流域单位时段 $\Delta t=6h$，单位净雨深 10mm 的单位线如表 11-5 所示，一场降雨有 2 个连续 Δt 时段的地表净雨，分别为 25mm 和 35mm，试推求其地面径流过程线。

表 11-5　　某 流 域 单 位 线

时间/6h	0	1	2	3	4	5	6	7	8
单位线 $q/(m^3/s)$	0	430	630	400	270	180	100	40	0

第十二章　湖泊湿地水文

湖泊是陆地表面较封闭的天然水体，也是积水的洼地。湖水是地表水的组成部分，它不断地与外界水体进行着交换。水库是利用天然洼地或适宜的河谷封闭而形成的人工湖泊。容量很小的天然或人工湖、库称作塘、堰。

湖泊和水库是世界上仅次于冰川的第二大地表水体，其总水量约为河川、溪流所蓄水量的180倍，总面积约270万km^2，占全球大陆面积的1.8%。全球面积大于0.1km^2的自然湖泊有142万个。我国湖泊众多，面积大于1km^2的天然湖泊约2700个，总面积约8.14万km^2。

湖泊水文学是研究湖泊水量变化和湖水运动的一门学科。湖泊水文要素及湖泊水量平衡关系的变化是湖泊水文学的核心内容。湖泊水文研究的主要内容如下：

（1）湖泊、水库的形成和发展，湖（库）盆形态的演变与湖库水的物理化学性质、水生生物分布的关系。

（2）湖泊、水库对河川径流的调节及防洪灌溉功能等。

（3）湖泊、水库水文要素变化。

（4）湖泊、水库的水运动及水量平衡。

（5）湖泊、水库泥沙运动规律与湖泊、水库淤积、库岸演变的关系。

（6）湖泊、水库水污染物迁移、自净机制，水污染的评价与防治。

湿地被誉为“地球之肾”，湿地与森林、海洋一起并称为全球三大生态系统，具有巨大的生态效益、经济效益和社会效益。在维护流域水量平衡、减轻洪旱灾害和应对气候变化等方面发挥极其重要的作用，支撑人类经济社会和生存环境的可持续发展。湿地水文的主要研究内容包括湿地的形成和演化、退化湿地恢复与重建、湿地温室气体排放、温室效应和全球环境变化研究、湿地的保护与管理、湿地生态系统与评价等。

第一节　湖泊、水库的形成与形态特征

一、湖泊、水库的形成

在地质作用（如地壳升降）及外力因素（如冰川移动、河流冲淤、风力侵蚀等）的影响下，地表形成洼地，称为湖盆。当洼地的集水面积上有降水、地表或地下水补给时，水就积蓄于洼地之中。若补给量大于损失和排出量（蒸发、下渗、外流）或处于平衡状态，洼地中经常保持一定水量，就形成湖泊。湖水中既有泥沙又有溶解质和水生生物。湖泊是湖盆、运动着的水以及水中物质相互作用的综合体。湖泊形成后，由于外力和湖内水体运动的作用，湖盆形态发生变化使湖岸趋于平缓，近岸形成浅滩。泥沙淤积又使湖底填平，

水深和容积减小；水生植物也由岸边向湖心推进，最终使湖泊趋于消亡。

水库是人们由于用水或防洪的需要，依据地形、地质和水文条件选择适当的地点构筑堤坝所形成的人工湖泊。泥沙的淤积、库岸的坍塌会危及水库效益与寿命。

二、湖泊、水库的形态特征

湖泊由于形成原因、原始地形和发展过程的差异而有不同形态，如图 12-1 所示，湖泊可分为湖岸、沿岸地带、岸边浅滩、水下斜坡和盆底 5 部分。

湖泊、水库的形态特征主要包括长度、宽度、深度、水面面积和容积等。可采用具有等深线或等高线的地形图来确定。

（1）长度 L。湖泊长度指连接湖面边界两个相距最远点间的湖内最短距离，水库长度定义亦相同，如图 12-2 所示。

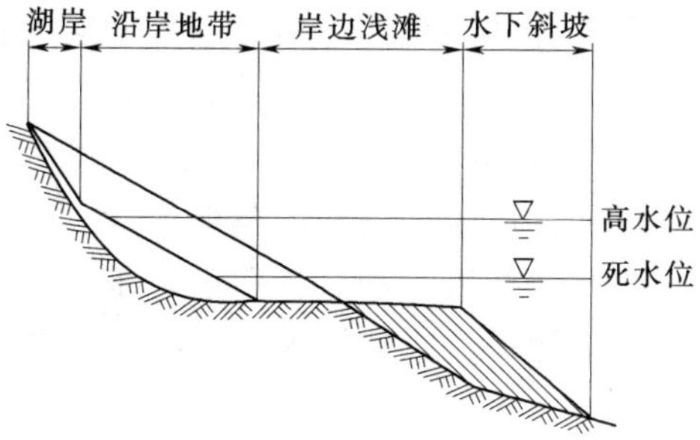

图 12-1　湖岸形态示意图

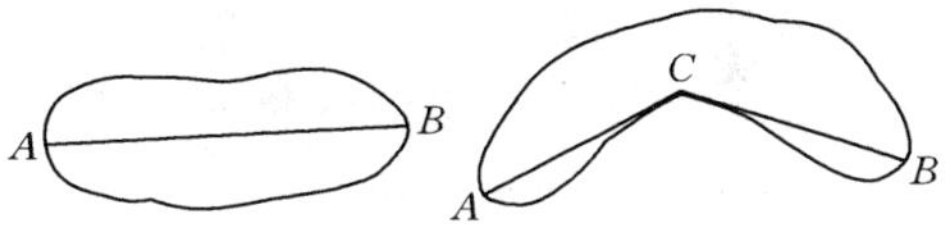

图 12-2　湖长示意图

（2）宽度 B。分最大宽度 B_m 和平均宽度 $\overline{B}$ 两种。最大宽度是垂直于湖泊水库长度线方向的两岸间最大距离。平均宽度是湖泊水库面积 A 除以湖长 L。

（3）深度 H。最大深度 H_m 是湖泊（水库）最高水位与湖（库）底最深点的高差。平均深度 $\overline{H}$ 是湖泊（水库）容积 V 除以湖泊（水库）水面面积 A 所得的数值。

（4）水面面积 A。湖泊（水库）的水面面积随水位（或水深）变化，最高水位时的面积为其最大面积。不同水位时的面积可由地形图量出。

（5）容积 V。不同水位时的容积可由地形图量出。

为了研究湖泊、水库的水文特征，常绘制出水位-容积曲线和水位-面积曲线。它们是水文水利计算、水文预报必备的基本资料。

（6）湖底平均坡度 $\overline{J}$。湖底平均倾角为 α_0 时，其平均坡度为

$$\overline{J}=\tan\alpha_0=\frac{h}{A}\left(\frac{1}{2}l_0+l_1+l_2+\cdots+l_{n-1}+\frac{1}{2}l_n\right) \tag{12-1}$$

式中　l_0——湖岸线长，km；

l_i——第 i 条等高线长，km；

h——等高线高差。

应用平均倾角可近似算出湖底面积：

$$A_d=A/\cos\alpha_0 \tag{12-2}$$

（7）湖盆形状系数 K_r。可用下式计算：

$$K_r = \frac{A}{H_m l_0} \tag{12-3}$$

（8）湖泊补给系数 K_0。常用湖泊的集水面积 A_F 与湖泊面积 A 之比表示，即

$$K_0 = \frac{A_F}{A} \tag{12-4}$$

（9）岸线发展系数 K_m。表示岸线的发展程度，常用岸线长度 l_0 与等于湖泊面积的圆面积的周长之比来确定。

第二节 湖水的物理、化学性质

湖水的物理、化学性质主要指光学、热学和化学方面的性质。

（1）湖水的透明度。湖水的透明度指水体能使光线透过的程度，通常采用透明度盘测定水体的透明度。透明度盘是一种具有标准重量，直径为 20cm 的白色团盘，观测时，使盘缓缓沉入水中，肉眼看不见时，团盘所沉入的深度即透明度，以 m 计。湖水透明度的主要影响因素是水中悬浮物质和浮游生物的数量，两者含量越大透明度越低。

（2）湖泊的水色。湖泊的水色取决于水体对光线的选择吸收和选择散射，水的分子结构、水中的悬浮颗粒、可溶性物质的离子含量、浮游生物等。它们影响水体对不同波长光线的选择吸收，使湖水呈现不同颜色。

湖泊水色用水色比色计测定，水色比色计用化学品配制而成，从浅蓝到棕色共分 21 个等级；级号越大，水色越低。观测时，先用透明度盘测定透明度后，把盘拉至 1/2 透明度深处，对比水色与比色计颜色，即可确定水色等级。

（3）湖水的温度。一般水深大于 10m 的湖泊通常不受表层水温的影响而保持一定的温度（4～8℃）；水深小于 10m 的浅湖，湖的水体会受太阳辐射影响而使水温发生变化。

（4）湖水的化学成分。各个湖泊具有不同的化学成分和含盐量。主要取决于湖泊所处的地理环境，其次与湖水来源、湖水与外界的交换及其物理、化学和生物过程有关。溶解于湖水中的物质主要有离子、生物原生质、溶解气体、有机物和微量元素等。

第三节 湖水运动及湖泊水库水量平衡

一、湖水的运动

湖泊和水库中的水体处于不断运动之中，湖水运动可分为两种形式，即升降运动和进退运动。前者包括波浪、波漾现象，后者包括湖流和混和现象。一般这两种方式是相互结合发生的。引起湖水运动的主要因素是风和水的密度差，前者引起湖泊波浪、紊动混合及增减水；后者引起对流混合。此外，地震、湖区局部气压突变以及河川入流和出流也会引起湖水运动。湖水运动是湖泊中最重要的水文现象之一，它对湖水的物理性质、化学成分、泥沙运动、湖盆演变以及水生生物分布与变化有重要影响。因此，湖水运动是一个重要的研究课题。

（一）波浪

波浪是湖水中发生的一种波动现象，指水质点在外力作用下，在其平衡位置附近作周

期性振动。波浪发生时，波形向前传播，水质点并未向前推进。湖泊中的波浪主要是风引起的，即风对表层湖水的作用，又称风浪。其他因素，如地震、局部湖面气压突变以及轮船航行等也会引起波浪，但发生较少，属于次要因素。风浪大小取决于风速、风向、吹程及其作用的持续时间，此外，还与水深和湖盆形态有关。

1. 波浪要素

(1) 波高 $2h$。波峰与波谷间的垂直距离。

(2) 波长 λ。两相邻波峰或波谷间的水平距离。

(3) 波速 c。波形中任一点在单位时间内传播的距离。

(4) 周期 T。两相邻波峰（或波谷）通过空间同一点所需的时间。

(5) 波陡 m。波高与波长的比。

波浪的大小取决于风和水深。波浪形成时期，风速影响波高、周期、波长和波速，风向影响波浪的传播方向。若离岸较远处波浪的方向与岸线斜交，当波浪近岸边时会逐渐转向，最终波向与岸线正交，这种现象称为波浪的折射。当波浪向岸边推进时，随着水深减小，同时发生两种作用：一方面部分波能消耗于克服湖底的摩擦阻力而做功，导致波速、波长、波高都要减小；另一方面波能集中于较小的水深中，水深越小波能越集中。当近岸处湖水仍有一定深度时，波能损耗作用占优势，表现为波高波速等随水深减小而减小。此后，水深足够小时波能集中作用占优势，反而表现为波高随水深减小而增加。在倾斜湖底，随水深减小，波谷所受湖底摩擦阻力比波峰大，使波峰逐渐赶上波谷，波浪的前坡陡于后坡。当达到某一深度时波峰超过波谷而向前倾覆，波浪破碎，这一深度称为临界水深 H_K，以 m 计。波浪破碎时，水质点的前进运动方向在波峰处指向湖岸，在波下部形成离岸的补偿流。因此，水中悬浮物和漂浮物被抛向岸边，而在波的下部产生冲刷现象，把泥沙带入湖中。当波浪打击障碍物时所释放的能量会造成破坏。

2. 风浪要素的估算

风浪要素可用仪器直接测定，或依据经验公式估算。通过实测资料的统计分析所建立的经验公式一般都要考虑影响风浪的 3 个主要因素：

(1) 吹程 D。表示顺风向从岸边观测点到波浪发生处的距离，以 km 计。

(2) 风速 ω。以 m/s 计。

(3) 水深 H。以 m 计。

例如，鄱阳湖估算风浪的经验公式适用于 $D<60$km 的条件，且按深水波、浅水波分别计算波高：

$$\left.\begin{aligned} 2h &= 0.015\omega^{1.6} - 0.01\omega D^{-0.5} \quad (H \geqslant 0.61\omega，深水波) \\ 2h &= 0.017\omega^{1.35} - 0.01\omega D^{-0.5} \quad (H < 0.61\omega，浅水波) \end{aligned}\right\} \qquad (12-5)$$

（二）波漾

湖水中水位发生有节奏的垂直变化称为波漾或定振波。产生波漾的主要原因是风力或局部湖区气压突变，少数情况下是地震。这些外力引起湖中水体周期性振动，使水位有节奏的升降。湖底的摩擦阻力和水体内部的紊动作用，使波漾衰减直至停息。湖中发生波漾时，水体摆动，水面交替出现顺向或逆向倾斜。但总有一个或几个点的水位不发生变化，这些点称为节或损节。波漾多为单节，但也有双节及多节的。两振节间的变化幅度称为变幅，最大变幅称为波腹。影响波漾变幅、周期的主要因素是湖盆形态。在面积较小的深湖中周期短，在浅湖中周期长。此外，风向、水位涨落、湖底地形等因素也会影响波漾的特征。

（三）湖流

湖水在水力坡度力、密度梯度力和风力作用下沿一定方向运动，称为湖流。依据形成湖流的动力，可分为风成流、梯度流、惯性流和密度流。湖流可促进湖水在水平和垂直方向的混合作用。

（四）湖水的混合

湖水的混合指水团或水分子从一层转移到另一层的交换现象。它使表层湖水吸收的热量和其他理化特性传到深层，湖底的二氧化碳和溶解的有机质移至表层，从而为湖水深处生物生存创造了条件。湖水混合方式有紊动和对流混合两类。前者是风力和水力坡度力形成的，后者主要是湖内水的密度差异引起的。湖水的混合一般可用对流扩散方程描述。

（五）异重流

异重流指两种比重不同的水流因比重差异而产生的相对运动。在一定条件下，两种流体各自保持其特性，不因有交界面和其他紊动而相混合。天然水流中因含沙量差异而形成的异重流较为常见，且多发生在含沙量大的河流上所兴建的水库之中。产生泥沙异重流的条件可归纳如下。

1）入库水流含沙量大于库水含沙量 1/10 时才会产生异重流，但入流含沙量达到 $10\sim15\text{kg/m}^3$ 时产生的异重流才稳定。

2）组成异重流的泥沙颗粒必须很细小，其粒径界限与流速有关，一般界限为 $d=0.01\text{mm}$。

3）入流量必须超过一定量值且持续一定时间。我国官厅水库实测资料表明，入流量大于 $200\text{m}^3/\text{s}$ 时开始产生异重流，入库流量小于 $50\text{m}^3/\text{s}$ 时异重流消失。异重流在水体内运动的距离和持续的时间取决于产生异重流的入流量所持续的时间。

4）浑水和清水交界面沿运动方向必须有一定的坡度。

5）异重流潜没点处须有一定水深，否则交界面以上的紊动会影响到异重流表面，从而影响异重流的密度。

二、湖泊水库的水量平衡

湖泊中，有不同方式的入流和出流，两者在数量上不尽相等。依据物质不灭定律，可列出下述水量平衡方程：

$$P+R_a+R_g=E+R'_a+R'_g+u+\Delta S \tag{12-6}$$

式中　P——时段内湖面降水量；

R_a、R'_a——时段内地表入湖、出湖径流量；

R_g、R'_g——时段内地下入湖、出湖径流量；

E——时段内有效蒸发量；

u——工农业用水量；

ΔS——时段内湖泊蓄水变化量；

上述各项均以 m^3 计。

研究湖泊、水库水量平衡的意义：①水量平衡是研究沙量、热量、盐量的基础；②通过水量平衡计算，由进入湖泊、水库的水量预报，推算流出湖泊、水库的水量和水库的相应水位，为湖泊、水库的控制和运用提供决策依据。

三、湖泊水文要素变化

湖泊面积、水位和蓄水量等物理参数，是表征湖泊水文变化的重要指标。实时、准确地监测湖泊水情要素及其变化，对于湖泊水文过程的研究、水资源优化调控以及生态环境建设等均具有十分重要的意义。近几十年来，随着空间观测技术的快速发展，不同时空分辨率的光学、微波和雷达等多源遥感数据的相继出现，给湖泊水文要素变化研究提供了一种新的途径。

进入 21 世纪以来，全球湖泊水体的分布格局发生了巨大变化。目前卫星遥感技术已经能够实现降水、蒸散发、湖泊水位、水域面积、地下水、湖盆地形等湖泊水文要素的信息提取，尤其在水域面积、水位、蒸散发监测等方面取得了显著的进展，揭示了相关水文要素的宏观变化过程，为湖泊水资源高效管理、生态环境保护及区域可持续发展提供了科技支撑。遥感技术具有宏观性、动态性和实时性的优势，可以实现不同空间范围湖泊水体的动态监测，极大地弥补了传统地面观测系统的不足，在揭示湖泊过程空间变化上带来了新的科学认知，成为湖泊水情监测和水资源调查不可替代的先进手段。

四、湖泊水库淤积与岸变

1. 湖泊沉积

湖泊沉积包括化学沉积、生物沉积，泥沙淤积和水库淤积，其中以泥沙淤积影响最为显著。

（1）化学沉积、生物沉积。化学沉积指湖水中的矿物溶质因湖水蒸发、冷却或化学作用而形成的沉积。化学沉积在一定程度上受温度影响，我国干旱地区的一些湖泊，由于蒸发强烈而水源补给少，化学沉积突出，使湖泊逐渐由淡水湖变为咸水湖以至盐湖。湖泊中有机物体死亡沉积于湖底称为生物沉积。依据沉积物成分和构造，又有腐殖质和泥炭质沉积两类。前者以浮游生物为主的有机物所组成，多见于富营养型湖泊；后者以漂浮植物、苔藓等植物残体组成，多见于贫营养型湖泊。

（2）泥沙淤积。含有泥沙的水流因流速减小，挟沙能力下降，泥沙会逐渐在水中沉积。湖泊泥沙淤积过程可分为搬运、沉积和交合 3 个阶段。

搬运指流域上的泥沙经雨洪冲刷随径流搬运至湖中，或岸边土壤被风浪或湖流冲刷带入湖中的现象。沉积指径流入湖后流速减小，水中泥沙沉淀湖底的现象。通常，水流离河口距离越远流速越小，因此，颗粒较大的泥沙常沉积于河口区域形成三角洲。交合指通过搬运、沉积作用堆积于湖底的各种物质会发生理化和生化变化，它使沉积物的原有理化特性剧变并使其密度逐渐增大。积层逐年增厚，最终会危及湖泊的存在。

（3）水库淤积。河水挟带泥沙流入水库后，流速减小，挟沙能力下降，泥沙就在水中沉降。水库淤积的主要方式是壅水淤积，其纵向形态有 3 类。

1）三角洲淤积。水流入库后流速减小，挟沙能力沿程递减，泥沙落淤量递增，但达到一定程度时，含沙量减少，于是淤积量又趋减少。这样就在纵向形成一个三角洲，如图 12－3 所示。这种淤积形态常发生在库水位较稳定、水深较大、库容比入库洪量大的水库中。

2）锥体淤积。当水库水位不稳定，随流量而升降，或淤积量相对于库容而言比较大时，淤积会一直扩展至坝前，形成上游厚度小而下游厚度大的锥体淤积。来沙较多、库区

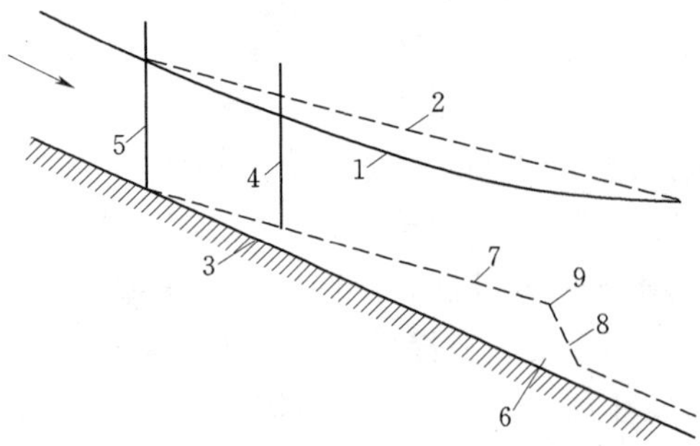

图 12-3　水库壅水淤积三角洲形态示意图
1—原水面线；2—淤积后水面线；3—原河床；4—原壅水段进口断面；5—淤积后壅水段进口断面；6—淤积三角洲；7—顶坡线；8—前坡线；9—顶点

短、水深不大的水库多形成锥体淤积，如黄河中上游地区的许多中、小水库。

3）带状淤积。当河流含沙量小、颗粒较小，库水位变幅大时，淤积沿纵向成带状均匀分布于整个库区，称为带状淤积。因水库水位变幅大，故淤积分布面广。颗粒细有利于均匀沉积，因来沙不多，故而显示不出锥体特性。

水库的淤积形态受到入库河流水沙情势、库区形态特征、库底地形以及水库运行方式的影响。尤其是在汛期水库蓄水、泄水频繁、库水位变幅大时，对泥沙淤积形态影响较大。库水位下降，水深减小，水面比降加大，流速加大，则会冲刷已淤积的泥沙。水位变动频繁时，库内泥沙冲淤会交替进行。因此，适当控制水库运行方式可减少库内泥沙淤积，延长水库的使用年限。例如，不同时期分别采用泄洪排沙、异重流排沙、泄空冲沙、基流排沙以及人工排沙等措施，可以减缓水库淤积。

泥沙的淤积决定了水库的使用寿命。一般可利用沙量平衡原理和实测库区水下地形资料分析计算淤积量。当水库的死库容和取水口高程已确定时，可从淤积角度估算水库使用年限，其公式为

$$T=\frac{V}{G_1+G_2+G_w+G_p-(G'_1+G'_2+G_g)} \tag{12-7}$$

式中　T——水库淤满年限，年；

V——死库容，m^3；

G_1、G'_1——流入和流出的悬移质多年平均输沙量，m^3/a；

G_2、G'_2——流入和流出的推移质多年平均输沙量，m^3/a；

G_w——风吹入水库的年平均输沙量，m^3/a；

G_p——库岸坍塌进入水库的年平均输沙量，m^3/a；

G_g——工农业用水从水库引水带走的年平均输沙量，m^3/a。

当水库所在河流无实测泥沙资料时，可采用下垫面条件相似的邻近流域的淤积资料，按下式估算：

$$W=GF_f \tag{12-8}$$

式中　W——设计水库多年平均年淤积量，万 m^3/a；

G——参照水库单位水土流失面积上多年平均年产沙量，m^3/a；

F_f——设计水库的流域水土流失面积，km^2。

水库使用年限为

$$T=V/W \tag{12-9}$$

2. 库岸演变

天然湖泊的湖岸是长期演变形成的，继续变化进程已经较为缓慢。水库的库岸演变则

较急剧。尽管河流的岸坡在外力作用下已较为稳定，但建库蓄水后，岸边土壤浸水破坏了土体的原有构造，作用于岸坡上的外力也相应地发生变化，从而破坏了原来相对稳定的平衡条件，引起库岸的崩坍或滑坡。库岸的演变过程有 3 个阶段，如图 12－4 所示。

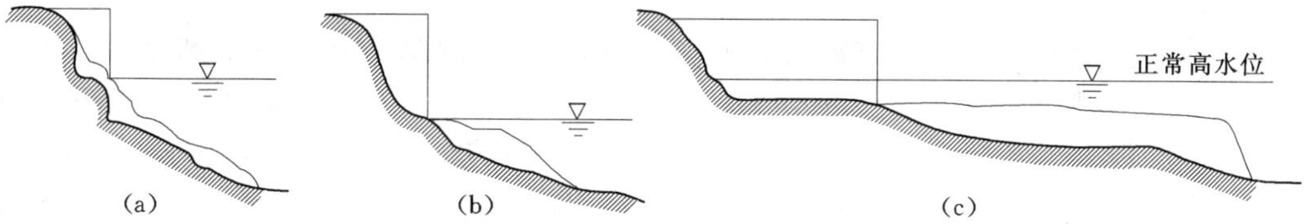

图 12－4 库岸演变过程示意图

(a) 库岸崩塌；(b) 浅滩的形成；(c) 库岸稳定

(1) 库岸崩坍。水库蓄水后，一方面岸边土壤浸水，破坏了土体内部结构，另一方面，波浪冲击岸边淘刷岸脚，使岸边水上部分失去支持，从而发生崩坍或滑坡，岸线不断后退，结果原岸线形成侵蚀浅滩。

(2) 浅滩的形成。库岸崩坍过程中，大量的崩坍物滚落于岸脚，粗颗粒泥沙在较近处沉积，细颗粒泥沙则在离岸较远处沉积。由于波浪的作用在水面以下有其一定的影响范围，故岸线不断后退，结果原岸线处形成侵蚀型浅滩，淤积在岸脚的泥沙则向外扩展形成淤积型浅滩。

(3) 库岸稳定。随着浅滩的逐渐增长，波浪经过浅滩时消耗于克服摩擦阻力的能量加大，对湖岸的冲击作用和挟沙能力逐渐减小。最终，浅滩长度足以消耗传至岸边波浪的全部能量时，波浪就不再冲击库岸，此时库岸更新达到了稳定阶段。

3. 影响湖岸与库岸演变的因素

(1) 地质地貌因素。包括岩石的种类和性质、岸的形态、水文地质条件。

岩石的种类、产状、孔隙率、风化程度等对岸的演变过程有重大影响，砂质黏土岩层最易崩坍，泥灰岩、页岩次之。花岗岩最稳定，一般不崩坍。孔隙率大的岩石，易于渗水，促进风化并减低岩层强度；因而加速了库岸的崩坍。风化直接降低岩石结构强度，是库岸崩坍的主要因素之一。库岸越高越易崩坍，岸坡越陡，稳定性越差。岸坡小于 45°时，波浪上卷高度与坡度成正比，间接影响岸坡稳定性。但总体看，坡度越小，库岸越稳定。地下水位升高会加强砂质黏土岩、泥灰岩、页岩库岸的崩坍、沉陷、侵蚀。

(2) 水文气象因素。降雨、蒸发、植被等因素形成径流，抬高湖、库水位，水分在岸坡的下渗均影响库岸的稳定。温度和湿度影响岸坡的风化。风产生波浪，造成库内水平流，直接冲击库岸，危及岸坡稳定。

(3) 人为因素。岸坡上的人类活动改变了岸坡形态、岩石土壤表层结构、植被条件等，从而影响岸坡稳定。

研究库岸演变和库岸崩坍的目的在于预测其变化过程，以便采取工程措施防治它们给水库带来的危害。

库岸演变预测是较复杂的课题，目前的一些方法都较粗略，有待进一步深入研究。

第四节 湿 地 水 文

一、湿地研究概述

湿地研究最早起源于欧洲对泥炭的研究和利用。19 世纪是湿地科学创立期，俄国于 1901 年在爱沙尼亚建立了第一个沼泽实验室，1915 年出版了《沼泽和泥炭地及其发育和结构》和《沼泽表生学分类尝试》两部奠基作。这一时期，欧洲则对沼泽物质来源、湿地成因、沼泽类型、沼泽演变与分布规律及开发利用进行了较为系统的研究，创立了湿地科学基本理论的雏形。

20 世纪初，德国沼泽学家维别尔（C. A. Weber）等学者深入研究了全欧洲典型沼泽地的发生发展过程，发现了各地沼泽演化中连续变化的相似性，提出了沼泽统一发育过程学说的理论。20 世纪 40 年代，苏联开始了湿地分类研究，并取得了较快的进展，发表了《苏联和西欧的沼泽类型及其地理分布》一书，该书成为世界上第一部比较系统的沼泽湿地专著，它的出版，是湿地研究进入早期阶段的标志。这一时期，随着科学技术的发展，湿地研究取得了很大的进步，基本形成了一门独立的学科。

1971 年在伊朗的拉姆塞尔镇通过了《关于特别是作为水禽栖息地的国际重要湿地公约》（简称《湿地公约》）。1982 年，在印度召开了第一届国际湿地研讨会，标志着世界湿地研究进入了一个崭新的阶段。1986 年 W. J. Mitsch 和 J. G. Gosselink 合著的《湿地》一书对世界湿地研究产生了很大影响。被公认是对湿地研究介绍最全面、最系统的著作。

1992 年 7 月 31 日我国正式加入《湿地公约》，并将中国湿地保护与合理利用列入《中国 21 世纪议程》和《中国生物多样性保护行动计划》优先发展领域，表明了我国对湿地保护与合理利用的充分重视。

1996 年 9 月在澳大利亚召开了主题为“湿地的未来”的第五届国际湿地会议，主要议题是讨论如何增强湿地效益，防止和解决湿地丧失、功能衰退、生物多样性减少等问题及保护与重建湿地的策略和措施。大会的召开说明了湿地的恢复与重建已成为世界各国科学家普遍关注的热点。湿地的生态恢复是针对湿地生态的退化而言，湿地生态退化是指湿地生态过程及功能的削弱或失衡，包括湿地面积变化、湿地水文条件改变、湿地水质改变、湿地资源的非持续利用及外来物种的入侵等多种情况。

在气候变化和人类活动影响下，全球与流域尺度上水循环和水资源量时空分布发生了巨大的变化，导致湿地面积大幅度萎缩、功能严重退化乃至丧失，影响并改变了流域水文过程及水量平衡，增加洪水和干旱频次和强度的风险，已引起国际社会和专家学者的普遍关注和高度重视。

二、湿地的定义和湿地的功能

湿地至今未有一个统一的定义，不同时期的学者从不同的角度给出了许多定义，迄今为止世界各国给出的湿地定义多达 50 余种。例如，加拿大将湿地定义为：水淹或地下水位接近地表，或浸润时间足够长，从而促进湿成和水成过程，并以水成土壤、水生植被和适应潮湿环境的生物活动为标志的土地。英国则将湿地定义为：一个地面受水浸润的地区，具有自由水面。通常是四季存水，但也可以在有限的时间段内没有积水。自然湿地的主要控制因子是气候、地形和地质；人工湿地还有其他控制因子。《湿地公约》中对湿地的定义为：不论其为天然或人工、长久或暂时性的沼泽地，泥炭地或水域地带，静止或流动的淡水、半咸水、咸水水体，包括低潮时水深不超过 6m 的水域；同时，还包括邻接湿地的河湖沿岸、沿海区域以及位于湿地范围内的岛屿或低潮时水深不超过 6m 的海水水体。

根据以上定义内涵的不同，可以将湿地的定义划分为广义和狭义两种。广义的定义为《湿地公约》中的定义，这个定义主要是从管理的角度出发，规定了湿地的范围，便于管理者划定管理边界，开展管理工作。凡是签署加入国际《湿地公约》的所有缔约国必须接受这一定义。狭义的定义揭示了湿地共同的本质特征，即湿地水文、生物和土壤三大因子相互的作用。三大因子中，湿地水文是主导因子，它可以促进其他两项因子的变化。

湿地可分为滨海湿地、河口湿地、河流湿地、湖泊湿地、沼泽湿地、人工湿地等类型。世界上湿地分布很广，处于各种自然地理气候带上，总面积达 $8558\times10^{3}km^{2}$（不包括滨海湿地），占世界陆地的 6.4%。湿地是陆地上富有生命力的水体，在全球生态系统中起着特殊的作用，它具有以下主要功能：

（1）湿地具有水资源功能。湿地可以涵养水源，其调节径流的能力与水库相同。大型湿地是天然的巨型水库，汛期存储过量的降雨，枯季再平缓地把径流释放出来，提高了可利用水资源量。

（2）湿地具有调蓄洪水、减少洪灾功能。湿地是洪水的天然调节器，可以削减洪峰，延缓洪水。鄱阳湖是我国第一大淡水湖，面积 $2933km^{2}$，从东、南、西三面接纳赣江、抚河、鄱江、信江、修水，再从北经湖口入长江。五大水系的洪水经鄱阳湖调蓄后，一般可削减洪峰 15%～30%，极大地减轻了长江的压力。1954 年特大洪水削减洪峰达到了 53%，减灾效益巨大。

（3）湿地具有净化水质的环境功能。缓慢的水流有助于沉积物下降，也有利于与沉积物结合在一起的有毒物的储存和转化。许多湿地植物能有效地吸收水流中的机营养物、无机营养物、有毒污染物和悬浮物，能极大地净化水质。

（4）湿地具有保护生物多样性的功能。湿地是众多珍稀濒危物种的栖息地和繁衍的场所，在保护生物多样性方面有其他生态系统不可替代的作用；其生物多样性十分丰富，被人们称为“生物基因库”。

（5）湿地具有巨大的经济功能。湿地生态系统由于其特殊的水、光、热、营养物质等条件使其成为地球上最富有生产力的生态系统之一，为人类生产、生活提供多种资源。据美国科学家研究，每公顷湿地生态系统每年创造的价值达 4000～14000 美元，分别是热带雨林、农田生态系统的 2～7 倍和 45～160 倍。

（6）湿地具有调节气候的功能。湿地是世界上最重要的温室气体排放源，对全球气候变化有重要影响。

三、湿地研究的主要内容

（1）湿地的形成和演化。了解湿地的自然演化过程和规律是人类利用湿地、保护湿地的理论基础。只有充分了解湿地的自然演化机制，才能指导人们有效地开发湿地资源。

(2) 退化湿地恢复与重建（包括人工湿地构建）。长期以来，由于人们对湿地缺乏足够的认识，一直将湿地视为荒地。人们在经济利益的驱使下，过度地向大自然索取资源，通过各种方式排干湿地，从事农业生产或其他生产活动。人类对湿地的不合理开发、无节制的利用，致使湿地面积大幅度减少，湿地资源严重退化，使湿地遭受前所未有的破坏。据估计，自 1900 年以来，全世界已有 1/2 的湿地消失。湿地大面积消失已经使人类尝到了苦果，修复湿地功能已经被许多国家提上了议事日程。发展湿地生态恢复理论和技术，合理恢复与重建湿地生态功能显然具有重大意义。

(3) 湿地温室气体排放、温室效应和全球环境变化研究。湿地被认为是世界上最重要的温室气体排放源，与全球环境变化关系密切，不同类型湿地（各类自然与人工湿地）温室气体排放的气候效应研究就非常重要。

(4) 湿地的保护与管理。随着经济发展和人口的增加，人们对湿地的过度利用与开发导致了湿地生态系统的破坏，从而引发了更为严重的生态和环境问题。加强湿地保护已成为一种迫切需要，各国政府、各界学者都开始重视湿地的保护和管理，世界各地已经建立了许多重要的湿地自然保护区。

(5) 湿地生态系统与评价。科学的湿地生态系统评价指标、评价方法和评价内容是合理评价、正确认识湿地生态系统的保障。

上述研究内容中，湿地的形成和演化是湿地理论研究的核心，是其他研究内容的基础，而湿地水文则是湿地的形成和演化研究中最重要的部分。

四、湿地的形成和演化

在年降水量大于蒸发量，空气湿度大的低洼地区，由于排水不畅，地表常年处于过湿状态。这种状态改变了土壤通气状况，抑制了土壤中动物和微生物的生命活动，破坏了土壤、大气、植物之间正常的物质变换。缺氧条件下，在土壤中的矿物质潜育化过程和有机质泥炭化过程作用下，形成了湿地。湿地形成有以下几种类型。

(1) 水体沼泽化。浅水湖泊和小河中，岸边丛生植物或浮水植物从湖岸向湖心侵入。浮游生物和植物残体脱落与泥沙一起沉积在湖底，覆盖湖底藻类植物，日积月累形成泥炭，泥炭不断加厚，最后填充整个湖盆，形成沼泽。

(2) 森林沼泽化。林区河谷、山麓潜水渗出，造成地表过湿。有利于苔草等喜湿植物的生长，随后枯枝落叶、草丘截拦径流，使水中无机物被淋溶、积累形成不透水层，不透水层保持其下的土壤过湿，导致泥炭的形成，最后发育为沼泽。

(3) 草甸沼泽化。地表常年过湿的草甸，大量的植物残体得不到充分的分解。植物残体和腐殖质阻塞了土壤空隙，缺氧的土壤条件导致泥炭的形成，于是出现了草甸沼泽。

1. 湿地演化的统一过程说

20 世纪初，苏联、德国、芬兰等国家的一些学者，根据对寒温带湿润气候区的沼泽考察研究，提出具有泥炭的沼泽发育的 3 个阶段，即低位（富营养）阶段、中位（中营养或过渡）阶段、高位（贫营养）阶段。并指出，所有的泥炭沼泽都要经历上述发育过程，这就是统一过程学说。

(1) 低位沼泽阶段。泥炭沼泽发育的初期，泥炭积累尚不厚，地表仍处于低洼积水状态，水源补给充足，且潜水位高。水中的矿物质养分丰富，泥炭呈中性或微酸性反应。植物种类多且为富养种类。这类沼泽，称为泥炭沼泽发育的低位阶段，或富营养阶段。

(2) 中位沼泽阶段。泥炭逐渐积累而增厚，沼泽表面呈平坦或微凸起，地表水和地下水通过泥炭时，水分和水中营养物质被部分吸收，到达沼泽中部微凸起处，营养物质已不如低位阶段丰富，植被亦以中等养分植物为主，称为泥炭沼泽发育的中位阶段，或中营养阶段。

(3) 高位沼泽阶段。泥炭沼泽发育过程至中位阶段以后，泥炭沼泽内部泥炭积累速度和养分状况出现明显变化，边缘部分因得到径流补给，矿物质含量丰富，中心部分则得不到地表水或地下水的补给，只靠大气降水补给，缺少矿物质，营养物质贫乏，寡营养植物先出现在中心区，中心区沼泽泥炭增长速度比边缘区快，中心区多生长贫营养泥炭癣，其死亡后，抗分解能力强，因此，沼泽中部隆起，呈凸透镜状。芬兰位于欧洲北部，是个多湿地的国家，芬兰的泥炭沼泽是上述沼泽发育统一过程学说的基础，亦是该学说的佐证。

2. 湿地演化的综合因素影响说

20 世纪 80 年代，中国科学院东北地理与农业生态研究所的沼泽科学工作者提出沼泽发育的综合因素影响理论。理论指出我国绝大多数沼泽，长期停留在低位富营养阶段，有些沼泽自全新世发生以来，从未见到从低位发展到高位的实例。所以，沼泽发育的统一过程说不符合我国沼泽发育的基本情况。每一种沼泽体的形成与发育，不仅取决于时间，更重要的是取决于沼泽体所在的空间地理位置、水热条件、地质地貌特征、植被类型、土壤特性等综合自然环境因素的影响。

五、湿地水文过程

湿地水文过程包括湿地植物截留、蒸散发、湿地渗漏、地表径流和地下径流等水文环节。湿地的水文功能主要体现在调节径流、削减洪峰、维持基流和补给地下水等 4 个方面。由于湿地蒸散发量大，植物截留和湿地蒸散发是湿地水文过程区别于一般流域水文过程的重要特征，是湿地水分收支循环的重要因素。因此，植物截留量和湿地蒸发散量的观测和计算是湿地水文研究的重点。

目前，植物截留的观测仪器和方法均不太完善，模拟和计算方法的验证存在困难，所以，观测仪器和观测方法的改进是湿地水文研究的一个重要方向。充分利用遥感技术，获取大面积湿地的水文要素数据，对于提高湿地水文研究水平具有重要意义，实际上，这方面的研究已经开始取得进展。湿地蒸散发的研究手段和方法与一般流域区别不大，通常可以利用水量平衡法、热量平衡法予以估算。

建立湿地模型，对湿地水文过程进行模拟也是湿地水文研究的重要技术手段。目前，有关湿地水文过程的模型尚不完善，模型赖以构建的大气—植被—土壤界面的各种水分循环机理仍有待于进一步研究，湿地水文模型的原理和结构尚需进一步发展。

思　考　题

1. 试分析较深湖泊、水库水体温度在年内不同季节的垂直分布规律。
2. 试分析湿地的定义，归纳常见的湿地类型。
3. 试分析湿地具有的水文和生态功能。

第十三章 寒 区 水 文

寒区一般是众多河流的发源区，在全球水循环和淡水资源供给方面占据着十分重要的地位。中国寒区陆地面积约 417 万 km^2，是中国主要大江大河的发源地和主要水源地。

寒区水文主要以冰川、积雪和冻土三大要素为主体，因此，主要研究对象为冰川融水、融雪径流、冻土水文，以观测、水文过程机理、水文过程模拟、流域作用和区域影响等为主要研究内容。

寒区流域水循环不同于其他区域的基本特征体现在以下几方面：①水的固态形式在水循环中占据较大成分，包括降雪、积雪、冰川等；②温度对径流形成与季节动态的影响较大；③活动层土壤冻融变化对水循环过程中的蒸散发、下渗以及坡面产汇流等关键环节具有显著影响；④地下水统受含水层与活动层土壤冻融过程影响很大，包括地下水补给、径流与排泄过程以及储存、运动过程等。寒区最重要的水循环要素主要包括冰川、积雪和冻土等，因此主要研究内容也集中在冰川、积雪和融雪和冻土等。

第一节 冰 川

冰川是陆地上固态降水（主要是降雪）积累演化形成的能自行流动的天然冰体。冰川是陆地上的重要水体之一，是高山固体水库。目前全世界冰川每年消融注入江河的总水量约相当于全世界河槽储水量的 3 倍。因此，冰川的累积和消融对水文循环有着重要影响。我国是世界上中低纬度山岳冰川最多的国家之一，现代冰川面积近 56500km^2，冰川总储量约为 5 万亿 m^3。我国冰川分布广，南起云南玉龙雪山，北抵新疆阿尔泰山，西自帕米尔高原到贡嘎山。其中，分布于内陆河流域的冰川面积 33600km^2，约占全国冰川面积的 60%；分布于外流河流域的冰川面积 22885km^2，约占 40%。我国的冰川分布于许多江河的源头，对河流的补给和调节有着不可忽视的作用，特别对西北干旱地区河流的影响很大。

一、冰川的形成

在年均温度为 0℃以下的高山地区，因气候寒冷，降雪不能全部融化而终年积雪，为终年积雪区。终年积雪区的下部边界称为雪线。雪线以上，年降雪量超过消融量（含蒸发量），降雪不断积累，称为积累区；相反，雪线以下为消融区。地球上各纬度地区由于气候、地形等自然条件不同，雪线的高度也不同。

积累在雪线以上的雪，若不变为冰川冰，则山顶上只能有永久积雪而无冰川。只有当多年积雪演变为冰川冰后，才能沿斜坡流动形成冰川。从新雪降落、积累到变为冰川冰，经历着复杂的变质成冰过程，可分为沉积、粒雪化和成冰 3 个阶段。初降的雪花晶体呈鹅毛状、片状或多角状，孔隙大，比重小。为了达到稳定，使自由能最小，雪花晶体就必须固化以减小表面积。固化的趋势是大晶体合并小晶体，单个冰晶体积加大，形成圆球形的粒雪。粒雪变为冰川冰有两种途径。低温干燥环境下，厚粒雪层对其下部雪有巨大的静压力，从而排出空气促使粒雪重新结晶而形成密度为 $0.90 \sim 0.92 g/cm^3$ 的浅蓝色冰川冰。属于重结晶成冰过程，亦即冷型成冰。当气温较高，冰雪消融活跃时，融雪水沿雪层内部孔隙渗浸，它所携带的热量会部分融化粒雪。随后又会因温度下降，下渗水再度以粒雪为核心重新冻结成冰。这属于渗浸成冰过程，亦即暖型成冰。暖型成冰的密度一般大于重结晶冰。我国冰川冰大多属于暖型成冰。冰川冰的结构为层状，具有可塑性，在定向应力作用下，顺坡向下运动，就形成了冰川。

二、冰川的类型

冰川的分类有多种方法。

1. 大陆冰盖与山岳冰川

按冰川的形态和运动特性，可分为大陆冰盖与山岳冰川两大类。

(1) 大陆冰盖又称大陆冰川，这种冰川呈盾形，中部凸起，冰体向四周辐射状地挤压流动。其特点是面积大、冰层厚，分布不受下伏地形限制。南极大陆冰盖和格陵兰冰盖属于此类冰川。

(2) 山岳冰川又称山地冰川，是一种运动占优势、积累与消融大致平衡的冰川。这种冰川一般分布于分割的山地，其运动受下伏地形控制而取重力流方式。现代山岳冰川是当前主要研究对象，按形态又可分为冰斗冰川、悬冰川和山谷冰川。

1) 冰斗冰川处于雪线以上的圆形山谷，规模较小，伸出冰斗外的冰舌小，积累区与消融区无明显分界。

2) 悬冰川从冰斗中溢出，沿冰斗外沿下坠，悬挂于山坡面上，面积常不足 $1km^2$，这是山岳冰川最常见的形态。

3) 山谷冰川规模最大，冰川从冰斗溢出后进入谷地，两侧谷坡界限明显，犹如冰冻的河流，积累区与消融区界限分明。山谷冰川又有单式、复式、树状和网状形态，长度从几公里到几十公里不等，厚度也可达几百米。多条山谷冰川向山麓延伸，汇合而成一片宽阔冰体，又称山麓冰川。山麓冰川运动速度很慢，分布也不受下伏地形限制，常具有从山岳冰川逐渐发展为大陆冰盖的特征。因此，有人将山麓冰川列为从山岳冰川到大陆冰盖的过渡类型。

2. 海洋性冰川与大陆性冰川

根据冰川的物理性质，又可分为海洋性冰川与大陆性冰川两类。海洋性冰川又称暖冰川。主要发育在降水充沛的海洋性气候区，雪线附近年降雪量在 1000mm 以上。这类冰川主体温度较高，接近 0℃，补给量大，运动迅速，年运动量约 100m 以上。我国西藏东南部喜马拉雅山脉东段、念青唐古拉山脉东段和川滇横断山脉的冰川属于海洋性冰川。大陆性冰川又称冷冰川，主要发育在干冷的大陆性气候区，雪线附近年降水低于 1000mm。冰川主体温度常为－1～－10℃或更低，补给量小，运动缓慢，年运动量约 30～50m。我国天山、祁连山的中段及东段、昆仑山、青藏高原内部山区、喜马拉雅山脉中段北坡和西段的冰川属于大陆性冰川。

三、冰川的运动

冰川运动主要有重力流与挤压流两种方式。在斜坡上，因冰川自重产生的沿坡向分力大于冰川槽对冰川的阻力时，所引起的流动称为重力流；由于冰川堆积的厚薄不同使内部压力分布不均时产生的流动称为挤压流。大陆冰盖的运动以挤压流为主，山岳冰川运动既有重力流也有挤压流，但以重力流为主。

与河水运动相似，影响冰川运动的主要因素是冰量（冰的厚度）、比降和冰槽断面面积等。冰川的垂线和断面流速分布也具有自表面向底部、自中央向两侧递减的特征；但其速度仅为河水流速的几万分之一。冰川运动沿程变化的特征是自补给区向雪线方向速度逐渐增大。冰川由积雪变质成冰，再向下运动到消融区（冰舌）需要几年乃至几百年的时间，它的进退实际上是过去气候的反映。

四、冰川的积累与消融

冰川的积累指冰川的冰雪质量增加。冰川积累主要来自降雪和其他形式的固态降水、风吹来的雪、山坡雪崩以及表面水汽凝等也会增加冰川的积累量。

冰川发生融化或蒸发损耗使冰层减薄的现象称为冰川消融。依据热量来源，冰川消融又分为冰面、冰内和冰下消融 3 种方式。冰面消融的热源主要是太阳辐射热量、空气紊流交换热量、两侧山坡辐射热量以及水汽凝结放出的潜热量等。冰面消融是冰川最主要的消融方式。冰内消融的热能主要来自冰面消融水下渗的传导热以及冰川运动引起的内摩擦热等。裂隙较多的大型冰川中，冰内消融可占一定比重。冰下消融的热能主要来自冰下径流的传导热、上覆冰层压力和冰川运动时与谷底的摩擦热。冰下消融量甚小，仅为冰面消融量的几百分之一。

由于冰川区气温综合反映了该区太阳辐射热、空气紊流交换热以及其他热力条件，因此冰川区气温与冰川消融关系十分密切。各地冰川由于规模、地理环境、海拔高度不同，消融强度差异很大，例如，天山冰川冰舌年最大消融水深为 2m，而西藏阿扎冰川则为 8m。

五、冰川区径流情势

冰川区径流由下述 5 种水源组成。

（1）消融期之前在冰川消融区上的积雪融水。

（2）冰川消融区上冰川冰的消融水。

（3）冰川高处积累区上的积雪融水。

（4）冰川消融区夏季（5—9 月）的固态及液态降水。

（5）冰川区内裸露山坡的降水径流。

冰川区融水径流量除与热量状况关系密切外，还与冻结系数有关。冻结系数是冰川面积与总面积之比。冰川面积大的河流径流模数也大。

由冰川区径流组成可知，冰川区河流的径流系数变化复杂。干旱年份因降水少、云量少、太阳辐射作用强，冰川消融量加大，径流系数可大于 1.0，丰水年降水多、气温低，冰川消融量小，冰川区径流系数小于 1.0。例如，天山乌鲁木齐河 1 号冰川，冻结系数

58.6%，1959—1985年冰川区平均径流系数为0.90，其中冰覆盖区径流系数平均达1.29，而裸露地面径流系数仅为0.40。由此可见，冰川融水径流系数一般较降雨径流系数大。

冰川径流年内分配极不均匀，年径流量几乎全部集中于5—9月。大陆性冰川的流量与气温变化同步，与降水不同步。海洋性冰川的流量与气温变化的同步性较差。一般冰川径流年内分配可分为几个时期，以祁连山老虎沟冰川为例，6月中旬至8月底为径流主要形成期，径流量可占整个消融期的85%以上，6月上旬和9月两阶段为中度消融期，有少量径流形成，4月中旬至5月底和10月上旬为轻度消融期，10月中旬至次年4月上旬的消融极微弱，为冰川径流断流期。冰川径流的多年变化受气候影响。

第二节 积雪与融雪

降雪是降水的一种重要形式，在寒冷地区几乎是主要的水源。地面积雪融化所形成的径流称为融雪径流，它对灌溉、供水有重要作用，对我国西北干旱地区的经济建设具有特殊意义。但某些地区融雪径流也会形成洪灾。

一、积雪的形成与分布

如果空气中的水分在水汽张力小于610.61Pa的条件下降落，就会形成雪、霰等固体降水。当低层空气很冷时，雪花才不致落到地面全部融化，并且只有当近地面空气层温度在长时间内持续低于0℃的地区，地面上才会有积雪。

在观测地点向四周眺望，视野内大部分为雪所覆盖，那么此时可以作为积雪形成期。积雪的特征可用积雪时间、厚度、密度和含水量等来描述。由于受风、地形和植被的影响，积雪在流域上分布很不均匀。风速大于2m/s可吹走新雪，甚至掀走下层较密实的积雪。这使山顶和地形突起处几乎无积雪，而山谷、洼地以及障碍物前则形成雪堆。森林使风受到阻挡，造成林区边缘积雪厚而中心薄。

观测资料表明，区域各处的积雪厚度服从正态分布规律，因此，推求区域平均积雪厚度不需要定位观测，只要求测点分布均匀，取平均值即可。

二、融雪径流

1. 融雪出水的物理过程

融雪开始后，最初融化的雪水在积雪层形成薄膜水与悬着毛管水。随着融雪的延续，雪粒间孔隙水增加，当水的重力超过毛管力后出现重力水，重力水流至地面形成土层下渗。单位时间内从雪层流达地面的水量称为出水强度，当出水强度超过地面下渗率时，开始形成雪层与地面间的重力水和毛管水层。融雪过程中，薄膜水和毛管水沿垂向移动，重力水沿坡向流动。融雪水先损耗于下渗和洼蓄，而后沿坡向向下流动。融雪径流并非与融雪同时开始，而有滞后。融雪径流开始时，雪水温度将升至0.5～1.5℃，此时蒸发明显，不能忽视。

2. 融雪出水量的计算

融雪出水量可依据积雪观测资料计算，也可依据公式估算。

（1）依据积雪观测资料计算。依据区域内定期沿固定路线进行的积雪观测资料或卫星遥测资料，用下式计算融雪出水量：

$$M_T = M_1 - M_2 + \sum \Delta P \quad (13-1)$$

式中　M_T——t_1 至 t_2 时期内的融雪水量，mm；

M_1、M_2——t_1 和 t_2 时刻的融雪水深，mm；

$\sum \Delta P$——t_1 至 t_2 时期内的降水量，mm。

积雪观测所需时间一般较长，此法只适用于较长时段（时期）的计算。

（2）依据公式估算。这类公式较多，现介绍度日法。

相应于气温1℃时的日融雪水量称为气温日融雪率，以 C_s[mm/(℃・d)] 表示，则日融雪出水量为

$$M_s = C_s(t - t_0) \quad (13-2)$$

式中　M_s——日融雪量，mm/d；

t——日平均气温，℃；

t_0——基础温度，常取0℃。

设融雪区内各块面积与全流域面积之比为 α，乘以 M_s 即得到全流域日平均融雪量。度日法是目前应用最多的计算融雪出水量的方法之一。

三、融雪径流特点

（1）过程线变化平缓，融雪径流强度小历时长，范围均匀，积雪层具有持水能力，可起调蓄作用。积雪层饱和后，融雪水沿底层流动速度小，所以融雪径流过程线变化平缓。

（2）日变化大而年变化小，这是因为气温日内变化较大，年际间变化较小。

第三节　冻　　土

多年和季节性冻土广泛分布于寒区。多年冻土活动层以及季节性冻土中固态含水量的存在及其冻融循环，形成较为复杂的大气土壤水热传输/转换过程，改变了季节性冻土和多年冻土活动层土壤的有效孔隙度、导水率、导热系数以及水分运移过程，从而对坡面产汇流过程产生较大影响，形成与非冻土区不同的水文过程和规律。冻土水文过程是物质和能量在寒区地表各圈层之间迁移转化的重要载体与主要形式，是水资源与生态功能变化的主要驱动力之一。

一、冻土区冻融机制

寒区土壤冻融作用和水热交换是寒区水循环研究的核心环节，贯穿于寒区的蒸散发、入渗、产流过程等。在有多年冻土和季节性冻土的区域，由于冻土层的存在，从性质上改变了包气带的厚度和土壤水分运动的物理规律。冻土的不透水性、蓄水调节作用和抑制蒸发作用，使流域在冻融期和融冻期的下渗、土壤蒸发和土壤含水量等过程和状态均不同于无冻期和无冻地区。

在季节性冻土的区域，水的冻结和融化是控制冻土水文过程的关键因子。在春季和夏季融化时期，降水、积雪或冰川融水等首先饱和融化的表层活动层土壤，多余的水通过蓄满产流方式形成地表径流汇入河流、湖泊或湿地系统，这时活动层越薄、土壤前期含水量越高，产流越迅速且产流率大。在地表以下，存在季节性的或常年以地下冰赋存形式的固

态水，这些固态水在融化期一部分成为土壤水分、地表径流的水源，有一部分将补充进入地下水系统。

二、冻土区径流形成机制

在多年冻土区，对径流影响最大的是多年冻土活动层。活动层的冻融过程不仅影响地表径流的产汇流，也影响活动层内垂直和水平方向的壤中流，最终影响多年冻土顶板以上地下水的补给和径流过程（图 13－1）。多年冻土顶板附近地下水一部分来自于地表降水下渗补给，另一部分则来自于多年冻土融化释放出的水。

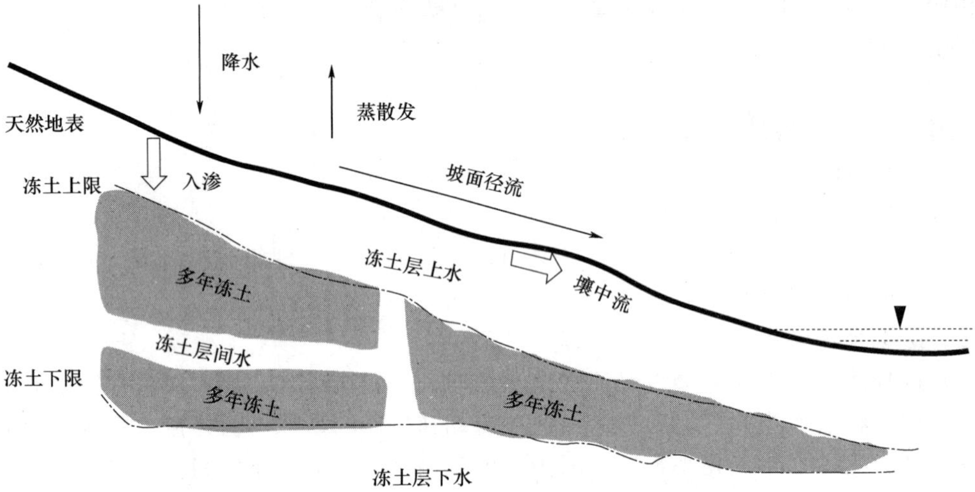

图 13－1 多年冻土活动层水文过程示意图

冻土产流具有如下特点：

（1）在冻结期间作为一个不透水层存在于岩石和土层中，但又不同于岩石和土壤的不透水层。随着暖季的到来，冻土不断融化，不透水界面由土壤表面不断向下延伸。

（2）冻结期间，减弱了土层对蒸发的供水水分，使消耗于蒸发的水分减少，从而使土壤保持湿润。

（3）冻土的冻结与消融过程使土壤变得松散，增大了透水性。

从冻土特征及其消融过程来看，它具备着 R_{sat} 及 R_{sb} 产流机制的基本条件。在转暖的初期，最初的融雪及降雨将以饱和地面径流形式产生径流。随着冻土的融化，将产生壤中流。当冻土为季节性冻土层，且冻土层下有地下水时，则将产生 R_g 径流；当无地下水时，随着暖季的继续则可能转换为单一的 R_s 产流机制。当为多年性冻土时，则在暖季仍保持着 R_{sat} 及 R_{sb} 产流机制。在这种情况下，唯一的特点是，由于冻土界面的变深，不同时期饱和地面产流所必需的土壤蓄水量是变动的。它在各年间、各个时期是不同的，与当年的气温变化有着密切的关系。

三、冻土变化对径流的影响

冻土变化对气候变化具有强烈的敏感性和重要的反馈性。在全球气候变化背景下，冻土的变化将会显著影响寒区下垫面的变化、冻土变化及冻融过程，进而影响着寒区生态和水文系统的物理、化学和生物过程。

在气候变暖影响下，多年冻土活动层及多年冻土自身均发生着变化，这些变化必然会对冻土水文过程产生影响。研究结果显示，多年冻土退化已经对地表径流和地下径流产生一定的影响，这种影响的突出表现是多年冻土退化对径流的直接补给作用。多年冻土退化可能导致地表径流、基流和地下径流增加，壤中流减少，增减的幅度与流域冻土覆盖率有关。

思　考　题

1. 试分析冰川积累与消融的过程。

2. 冰川流域河流的补给水源可能有哪些类型?

3. 夏季典型冰川覆盖区河流径流的日内变化有何一般性规律?

4. 查找资料分析寒区如何观测固态形式的降雪量，影响局地尺度内降雪空间分布差异的因素有哪些?

5. 试分析寒区较厚积雪层融雪径流的出流过程。

第十四章　森　林　水　文

森林与水是森林生态系统的重要组分，二者具有密切的关系。森林水文学主要研究森林生态系统中水文过程以及森林与水分循环相互的影响，包括森林对水循环过程中降雨、蒸散发、下渗、土壤水、径流、土壤侵蚀等的影响。森林水文学对揭示森林植被变化对水循环的影响过程与影响结果具有重要意义，可以为森林管理、流域管理、景观管理、自然保护、山地防灾、水资源利用和土地利用规划等提供一定的科学依据。

第一节　森林水文研究概况

森林水文是一个复杂的物理过程，是以生态系统的水文学过程和机制为研究核心，以植物与水分之间的相互关系为基础理论，在林地中水分受植被的影响而表现出来的水分分配和运输过程，其实质是植被改变了径流和土壤调蓄水分的作用，同时使林内降水量、降水强度和降水时间等发生改变。

一、森林水文研究概况

在古代，人们就已经注意到了森林具有调节水分、涵养水源的功能，总结出了治水必治山的实践经验。把这种直观认识上升为一门科学来研究始于 19 世纪末，1864 年德国的 Ebmayer 在巴伐利亚建立了第一个森林气象站，对林地的降水量、土壤蒸发和枯枝落叶层对地面蒸发的影响进行了测定。1879 年奥地利开展了森林截留降水和蒸腾的观测研究。1924—1926 年间，罗德民和李德毅在山东、山西、河南及安徽等地的林地，观测研究不同森林植被对雨季径流和水土保持效应的影响。1948 年 Kittredge 首次提出森林水文学一词，在《森林的影响》一书中对经典森林水文研究作了全面的论述，系统地阐述了森林与水的关系，使森林水文研究成为水文学的一门分支学科——森林水文学。

早期的森林水文研究主要是开展野外小区实验观测，在积累资料和数据的基础上进行水文特征量的统计分析，研究重点集中在森林变化（主要是砍伐森林）对流域产流量的影响。由于受到观测手段和观测时间以及观测站点的限制，用于分析和统计的数据可靠性、代表性不高，研究结论缺乏普遍性，很多情况下只能得出定性结果。20 世纪 50 年代，森林水文学开始向两个主要方向发展：一方面致力于森林水文机制和水文特征的研究，探讨森林中水分运动规律，包括降水截留、植物截留、土壤渗透等；另一方面，随着生态学理论的发展，开始从单一森林植被对有关水文学现象的影响转移到水文系统与能量流动、物质循环和水质变化等紧密联系在一起的生态系统水平，从宏观上阐明森林生态系统的基本功能与水文特征的相互关系。

21 世纪以来森林水文研究从单点试验扩展到坡面尺度、景观尺度、流域尺度、区域尺度乃至全球尺度系统；从单项水文因子的实验研究研究扩展到森林与水文、地质、地貌、气候、生态等的相互作用机制的新阶段。今后，在现有森林影响流域径流的观测试验基础上，构建和校核基于分布式的流域水文模型和尺度转换模型，反映森林影响径流形成的内在机制以及生态过程和水文过程的耦合机制将是未来森林水文学研究的主要方向。

随着科学技术的发展，观测仪器和设备的自动化，特别是遥感等技术手段的运用，使人们有可能获得大面积、连续长期的植被、土壤及水分变化资料。地理信息系统的发展使人们可以快速地处理海量数据并直观显示分析结果。这些现代科学技术成果的运用为森林水文研究注入了新的活力，使得从现代生态系统理论角度，运用系统的观点，在系统结构和功能两方面研究森林与水文现象的内在联系和相互作用机制，对森林水文过程进行数学模拟成为可能。

第二节　森林水文主要研究内容与途径

1. 森林水文的主要研究内容

森林水文的主要研究内容包括森林中水循环及水量平衡、森林水文过程机理、森林水文过程模拟、森林植被变化（森林采伐、火灾、开垦、造林等）对流域径流的影响、森林对土壤侵蚀和水质的影响等。各种研究内容中，森林水文过程机理研究是最核心和最基本的内容。

森林水文过程是指在森林生态系统中水分受森林的影响而表现出来的水分分配和运动过程，包括降雨、林冠截留、树干截留、地被截留、林冠蒸散发、裸地蒸发、地表径流、壤中流、地下径流等过程。降雨首先受到乔木层、灌木层、草本及苔藓层或枯枝落叶的截留和再分配，可有效减少地表径流的产生和对地表的直接冲击，同时森林通过蒸散发又将一部分所蓄留的水分释放到大气中，影响流域水分平衡规律。森林所具有的深厚凋落物层，具有较高的持水能力，同时具有抑制林下蒸散发、减缓地表径流速度等作用，在降水再分配过程中具有重要的作用。森林植被能改善林地土壤透性，增强了土壤的渗透能力和持水能力，从而提高了林地蓄水能力。

过程机理研究一般是基于实验观测基础上对观测数据提出解释，归纳总结规律，提出表达规律的公式或模型。这类成果很多，大多与具体地区和森林种类有关，涉及不同树种、不同树龄、不同自然地理气候区和水文气象条件的森林水文过程差异规律。

2. 森林水文的研究途径和方法

森林水文的研究途径可分为森林水文实验研究、森林水文系统模拟研究、森林水文要素相关分析研究等几种途径。实验研究是在野外选点，然后进行坡地或小区原型实验观测。实验观测主要测定森林水分的收入和支出的各项水文气象要素，项目包括森林地区不同水源的径流观测、各种水文气象因子（太阳辐射、风速、温度、湿度、降水和蒸发）的观测、植物截流观测、林下落地雨观测、下渗实验观测。在森林水文效应研究的观测实验结果分析方面，主要采用水量平衡法、研究流域对比法（包括研究流域森林要素变化前后期对比、与森林未破坏的相邻流域对比、与森林未破坏的自然地理类似地区流域对比等，分析手段多为统计方法)。森林水文系统模拟主要指应用流域水文模型对森林地区的径流进行连续模拟，这种方法可以和遥感技术、地理信息系统相结合，可以对森林水文效应的各个方面进行综合研究，是今后森林水文研究的发展方向。森林水文要素相关分析是建立森林水文要素代表因子与水文特征量之间的相关关系，研究两者的相互影响。相关关系可以是单因子相关，也可以是多因子相关，采用的数学手段可以是回归分析法、主成分分析法、模糊综合相关评判法等方法。

3. 森林水文实验观测

森林地区径流观测一般是在选定的小区或小流域的出口断面设立径流观测站观测水位和流量，流量观测方法一般采用堰、槽测流。水文气象因子的观测通常分林区和非林区观测，以便对比研究。林冠降雨量是选林中空地设置雨量计观测，林下落地雨则在林内地表设置雨量计观测。蒸发观测包括，林区土壤蒸发和植物发散量观测，可参考第七章有关内容。植物截流包括林冠截流、树干截流、地被截流，其截流量一般通过雨期林冠降雨观测量、林下落地雨观测量、树干水流收集量、蒸散发观测量用水量平衡式间接估算。下渗实验观测可通过测定土壤含水量的变化进行观测，也可以野外采样，用实验室仪器测定。野外原型实验观测研究是过程机理研究的主要基础之一。

第三节 森林水文的主要研究观点

森林植被结构的改变会影响水文过程的变化，而森林水文功能的实现均与森林结构与水文过程变化相关联。目前森林对水文过程的影响及作用机制的研究已有很多，包括森林对降雨量的影响、蒸散发的影响、径流量的影响、洪水的影响、枯水径流的影响等。但不同研究的结果并不完全一致，在不同流域也有不同的结论。

1. 森林对降雨量的影响

森林能够增加水平降水量(霜、露、结冰等)，这已经是国际上的共识。例如热带森林具有增加水平降水的作用，在西双版纳，仅露水量一项全年可达 70～80mm，而 20 世纪 70 年代后森林被破坏，使水平降水大大减少。对森林与垂直降水的关系，国际上仍存在争论，现在有两种截然不同的观点和结果，一种观点认为森林对垂直降水无明显影响，以欧美各国的研究成果为代表；另一种观点是认为森林可以增加垂直降水量，以苏联的研究成果为代表。对森林与降雨量的关系显然还有待进一步研究论证。

2. 森林对蒸散发的影响

大多数研究结果表明，森林蒸散发大于无林区的蒸散发，森林总蒸发量与无林地的自由水面的蒸发量较接近，森林蒸散发最大量约占降雨量的 40%～80%。

必须指出，森林对人类的贡献首先在于水土保持和气候调节的生态效应，其次才是森林的经济价值。编者认为，森林与径流的关系研究离开了水土保持的前提就没有意义，实际上，森林对径流的影响很难用短期的实验观测数据揭示，那些基于森林砍伐前后数年的观测数据作出的研究结论可能是不可靠的。人们应当把注意力转向没有了森林带来的土地荒漠化引起的灾难性结果，只有对比土地荒漠化后的情况，森林的生态效益和水文效应才能突显出来。

3. 森林对径流量的影响

大量的水文试验结果也显示，森林类型与径流密切相关，但是森林影响径流是一个复杂的过程，森林覆盖与径流并非简单的线性关系，受到森林植被本身以及其他环境因素影响。关于森林对河川径流量的影响主要有 3 种观点：①森林的存在会使径流量增加；②森林的存在会减少径流量；③森林的存在与径流量之间没有明显的关系。每种观点都有实验数据支持，例如，苏联学者在斯莫列斯克河、季洛夫河、伏尔加河左岸 3 个地区的统计资料表明，在相同的气候条件下，有林流域较无林流域径流量增加 114mm，即森林覆被率每增加 1%，年平均径流量增加 1.1mm，结论是森林的存在会增加年径流量。而部分研究的结论则相反，即流域的森林恢复会减少年径流量，而森林采伐会增加年径流量。Stednick 将美国 95 个流域的实验资料进行了系统总结，结果表明，当采伐达 100%时，年增加的流域产水量最大可达 750mm；1924 年日本在爱知县试验林场设置 4 个流域试验地，开始进行流域径流量随林相变化的比较试验，研究结果表明，森林采伐可增加直接径流 15%～100%。在匈牙利西部阿巴拉契山坡，生长有枫树、橡树林的集水区，1957 年曾实施 13%强度的择伐，伐区与未经采伐的对照区相比较，其径流量和洪水性质、水质没有发生任何变化，说明森林与年径流量没有关系。我国不同学者的研究结果也有类似的相反结论。上述对立的观点和研究结果说明了森林水文研究的复杂性。

4. 森林对洪水的影响

世界各国的研究结论表明，森林对于削减洪峰、延长洪峰历时具有一定的调节作用，而对洪水灾害的减弱程度则与暴雨输入大小和特性有关。就小暴雨或短历时暴雨而言，森林具有较大的调节作用；但对特大暴雨或长历时的连续暴雨来说，森林的调蓄能力是有限的，因为森林的拦蓄容量已被前一次暴雨占去大部分，再次发生暴雨时森林的拦蓄作用会大大降低。甚至有人认为，由于森林的拦蓄作用，当连续降水时产生洪水叠加而增大了洪峰量，将导致更大的洪水灾害。森林蓄水容量与森林类型、特征、土壤层厚度及地质、地貌等条件有关，因此不同自然地理区及不同水文区，森林与洪水的关系不能一概而论。

5. 森林对枯水径流的影响

与森林对径流量的影响研究结论一样，森林对枯水径流的影响也存在不同的观点。

思 考 题

1. 试分析为何干旱区流域上游森林流域具有水源涵养的作用。
2. 试分析森林流域毁林开荒对流域径流在短期和长期内的可能影响。

第十五章　数　字　流　域

第一节　数字流域概念

数字地球是美国继“星球大战计划”和“信息高速公路”之后提出的又一全球性战略计划。1998年1月31日美国前副总统戈尔在《数字地球：对21世纪我们这个星球的认识》的讲演中指出：“我们需要一个数字地球，即一种可以嵌入海量地理数据的、多分辨率的和三维的地球的表示。可以在其上添加许多与我们所处星球有关的地学数据”。戈尔的讲演揭示了美国建设数字地球的决心。目前，世界上很多发达国家都采用以政府主导的形式，集中力量进行数字化建设，从而带动整个国家实现新的技术升级。

数字地球是对真实地球及其相关现象的数字化描述，它将全球性、动态性的、高度空间分辨率的遥感数据与各种资源、环境、生态和社会经济数据整合，由计算机进行管理，便于人们快速、准确地掌握全球的各种状况。在研究全球环境现状和变化规律，提高人类预测未来气候和环境变化水平，合理开发和利用自然资源，实现工农业生产合理布局，预防和治理环境污染，防止地球环境恶化，保护和改善人类的生存环境方面，数字地球有极其重要的作用。可以说，数字地球已成为人类认识自然、利用自然、保护自然的有力工具，极大地促进着全球变化的研究。不仅如此，数字地球在政治经济、军事方面也正在日益发挥着重要作用，随着科学和社会的发展，人们越来越认识到数字地球对于社会经济发展的重要性。

数字流域是数字地球的重要组成部分，是数字地球概念下的局部的、更专业化的数字系统。广义地说，所谓数字流域，就是综合运用地理信息系统（Geographic Information System，GIS）、遥感（Remote Sensing，RS）、全球定位系统（Global Positioning System，GPS）虚拟现实、网络和超媒体等现代技术，对全流域的地理环境、基础设施、自然资源、人文景观、生态环境、人口分布、社会和经济状态等各种信息进行数字化采集与存储、动态监测与处理、深层融合与挖掘、综合管理和传输分布，构建全流域可视化的基础平台和三维立体模型，建立适合于全流域各不同职能部门的专业应用模型和规则库及相应的应用系统，在此基础上，研制和开发各级政府领导部门综合管理整个流域、并进行宏观决策的计算机应用系统。

就水文科学研究者而言，数字流域将上述广义数字流域的研究对象只局限于流域的水文范畴，为全流域的水利水电部门服务的应用系统。进入21世纪以来，我国先后提出了“数字海河”“数字黄河”“数字长江”等一系列数字流域的建设计划。数字流域的建设为我国研究和解决江河水利和水灾害问题提供了高科技手段。

数字流域技术是对流域各类空间数据的数字化技术。数字流域的基础是数据，数据主要包括流域地形数据、流域下垫面、流域气象信息以及流域水文信息等。地理信息系统（GIS）、遥感（RS）与全球定位系统（GPS）组成的3S技术进一步集成，将为数字流域提供强大的支持平台和快速实时的分布式数据源。

数字流域的关键技术主要包括数字流域平台系统构建、数据库与数据挖掘、数字流域水文模型等方面，核心之一即是数字流域水文模型。流域数字化后可得到流域降雨、下垫面等要素在空间上的分布状况，成为在更小的尺度上进行水文过程模拟，实现数字流域水文模型（分布式流域水文模型）构想的基础。

第二节 数字高程模型

数字地球实质上是一个信息系统，包括了超巨大的信息容量，并提供了管理咨询和分析这些信息的机制。而数字高程模型（digital elevation model，DEM）则是构成数字地球的海量数据库的最重要的组成部分之一，是各种信息的载体，是三维虚拟地球的基本框架，是数字地球和数字流域水文模型的数学基础。高精度的DEM数据和高分辨率、高光谱、多周期的遥感影像，为人们定量描述流域空间变化过程提供了日益丰富的数据源。

一、DEM的概念

数字高程模型是描述地表起伏形态特征的空间数据模型，由地面规则格网点的高程值构成的矩阵，形成栅格结构数据集。DEM作为地球空间数据的基本内容和其他各种地理信息的载体，是各种地学分析的基础。数字化高程的目的是可以将计算结果用图形或图像形象、直观地显示出来，从而使许多抽象的、难于理解的原理和规律变得容易理解，使许多冗繁而枯燥的数值计算变得生动有趣。因此，数字高程模型将极大地促进科学计算的现代化。数字化高程的研究，作为“数字地球”工程中不可缺少的重要组成部分具有重要的意义，也必将会得到更大的发展。

与传统地形图比较，数字高程模型作为地形表面的一种数字表达形式有许多优点，如地形信息显示形式多样、地表特征分析实现自动化等。因为这些优点，其应用十分广泛，几乎遍及整个地形领域。如在测绘中可用于绘制等高线、坡度图、坡向图、立体透视图、立体景观图、立体地形模型及地图的修测。在各种工程中可用于体积和面积的计算、各种剖面图的绘制及线路的设计。军事上可用于导航、通信、作战模拟及制定作战计划等。在遥感中可作为分类的辅助数据。在环境与规划中可用于土地现状的分析、在水利工程中可用于各种规划及洪水险情预报，泥石流预测，数字水文模型的建立等。

二、DEM的主要表示模型

DEM目前有4种表示模型：规则网格模型、不规则三角网模型、等高线模型、混合模型。

（1）规则网格模型。规则网格模型是将区域空间划分为规则的网格单元，每个网格单元对应一个高程值，网格通常是正方形，也可以是矩形、三角形等规则网格。数学上可以表示为一个矩阵，在计算机实现中则是一个二维数组。

（2）不规则三角网模型。不规则三角网数字高程由连续的三角面组成，三角面的形状和大小取决于不规则分布的测点或节点的位置和密度。不规则三角网是随着地形起伏的复杂变化而改变采样点的密度和决定采样点的位置，因而它能够避免地形平坦时的数据冗余，又能按地形特征点如山脊、山谷线、地形变化线等表示数字高程特征。

由于不规则三角网模型的每个点都是原始观测数据，避免了 DEM 内插的精度损失，所以能较好地顾及地貌特征，表示复杂地形比规则网格精确。但不规则三角网模型的数据存储方式比规则网格模型复杂，它不仅要存储每个点的高程，还要存储其平面坐标、节点连接的拓扑关系、三角形及邻接三角形等关系。不规则三角网模型的表示和数据存储见图 15－1。

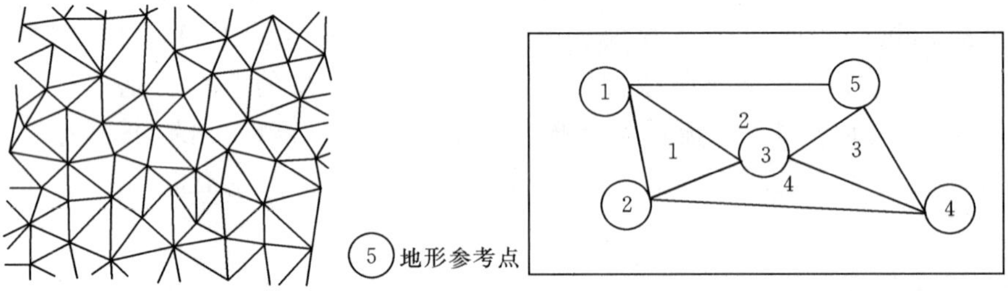

(a) 不规则三角网(TIN)　　(b) 不规则三角网网络

图 15－1　不规则三角网模型的表示和数据存储

（3）等高线模型。等高线模型的含义是每一条等高线对应一个已知的高程值，这样一系列等高线集合和它们的高程值一起构成了一种地面高程模型。等高线通常被存成一个有序的坐标点对序列，可以认为是一条带有高程值属性的简单多边形或多边形弧段。由于等高线模型只表达了区域的部分高程值，往往需要一种插值方法来计算落在等高线外的其他点的高程，又因为这些点是落在两条等高线包围的区域内，所以，通常只使用外包的两条等高线的高程值进行插值。

（4）混合模型。前三种模型中两种以上组成的模型。

三、DEM 模型建模的数据内插

内插就是根据参考点上的高程求出其他待定点上的高程，在数学上属于插值问题。DEM 不同的应用需要不同的表示模型，例如，数据采集和储存是等高线模型，屏幕显示三维地形图则需要网格模型；反之，数据采集和储存是网格模型，屏幕显示等高线地图，则需要等高线模型。表示模型之间的转换，必须依靠内插。任何一种内插方法都是基于原始函数的连续性，或者是说邻近的数据点之间存在很大的相关性，这才有可能由邻近的数据点内插出待定点的数据。对于局部地面，光滑条件可以认为是满足的，但大范围内的地形很复杂，整个地形不可能满足连续光滑条件，因此，不可能用一个多项式来拟合。因此，在内插中一般不采用整体函数内插，而采用局部函数内插，做法是把整个区域分成若干块，使各块满足光滑条件。对于不光滑的甚至不连续（存在数据断裂性）的局部地表，必须进一步分块处理。

DEM 内插有多种算法，常用的有距离加权法插值法、移动拟合插值法、双线性多项式内插、样条函数内插、最小二乘法、有限元法以及分形插值法等。距离加权插值法与第三章雨量插值的距离平方倒数法完全相同。其他方法可参考相关文献。

第三节　基于 DEM 的数字流域特征计算

流域特征信息提取是从 DEM 中提取汇流网格、数字水系、流域长度和坡度等特征数据。国外自 20 世纪 60 年代起就开始研究利用 DEM 提取流域地形特征，80 年代之前的研究范围仅限于分水线和山谷的识别和提取，以后相继出现了各种提取河网、流域边界以及划分子流域的方法。

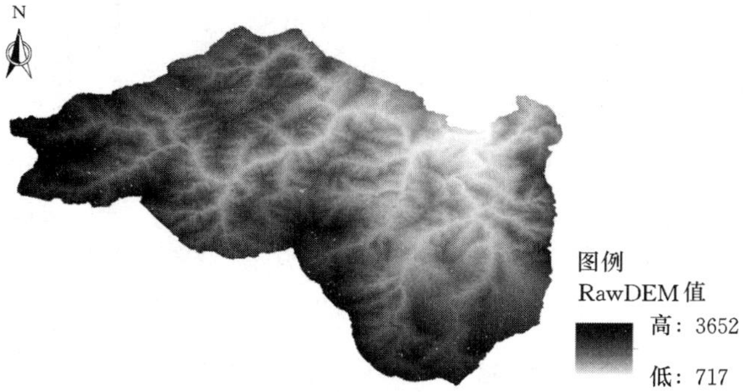

图 15－2　某流域 DEM

一、流域地形特征计算

1. 流域坡度计算

地面上某点的坡度是表示地表面在该点倾斜程度的一个矢量。当地面为光滑曲面时，过地面某点作曲面的切平面，切平面的坡度就定义为该点的坡度。可以证明：任一斜面的坡度等于它在该斜面上两个互相垂直方向上的坡度分量的矢量和。

e5	e2	e6
e1	e2	e3
e8	e4	e7

图 15－3　3×3 窗口计算点的坡度/坡向

目前求地面坡度坡向可归纳为 5 种算法：四块法、空间矢量分析法、拟合平面法、拟合曲面法、直接解法其中目前较佳方法是拟合曲面法。拟合曲面法假定：地面可以用曲面近似表达。因此，扫描 DEM，逐次取 3×3 的窗口（图 15－3），用二次曲面拟合窗口网格点高程，则窗口中心点 e 的坡度 S_e 和坡向 $\tan\alpha_e$ 的计算式为

$$S_e=\sqrt{S_x^2+S_y^2}\quad ;\quad \tan\alpha_e=\frac{S_y}{S_x}$$

其中

$$S_x=\frac{z_x-z_e}{\sqrt{\Delta x^2+\Delta y^2}}\ ;\quad S_y=\frac{z_y-z_e}{\sqrt{\Delta x^2+\Delta y^2}}$$

式中 S_x——x 方向的坡度；

S_y——y 方向的坡度；

Δx——网格在 x 方向的长度；

Δy——网格在 y 方向的长度，当网格为正方形时 $\Delta x = \Delta y$；

z_e——窗口中心点 e 高程；

z_x——窗口中心点在 x 方向的相邻网格中心高程；

z_y——窗口中心点在 y 方向的相邻网格中心高程。

平均流域内所有网格点坡度的值就得到流域平均坡度值。

2. 等高线生成

如果 DEM 是等高线模型，则不需生成，如果 DEM 是规则网格模型，则需由网格数据生成等高线。主要包括两个步骤：①利用 DEM 的高程点的高程值内插出等高线点并顺序排列；②利用顺序排列的等高线点的平面坐标（x_i，y_i）进行内插加密等高线点使其可绘制成光滑曲线。内插加密有各种算法，如多项式法、分段三次多项式、样条曲线、分段圆弧等算法。

二、流域水系提取

提取分水线与合水线（水道）的实质就是提取山脊线与山谷线。提取的算法依据其原理大致可归纳为 4 种：①基于图像处理的特征提取算法；②基于地形曲面几何分析原理的算法；③基于坡面流模拟原理的算法；④基于地形曲面几何分析和坡面流模拟相结合的算法。

基于坡面流模拟原理的算法是水文研究中最常用的算法，其基本思想是假设流域上降了一个单位深度的净雨，则每个网格为一个单位水量，根据流域汇流原理，依照流水从高至低的自然规律，判断每个网格点的水流方向，然后从流域最低点反向追踪每一个网格点的汇水量（网格数），直至追踪完汇水量为零的点，则追踪线路即为水道，汇水量即为流域面积，汇水量为零的点的连线即为分水线。

1. 洼地标定和填平

DEM 与真实地形一样存在洼地、平坦区和斜坡，但 DEM 中的洼地，有些是真实地形洼地，有些是 DEM 建模误差造成的洼地。斜坡是倾斜平面，其上网格单元（以下简称网格单元为单元）均可确定水流方向。平坦区指存在高程点相同的片状网格区域，其边界上至少存在一个区域外相邻的单元，它的高程低于平坦区高程，即，平坦区至少有一个出水口。洼地指可以形成汇水区的片状网格区域，区域内至少有一个单元的高程低于边界上所有单元的高程，即，洼地中存在不能流出水流的单元或区域。如果一个 3×3 网格区的中心单元高程不高于其 8 个邻域单元的高程，则称其为渗坑。显然，每一个洼地至少含有一个渗坑。

要利用坡面流原理提取水系，首先必须填平洼地，使其成为平坦区；其次是确定平坦区的水流方向。填平洼地的实质是模拟坡地填洼过程，这就需要先标定出 DEM 中的洼地并填平。洼地标定就是寻找洼地边界，这只需要对洼地单元进行标记即可。填平就是将洼地内高程低于边界最低高程值的单元，垫高其高程至边界最低高程，具体步骤如下：

（1）取 3×3 网格窗口扫描 DEM，找出渗坑并标记，例如记为符号 P。

（2）以渗坑中心扩大窗口为 5×5 网格，显然四角边界单元有 3 个相邻单元，其余边界单元有 5 个相邻单元，而且相邻单元中至少有一个被标记过。对边界单元，将其与被标记过的相邻单元比较，如果高程大于其中一个，则标记。扫描完边界单元，如果边界存在被标记单元，则继续扩大窗口，重复标记过程。不断扩大窗口，反复标记过程，直至窗口边界没有被标记的单元，则所有被标记的单元集合区为洼地。

(3) 取洼地左上角边界单元，顺时针扫描边界，找出边界最低高程值。找出洼地内低于此高程值的所有单元，修改它们的高程值为边界最低高程值。

2. 网格流向判断算法

算法有单流向算法和多流向算法，单流向算法有多种算法，现介绍单流向算法中的 D8 算法。

D8 算法原理：为叙述简便起见，设 DEM 为矩形网格，每个单元边长为 Δl。将 DEM 中任意单元 e 的 3×3 网格编码，水流方向便可用其中一个值来标记，单元方向编码为：

64	128	1
32	e	2
16	8	4

图 15-4　D8 算法示意图

例如，单元 e 中的水分流向右下角，其水流方向被赋予 4。方向值以 2 的幂编码是在单元水流方向不能确定时，便于后续处理，当然也可以采用其他编码方式。单元 e 的水流可能方向规定只取指向相邻 8 个单元中心点的方向之一。单元四边及四角方向的坡度分别为

$$S_i = \frac{z_e - z_\alpha}{\Delta l} \quad 及 \quad S_i = \frac{z_x - z_\beta}{\sqrt{2}\,\Delta l}$$

式中　S_i——中心网格 8 个方向坡度之一；

z_e——中心网格高程；

z_α——中心网格四边相邻网格高程，α 取 2、8、32、128 之一；

z_β——中心网格四角相邻网格高程，β 取 1、4、16、64 之一 。

单流向算法规定：网格 e 的水流方向定义为坡度最大的方向。

确定水流方向的算法步骤如下：

(1) 对所有 DEM 边缘的单元，赋以指向边缘的方向值。

(2) 以 3×3 网格窗口扫描 DEM 内部单元，计算每一单元的 8 个相邻方向的坡度。

(3) 确定具有最大坡度值的相邻单元，按以下情况进行标注：①如果最大坡度值大于或等于 0，且只有一个，单元水流方向标记为最大值对应的相邻单元编码值。②如果最大坡度值大于 0，且有一个以上的最大值，按以下规则标记：a. 如果中心单元在一条边上的三个邻域单元有相同的坡度值，则该条边中间单元的编码值标记为中心单元的水流方向值。b. 如果中心单元的相对边上有两个邻域单元坡度值相同，则任选其一单元编码值标记为中心单元的水流方向值。③如果最大坡度等于 0，且有一个以上的 0 值，则将对应单元编码值相加，表示中心单元的水流方向待定。极端情况下，如果 8 个邻域单元的高程都与中心单元相同，则中心单元的水流方向值赋予 255，例如平坦区中的单元。

(4) 扫描完DEM所有内部单元后，对水流方向待定的单元，以它为中心建立5×5网格窗口，计算边界单元对中心单元的坡度值。如果最大坡度值大于或等于0，且只有一个，选其最大坡度值对应的单元的水流方向值作为中心单元的水流方向值。其余情况与3×3网格窗口标记方法相同，例如，5×5网格窗口仍不能确定中心单元方向，则进一步扩大网格窗口继续搜索，直至方向确定为止。

3. 计算DEM内每一单元的上游汇水面积

根据DEM中单元的水流方向数据，可以计算出DEM中每一个单元的上游汇水面积。具体做法是反向追溯取定单元的上游单元，统计水流可以流达本单元的上游单元数目，结果存储为一个矩阵，称其为水流累计矩阵。

4. 河流水道起始单元标记

DEM中某一个单元能够形成水道，必须存在一定规模的上游汇水区，因此，可以根据研究区的自然地理特征选定上游汇水区阈值，从DEM边界单元按水流方向搜索，将上游汇水区数值等于阈值的单元标记为水道起始单元。同时标记流域边界单元。

5. 水系的生成

按以下步骤提取水道线：

①找出DEM中的所有水道起始单元。②从水道起始单元开始，向下追踪水道线，并记录水道线长度。③确定是否已经追踪到了水系交汇点。每追踪出一个水道单元，均需检查所有相邻单元，如果相邻单元中有水系单元的水流方向指向该水系单元，则说明当前单元为水系交汇点，将算法转移到下一步。④根据追踪出的水道线长度，决定该段水道线是否需要剔除。如果水道线长度小于预先给定的长度阈值，则剔除该河道线，否则，保留该水道线。对保留水道线，标记，水道级别，上游汇水面积边界，下游水系交汇点。⑤一级水道下游水系交汇点作为二级水道起始单元继续追踪，依法操作，最后可追踪出各级水道。

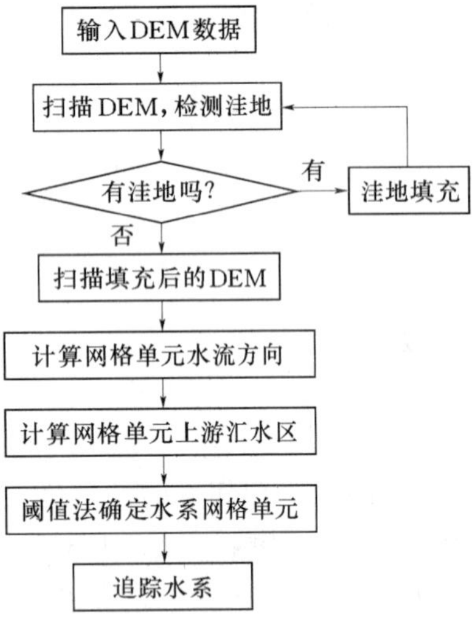

图15-5　利用DEM追踪流域水系

水道追踪算法开始之前，必须根据研究区的自然地理特征选定上游汇水区阈值，最小水道长度阈值两个参数，以及流域出口单元坐标。流域出口单元的汇水单元数即为流域面积，流域边界单元集合就是流域分水线。

DEM生成的集水流域和水系，是数字水文的基础，在有些水文学应用领域，不仅限于模拟径流，而且需要了解径流在流域上的分布，以流域出口断面径流为模拟对象的传统径流模拟技术不能达到这一目的。例如，要了解地表的侵蚀，对坡面上水流状态的研究就很重要，研究环境的面源污染更需要了解径流在面上的分布及水流与污染物的关系。对地表微观形态的了解，有助于理解地表如何影响水流的流动，以及水流如何塑造地貌。

7	7	6	7	5	4
8	2	9	1	8	9
7	6	5	4	4	5
6	7	6	9	6	0
6	5	4	3	3	4
9	3	4	7	8	8
6	5	5	2	3	2
4	8	5	2	1	4
6	6	4	2	1	1
8	1	7	1	6	9
7	5	3	1	1	1
4	3	4	2	1	2

(a)

2	2	2	4	4	8
2	2	2	4	4	8
1	1	2	4	8	4
12	12	1	2	4	8
8	8				
2	2	1	4	4	4
1	1	1	1	4	1
					6

(b)

0	0	0	0	0	0
0	1	1	2	2	0
0	2	7	5	4	0
0	0	0	2	0	1
			0		
0	0	0	1	2	0
				4	
0	2	4	7	3	2
				5	

(c)

图 15－6　一个简单的 DEM 矩阵及其计算结果（引自文献［8］）

（a）原始 DEM 矩阵；（b）水流方向矩阵；（c）水流累计矩阵

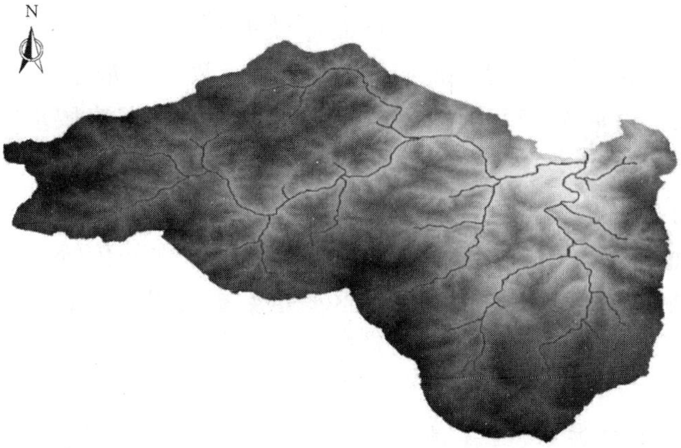

图 15－7　某流域河网水系

第四节　3S 技术在数字流域的应用

3S 技术结合了空间技术、传感器技术、卫星定位与导航技术、计算机技术和通信技术，是对空间信息进行采集、处理、管理、分析、表达、传播和应用的现代信息技术。

在 3S 技术中，GIS 是在计算机硬件与软件支持下，科学管理和综合分析具有空间内涵的地理数据的技术，它是为规划、管理、决策和研究提供信息的空间信息系统。RS 是指通过某种传感器装置，在不与研究对象直接接触的情况下，获得其调整信息，并对这些信息进行提取、加工、表达和应用的一门科学技术。GPS 是利用人造地球卫星进行点位测量导航技术的一种，是由美国军方组织研制建立，从 1973 年开始实施，到 90 年代初完成，GPS 通过同时对多颗卫星进行伪距离测量来计算接收机的位置，实现全球、全天候、高清晰度的定位，作为一种现代化的技术手段，现已成为全球公用信息资源，得到广泛研究和应用。

在3S技术框架中，RS和GPS都是采集数据定位工具，向GIS提供或更新区域信息以及空间定位信息。RS作为一门主要的信息获取技术，目前发展很快。它通过观测电磁波，从而判断和分析地表的目标以及现象，具有强大的信息采集和获取能力，是GIS的重要数据源和更新手段。GPS的全球性、全天候、高精度的实时导航功能为遥感数据地面定位目标选择、野外验证、图像分类提供了必要的数据信息，为GIS提供精确的空间定位信息。GIS是对前两者采集的数据进行存储、管理、分析的工具，以及从RS和GPS提供的数据中提取有用信息，并进行综合集成。3S技术集成把三种技术与其他相关技术有机地集成在一起，是一种有机的结合、在线的连接、实时的处理和系统的整体性。

3S技术为科学研究、政府管理、社会生产提供了新一代的观测手段、描述语言和思维工具。目前3S技术已经应用到科研部门、测绘与资源环境、城市规划、土地管理、设施管理、交通管理、农业、林业、水利、商业等领域。随着"数字城市""数字流域"等以空间数据为基础的国家级项目的开展，为3S技术发展创造了良好的条件。

3S技术在数字流域方面的主要应用除了基于DEM的数字流域的水系提取、流域划分、流域分析外，还是获取遥感降雨、下垫面等数据、利用遥感数据进行流域参数反演、建立数字流域数据库等的主要手段。此外，3S技术为数字流域水文模型的应用创造了条件。GIS将图形显示、空间分析与数据库技术相结合，为数字流域水文模型的大量空间信息数据处理及管理提供了强有力的工具。RS技术不仅可以提供土壤、植被、土地利用等下垫面的信息，也可以获取降雨的空间分布特征、估算区域蒸散发、土壤水分、地表温度、模型参数如叶面指数（LAI）等。通过遥感技术能够弥补传统检测资料的不足，丰富了水文模型的数据来源，尤其是为无资料地区获取数据提供了条件。

思　考　题

1. 试分析栅格数据与矢量数据的特点，可分别表示流域的哪些属性特征？

2. 流域的地形分布、水系分布、面积分布可通过DEM模型获得，请思考流域的土壤与植被分布状况可通过什么手段获得？

第十六章　数字流域水文模拟

数字流域水文模拟主要是指流域数字化后，区别于以往将整个流域作为一个整体的较大尺度集总式水文模拟，在更小的尺度上用水量平衡方程及水流运动方程描述不同坡面内或不同网格内的产汇流过程，最后再叠加不同空间位置的水流，实现数字流域水文模拟的构想。数字流域水文模拟主要依据分布式流域水文模型，模型能够处理大量的流域信息，刻画流域降雨和下垫面空间分布的不均匀性，精细模拟降雨径流关系，揭示河流运动变化的规律，预报预测河流特定行为。

数字流域技术是对流域各类空间数据的数字化技术，是开展数字流域水文模拟的应用基础。分布式流域水文模型是实现数字流域水文模拟的主要工具。

第一节　流域水文模型概述

水文学作为一门物理科学，它对所研究的问题必须做出定量的分析和回答。也就是说，通过水文模拟定量的预估水文现象和与水文现象有关的经济效益、生态效益、社会效益，所谓水文模拟就是应用水文模型进行计算，对水文物理现象进行数值仿真。

在水文学中水文模型通常指的是数学模型，因此，水文模型一般指根据水文循环中各个环节的物理现象规律建立起来的“数学系统”，或者说水文模型是水文现象的数学模拟。

过去的流域径流分析计算大多是针对某一个水文环节（如产流、汇流等）进行的，由于计算机的出现，从 20 世纪 50 年代中期起，开始把水文循环的整体过程作为一个完整的系统来研究，并在 50 年代后期提出了“流域水文模型”的概念。流域水文模型是以一个流域作为基本研究单元，以流域水文循环的整体过程作为模拟对象的模型。随后有 SSARR 模型（1958）和 Stanford 模型（1959）等模型出现。这些模型从定量上分析了流域出口断面流量过程线形成的全部过程，包括降水、蒸发、截留、下渗、地表径流、壤中流、地下径流等产流环节，也包括了坡面调蓄和河网调蓄等汇流环节。

按照对流域水文过程离散程度分类，流域水文模型可以分为集总式流域水文模型和分布式流域水文模型。

1. 集总式流域水文模型

集总式流域水文模型是以一个流域作为完整的研究单元，以流域平均降雨量和蒸发量作模型输入，以流域出口断面的径流作为模拟目标的模型。集总式水文模型最基本的特征是将流域作为一个整体来描述或模拟降雨径流形成过程。不同的集总式模型尽管可能具有不同的模型结构和特征参数，但模型本身大多数都不具备从机理上考虑降雨和下垫面条件空间分布不均匀对流域降雨径流形成影响的功能。集总式流域水文模型的研究，自 20 世纪50年代后期提出至70年代达到了高潮，至今仍是水文科学研究和生产实际中被广泛使用的水文模型。根据构造模型的方式方法之不同，集总式流域水文模型有各种各样的具体模型，其中最为出名的有美国的斯坦福模型（Stanford）、萨克拉门托模型（Sacramento）、HEC模型、HSPF模型，瑞典的HBV模型，日本的水箱模型（Tank），以及我国河海大学赵人俊教授团队提出的新安江模型等。

2. 分布式流域水文模型

分布式流域水文模型最基本的特征是按照流域各处气候信息（如降水）和下垫面特征（如地形、土壤、植被、土地利用）要素信息的不同，将流域划分为若干小单元；在每个单元上用一组参数反映其流域特征，具有从机理上考虑降雨和下垫面条件空间分布不均匀对流域降雨径流形成影响的功能。分布式流域水文模型的提出解决了水文过程中的空间变异性问题，从而更加真实地再现或预测流域的各种行为。

第二节 分布式流域水文模型

一、分布式水文模型的特点

分布式流域水文模型最基本的特征是按照流域各处气象信息（如降水）和下垫面特征（如地形、土壤、植被、土地利用）要素信息的不同，将流域划分为若干小单元；在每个单元上用一组参数反映其流域特征，具有从机理上考虑降雨和下垫面条件空间分布不均匀对流域降雨径流形成影响的功能。分布式流域水文模型的提出解决了水文过程中的空间变异性问题，从而更加真实地再现或预测流域的各种行为。

流域数字化是实现分布式流域水文模型的基础。分布式流域水文模型以分布式流域下垫面，分布式输入量作为标志，是在GIS支持下发展起来的新一代流域水文模型。分布式流域水文模型的核心就是在DEM之上，构造基于网格单元的产、汇流计算模型。由于具体条件的限制或基于精度的考虑，目前，通常把应用DEM提取坡面特征，而产、汇流计算基于单位坡面结构的模型，甚至产、汇流计算基于单位流域的模型也归类为分布式流域水文模型。

目前，将分布式流域水文模型与3S技术相结合，在解决水资源评价、洪水预报调度、污染物运移和土壤侵蚀流失以及水生态等各种生产实际问题方面取得了丰富的成果。尽管分布式流域水文模型的研究与应用取得了长足的进展，但仍存在很多问题。正如*Freeze*所说“拟合的情况，不特别好，也不特别差，这大概便是这类复杂的理论模型用于资料有限，率定过程存在不确定性，且情况复杂的流域中所能期待的结果”。未来3S技术的进一步发展可以为分布式流域水文模型提供更为准确的分布式输入和分布式下垫面信息，将极大地促进水文学理论和应用的发展。

二、分布式水文模型的发展

1969年Freeze和Harlan发表了《一个具有物理基础数值模拟的水文响应模型的蓝图》的论文，标志着分布式流域水文模型研究的开始。此后，许多水文学者开展了分布式流域水文模型的研究，相继开发了各种不同结构的分布式流域水文模型，如，1975年，Hewlett和Troenale提出了森林流域的变源面积模拟模型（Vsvs）；1980年，英国的

Morris 开发了 *IHDM* 模型；1986 年，丹麦、法国及英国的水文学者联合研制了真正意义上的典型分布式水文模型 *SHE* 模型，以及此后在 *SHE* 基础上改进的 MIKESHE 模型、SHETRAN 模型；1985 年，美国农业部农业研究中心的 Alons 和 Coursey 考虑到土地利用与管理将会影响到一个流域的水文循环与化学循环，开发了 *SWAT* 模型；1987 年，Seven 和 1989 年 Calver 等对 *IHDM* 模型进行了改进。21 世纪以来，新的分布式水文模型也在不断提出，目前常用的分布式水文模型有 MIKE－SHE 模型、SWAT 模型、HEC HMS 模型、SWMM 模型、VIC 模型、TOPMODEL 模型、GBHM 模型、二元水循环模型、流溪河模型、BTOPMC 模型等。

目前，基于 DEM 的分布式水文模型可以分为三种类型：

（1）使用一些物理学的，水力学的微分方程，应用数值分析，基于网格单元求解径流的时空变化而建立的模型，这类模型称紧密耦合分布式流域水文模型。如 SHE 模型及其变形，这也是人们所指的具有物理基础的分布式水文模型，也称为第一类分布式流域水文模型。

（2）在每一个水文响应单元或子流域上应用现有的概念性集总模型来推求净雨，再进行汇流演算，最后求得出口断面流量，这类模型也称松散耦合型分布式水文模型。如分布式新安江模型和 SWAT 模型，此类模型亦称为第二类分布式水文模型。

（3）基于 DEM 推求地形空间变化信息，利用地形信息，例如，地形指数，用统计方法求得出口断面流量，这类模型也称半分布式水文模型，或第三类分布式水文模型，如 TOPMODEL。

三、典型分布式水文模型

（一）MIKESHE 模型

System Hydrologic Europe（SHE）是由英国水文研究所、法国 SOG－REAH 咨询公司和丹麦水力学研究所联合研制开发的。1976 年开发，1982 年公布了第一版。

MIKESHE 是 DHI 在随后的 20 世纪 90 年代初在 SHE 的基础上发展起来的模型，成为一个综合性的、确定的且具有物理意义的分布式流域水文模型。与 SHE 模型相比，除了水流模拟模块外，Mike SHE 增加了溶质的对流和扩散模块、地球化学过程模块、作物生长和根系氮的运行模块、土壤侵蚀模块、双相介质的孔隙模块以及灌溉模块。

MIKESHE 主要包括林冠截留、蒸散发、融雪、坡面流、河道汇流、非饱和水流运动、饱和水流运动等模块，每个模块模拟不同的水文过程，不同模块间可以独立作用也可相互作用。MIKESHE 模型可根据需要选择单一模块或耦合多个模块进行建模。

MIKESHE 属于第一类分布式流域水文模型，模型应用数值分析的方法建立相邻网格单元之间的时空关系，在平面上把流域划分成正方形规格网格，在垂向上，划分成几个水平层，处理土壤水运动。模型以模块化结构建立，用于模拟陆地水循环中几乎所有主要的水文过程，包括地表水流运动模块、地下水流运动模块、融雪模块等。其模型总体结构如图 16－1 所示。

MIKESHE 模型以模块化结构建立，其最基本的模块是用于地表水和地下水系统描述与模拟的水流运动模块。水流运动模块每个子模块用于一个主要的水文过程的描述，根

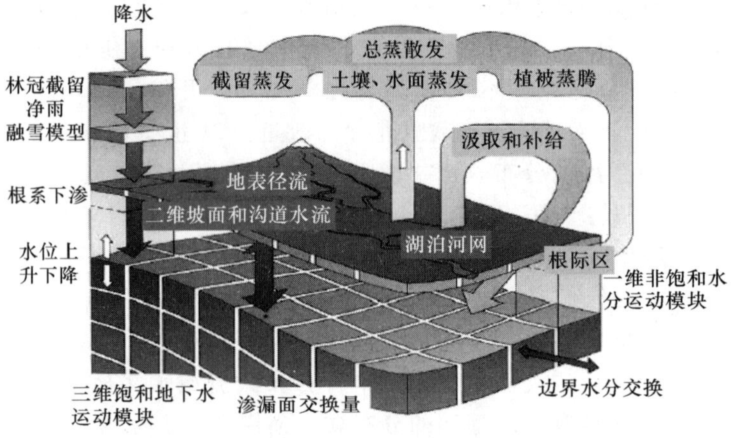

图 16－1　MIKESHE 模型结构示意图

据不同的模拟和实验要求，这些模块可以互相分离液可以综合起来应用，分离开来可以描述水文循环的各个过程，综合起来，就可以描述整个流域的水文循环过程。

描述降雨截留、蒸散发、下渗、坡面汇流、河槽汇流、壤中流汇流及地下水汇流等径流形成环节。每个径流形成环节的过程模拟由一个子模块实现，子模块相互衔接，构成完整的流域径流模拟。

1. 林冠截留模块

采用林冠截留容量经验公式计算截留容量：

$$I_{max}=C_{int}\times LAI \tag{16-1}$$

式中　I_{max}——截留容量，即最大截留量，mm；

C_{int}——截留系数，表示单位面积林冠截留能力，通常取值 0.05；

LAI——林冠枝叶面积指数，mm。

2. 蒸散发模块

在森林流域，实际的蒸散发包括土壤蒸发、林冠截留蒸发及植物散发。

(1) 截留层蒸发。林冠截留潜在蒸发量指计算时段内可能的最大蒸发量，当降雨小于它时，至多把降雨全部蒸发；当降雨大于等于它时，按潜在蒸发量计算林冠实际截留蒸发量。林冠截留潜在蒸发量取 I_{max} 与 $E_p\Delta t$ 中的小者。

$$E_{can}=\min(I_{max},\ E_p\Delta t) \tag{16-2}$$

式中　E_{can}——林冠截留潜在蒸发量，mm；

E_p——流域蒸散发能力，mm/h；

Δt——计算时段，h。

(2) 植物散发。植物散发实质是模拟土壤下层蒸发，即认为土壤下层水分的消耗是通过植物根系吸收土壤水分，再经过树干输送，最后经植物枝叶向空中散发。表达式如下：

$$E_{at}=f_1(LAI)f_2(\theta)RDFE_p \tag{16-3}$$

$$f_1(LAI)=C_1+C_2LAI \tag{16-4}$$

$$f_2(\theta)=1-\left(\frac{\theta_{FC}-\theta}{\theta_{FC}-\theta_W}\right)^{\frac{C_3}{E_p}} \tag{16-5}$$

$$RDF=\frac{\int_{z_1}^{z_2}R(z)\mathrm{d}z}{\int_0^{L_R}R(z)\mathrm{d}z}$$

且

$$\lg R(\theta)=\lg R_0+AROOT\cdot z \tag{16-6}$$

式中　E_{at}——植物散发量，mm；

θ——土壤含水率；

RDF——植物根系分布函数；

$AROOT$——植物根分布系数，与植物种类有关；

z——地面以下深度值；

θ_{FC}——田间持水量；

θ_W——植物凋萎含水量；

C_1、C_2、C_3——经验参数，一般分别取 0.3mm/d、0.2mm/d、20mm/d；

z_1、z_2——分别是所求土壤根系层上下两端深度值；

R——根的汲水量；

L_R——最大根深值。

（3）土壤蒸发。模拟土壤表层蒸发，相当于前述两层蒸发模式的上层蒸发：

$$E_S=P_{ET}f_3(\theta)+[P_{ET}-E_{at}-P_{ET}f_3(\theta)]f_4(\theta)[1-f_1(LAI)] \tag{16-7}$$

$$f_3(\theta)=\begin{cases}C_2, & \theta\geqslant\theta_W\\ C_2\dfrac{\theta}{\theta_w}, & \theta_R\leqslant\theta<\theta_W\\ 0, & \theta<\theta_R\end{cases} \tag{16-8}$$

$$f_4(\theta)=\begin{cases}\dfrac{\theta-\dfrac{\theta_W+\theta_{FC}}{2}}{\theta_{FC}-\dfrac{\theta_W+\theta_{FC}}{2}}, & \theta\geqslant\dfrac{\theta_W+\theta_{FC}}{2}\\ 0, & \theta<\dfrac{\theta_W+\theta_{FC}}{2}\end{cases} \tag{16-9}$$

式中符号意义同上。

3. 坡面流模块

坡面流可用二维圣维南方程组描述，求解方法包括解析解和数值解，数值解就是通过有限元或差分法求解坡面上的二元水流运动。通过对流域水系的提取可得最小集水单元，在集水单元坡面上求解二维圣维南方程组就得到集水单元的河槽入流。坡面流示意图如图 16-2 所示。

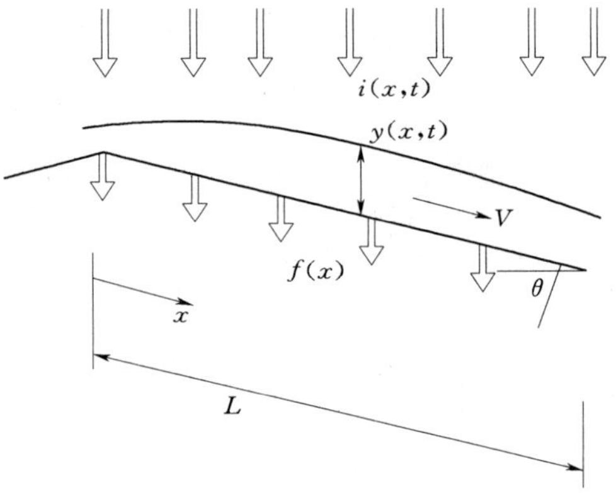

图 16-2 坡面流示意图

坡面流可看作二维明渠非稳定缓变流，其圣维南方程组为

$$\frac{\partial h}{\partial t}+\frac{\partial (uh)}{\partial x}+\frac{\partial (vh)}{\partial y}=q \quad (16-10)$$

$$\frac{\partial h}{\partial x}=S_{0,x}-S_{f,x} \quad (16-11)$$

$$\frac{\partial h}{\partial y}=S_{0,y}-S_{f,y} \quad (16-12)$$

式中 h——坡面某位置点（x，y）处水深；

u、v——平面坐标 x、y 方向上的流速；

$S_{0,x}$、$S_{0,y}$——平面坐标 x、y 方向上的地面坡度；

$S_{f,x}$、$S_{f,y}$——平面坐标 x、y 方向上的摩阻坡度；

q——坡面净雨强度，由落地雨减去下渗得到。坡面上流速与水深的关系由曼宁公式表达：

$$u=\frac{1}{n_x}S_{f,x}^{\frac{1}{2}}h^{\frac{2}{3}} \quad (16-13)$$

$$v=\frac{1}{n_y}S_{f,y}^{\frac{1}{2}}h^{\frac{2}{3}} \quad (16-14)$$

式中 n_x、n_y——坡面上 x、y 方向的糙率。

式（16-10）～式（16-14）联合可求解坡面二元水流运动，通常用数值解法。

4. 河道汇流模块

河道汇流采用一维圣维南方程组的扩散波演算：

$$\frac{\partial h}{\partial t}+\frac{\partial q}{\partial L}=r \quad (16-15)$$

$$\frac{\partial h}{\partial L}=S_0-S_f \quad (16-16)$$

式中 h——河道水深；

q——河道流量，$q=uh$；

L——水流流程；

u——河道断面流速；

r——网格单元的河槽旁侧入流，即坡面注入河槽的流量，可通过判断与水道单元相邻的非水道单元汇水流量得到；

S_0——河道坡度；

S_f——河道摩阻坡度。矩形河道流速与水深的关系由曼宁公式表达：

$$u=\frac{1}{n}S_f^{\frac{1}{2}}h^{\frac{2}{3}} \quad 或 \quad q=\frac{1}{n}S_f^{\frac{1}{2}}h^{\frac{5}{3}} \tag{16-17}$$

一维圣维南方程组的扩散波数值解是将式（16－15）和式（16－16）变为差分格式：

$$\frac{h(i,t)-h(i-1,t)}{\Delta t}+\frac{q(i,t)-q(i-1,t)}{\partial L}=r \tag{16-18}$$

$$\frac{h(i,t)-h(i-1,t)}{\Delta L}=S_0-S_f \tag{16-19}$$

式中 Δt——计算时间步长；

ΔL——网格单元长度；

$h(i,\ t)$——当前网格单元水深；

$h(i-1,\ t)$——上游相邻网格单元水深；

$q(i,\ t)$——当前网格单元流量；

$q(i-1,\ t)$——上游相邻网格单元流量。

用 DEM 可计算流域水道各网格单元的坡度 S_0；给定初始条件和边界条件，采用迭代算法，即可逐个网格单元求解水深和流量。计算步骤如下：

（1）已知上游 $h(i-1,\ t)$ 和 $q(i-1,\ t)$，以 $h(i-1,\ t)$ 作为 $h(i,\ t)$ 的第一次近似 $h^{(0)}(i,\ t)$，用式（16－19）计算当前网格单元的摩阻坡度。

（2）由式（16－17）计算 $q(i,\ t)$。

（3）由式（16－18）计算 $h(i,\ t)$，计算偏差 $\Delta h(i,\ t)$。

（4）令 $h^{(1)}(i,\ t)=h^{(0)}(i,\ t)+\Delta h(i,\ t)$，转步骤（1），逐步迭代，直至式（16－18）两边之差小于给定精度。

5. 非饱和水流运动模块

采用一维垂向理查兹方程式（5－24）：

$$\frac{\partial\theta}{\partial t}=\frac{\partial}{\partial z}\left[D(\theta)\frac{\partial\theta}{\partial z}\right]+\frac{\partial K(\theta)}{\partial z}$$

求解下渗和土壤含水量变化过程。对单元网格面积上的有限深度土柱，地面有积水时，上边界条件为饱和含水量，地面无积水时，上边界条件为通量条件，即落地降雨下渗强度或土壤水蒸发强度。下边界条件为地下水深度处的饱和含水量。考虑研究流域的土壤性质，给定具体的 $D(\theta)-\theta$ 和 $K(\theta)-\theta$ 函数形式，可用数值法逐时段求解土壤含水量和下渗水量。同时得到超渗的地面净雨量。土层垂向分层后，其数值解的步骤类似于一维圣维南方程组的数值解法。

6. 饱和水流运动模块

MIKESHE 模型把壤中流和地下径流都归结为饱和水流运动，用三维饱和水流运动方程描述：

$$\frac{\partial h}{\partial t}=\frac{\partial}{\partial x}\left(K_x\frac{\partial h}{\partial x}\right)+\frac{\partial}{\partial y}\left(K_y\frac{\partial h}{\partial y}\right)+\frac{\partial}{\partial z}\left(K_z\frac{\partial h}{\partial z}\right)+S+Q \tag{16-20}$$

式中 K_x、K_y、K_z——地下水层 x、y、z 方向的水力传导度；

h——地下水水头；

S——地下水层土壤空隙的储水系数；

Q——地下水层空间单元的入流水量。

三维饱和土壤水流的数值解可参见研究生水力学课程中渗流的有关内容。

7. 融雪模块

融雪模块包括两种方法：能量平衡法和度日因子法。

（1）能量平衡法。如果有气象数据，可计算：

$$H = R_n + C + V + I + G \tag{16-21}$$

式中　H——供融雪层融化表面的热量；

R_n——净辐射；

C——空气对流热量；

V——雪面蒸发耗热量；

I——液态降水提供的热量；

G——雪层与下层土壤的热传导热量。

表 16－1　MIKESHE 模型要求的数据

数据类型		格式
图形数据	地表有效糙率：地面糙率分布	矢量
	土地利用，不同土层深度的土壤物理特性：水分垂向分布特征，饱和含水量，饱和传导度，田间持水量，凋萎系数等	
	水系沟道河道断面定义，边界条件，初始条件，河床渗透系数	
	植被分布：不同种类植物分布	栅格
	地形图：DEM 栅格数据	
时间序列数据	降雨数据	数值
	蒸发数据	
	不同季节的叶面指数	
	根系层深度变化数据	
模型参数	植物截流参数：C_{int}	数值
	植物散发参数：C_1，$AROOT$，田间持水量，凋萎含水量，最大根深	
	土壤蒸发参数：C_2，C_3、田间持水量，凋萎含水量	
	下渗参数：非饱和传导度与土壤含水量函数公式参数	
	坡地渗流参数：饱和传导度	
	河道汇流参数：河道底坡，河床糙率	

再用下式计算融雪出水量：

$$M = \frac{H}{S}\Delta t \tag{16-22}$$

式中　M——融雪出水量；

S——融解潜热。

（2）度日因子法。

当无气温资料时，用下式计算 H：

$$H = kT_{am}S_a\rho_w L_i \tag{16-23}$$

式中　k——度日因子；

T_{am}——积雪融化时的临界气温；

S_a——雪的比重；

ρ_w——水的密度；

L_i——冰雪融解潜热。

MIKESHE 模型要求的数据庞大、详细（包括 GIS 图层数据和时间序列数据）且比较规范，MIKESHE 模型支持栅格和矢量两种不同的空间数据格式。

（二）SWAT 模型

SWAT（soil and water assessment tool）是由美国农业部农业研究中心（USDA - ARS）开发的分布式流域水文模型。模型开发的目的是为了研究和模拟在大流域复杂的土壤类型、土地利用方式和管理措施条件下，土地管理对水分、泥沙和污染物的长期影响。SWAT 模型经历了不断的改进，在水资源和环境流域中得到广泛应用。

SWAT 模型将流域分成多个子流域和水文响应单元（HRU），属于第二类分布式水文模型。根据 DEM 和水系分布，SWAT 模型将流域划分多个子流域；根据土地利用、土壤数据进行叠加，将子流域内具有同一组合的区域划分为同一类水文响应单元 HRU，假定同一类 HRU 是具有相同的水文过程，每个子流域包含多个的 HRU（每个子流域至少一个 HRU）。HRU 是进行水文模型计算的最小单元，在模型中依次进行各个 HRU 的水文过程计算，得到子流域的产流过程，再进行汇流演算，叠加便得到整个流域出口断面流量和污染物质量。

SWAT 采用模块化设计思想，包括水文、气象、泥沙、土壤温度、作物生长与养分、农药与杀虫剂、农业管理等功能模块。模型可以模拟地表径流、下渗、壤中流、地下径流、回归流、融雪径流、土壤温度、土壤湿度、蒸散发、产沙、输沙、作物生长、养分流失（氮、磷）、流域水质、农药与杀虫剂浓度变化等多种过程。模型还可以模拟多种农业管理措施（耕作、灌溉、施肥、收割、用水调度等）对上述各种过程的影响。

SWAT 模型主要含有三个子模型：水文过程子模型、土壤侵蚀子模型和污染负荷子模型。模型中水文模块是基本功能模块，流域内泥沙、营养物的产生和迁移等都是建立在流域内水循环的基础之上，其他模块的功能是水文模块的扩展和应用。SWAT 模型水文循环和产汇流结构示意见图 16 - 3 和图 16 - 4。

SWAT 的产流计算包括林冠截留计算、蒸散发计算、地面径流计算、壤中流计算、地下径流计算等径流形成环节。

1. 林冠截留计算

林冠的截留能力与植被的种类和生长时段有关，用叶面指数的函数来计算其变化：

$$I_{max} = C_{int}\frac{LAI}{LAI_{max}} \tag{16-24}$$

式中　LAI_{max}——叶面最大指数；

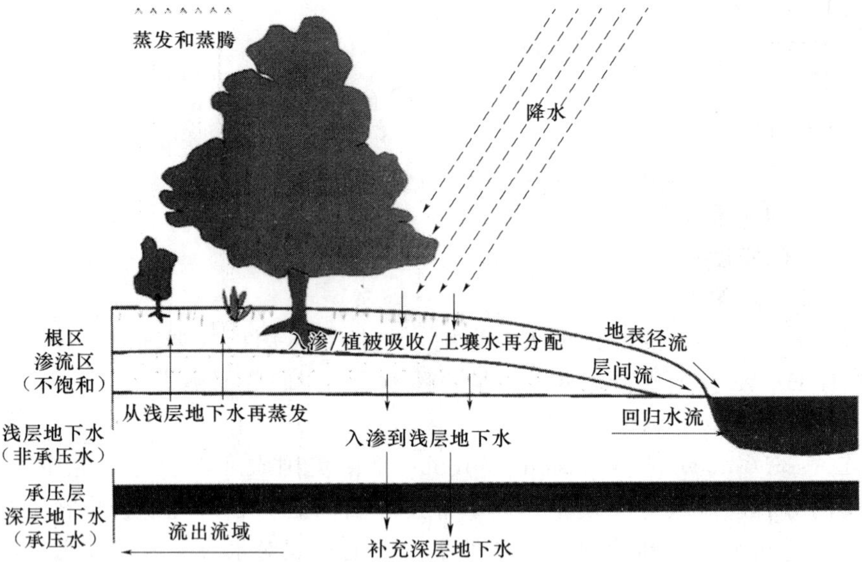

图 16-3 SWAT 模型水文循环过程图

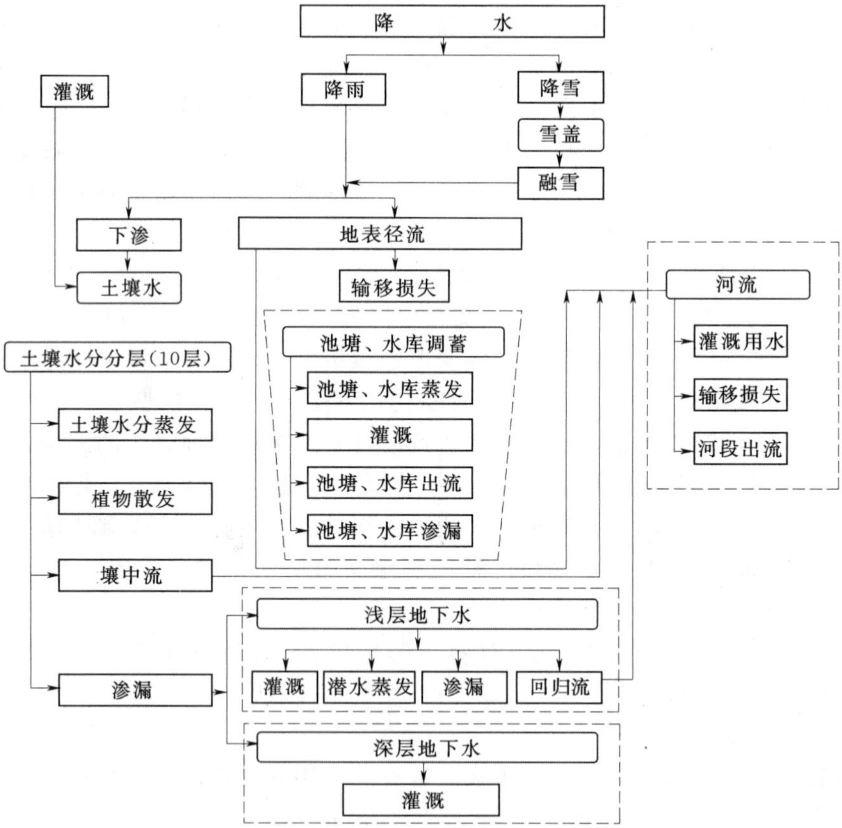

图 16-4 SWAT 模型产汇流结构示意图

其余符号与式（16－1）相同，但 LAI 是季节的函数。同样，实际林冠截留量按：

$$E_{can}=\min(I_{\max},\ E_p\Delta t) \tag{16-25}$$

选取。

2. 蒸散发计算

流域蒸散发包括了水面蒸发、植物散发和土壤蒸发，按流域内实际面积分项计算蒸发能力后，再根据供水条件计算。模型同时提供了 Penam－Monteith、Priestley－Taylor 和 Hargreaves3 种计算流域蒸发能力的方法，可根据资料条件选用。此外，还可以利用实测蒸发资料乘以蒸发系数得到蒸发能力。

（1）水面蒸发。按蒸发能力蒸发。

（2）植物散发。按式（16－26）计算：

$$\begin{cases}E_\sigma=\dfrac{E_0LAI}{3.0}, & 0\leqslant LAI\leqslant 3.0\\ E_\sigma=E_0, & LAI>3.0\end{cases} \tag{16-26}$$

式中　E_σ——植物散发；

E_0——蒸发能力；

LAI——叶面指数。

（3）土壤蒸发。模型按土层分层计算土壤蒸发。深度 z 处的蒸发能力 $E_{n,z}$ 由下式计算：

$$E_{n,\ z}=E_0\frac{z}{z+\exp(2.347-0.00713z)} \tag{16-27}$$

第 i 层土壤的蒸发能力为：

$$E_{n,\ i}=E_{n,\ Lz}-E_{n,\ Uz}esco \tag{16-28}$$

式中　$E_{n,Lz}$——第 i 层下界面深度处的蒸发能力；

$E_{n,Uz}$——第 i 层上界面深度处的蒸发能力；

$esco$——考虑土层不同深度处孔隙度不同的调整系数。

第 i 层土壤的实际蒸发量 $E_{s,i}$ 按下式计算：

$$E_{s,\ i}=E_{n,\ i}\exp\left[\frac{2.5(W_i-W_{田})}{W_{田}-W_{凋}}\right] \tag{16-29}$$

式中　W_i——第 i 层土壤蓄水量；

$W_{田}$——田间持水量；

$W_{凋}$——凋萎含水量。

3. 地面径流计算

SWAT 模型提供两种计算地面径流的方法：SCS 曲线法和格林-安普特（Green & Ampt）法。

（1）SCS 曲线法。SCS 曲线是美国农业部水土保持局研制的地面径流计算模型，是从美国许多流域统计、归纳和总结出来的经验模型，实用性很强。SCS 模型是从初损后损的概念出发，经一定假定后提出模型计算公式，再根据大量实测资料统计、归纳模型参数，从而建立起计算模式。初损后损的概念是将降雨径流过程中的损失概化为两个阶段：

降雨之初，由于植物截流、填洼、下渗等造成径流损失，流域不会产流；直到降雨持续达到一定强度并且土壤缺水量得到一定满足后流域才开始产生径流，从降雨开始至产流出现这段时间称为初损时间，相应的径流损失称为初损 I_α。产流后至降雨中止这段时间称为后损时间，后损时间内，土壤经下渗吸收滞留而不能转化为径流的水量称为后损 F。一次降雨径流中，最大可能产流量是满足初损后的降雨量 P 全部转化成径流量 $P-I_\alpha$，称其为潜在产流量。流域土壤最大后损量是当前土壤蓄水量 W 与田间持水量 $W_{田}$ 之差 $S=W_{田}-W$，即当前土壤缺水量。SCS 模型假定：一次降雨径流过程中，地表总产流量 R_{suf} 与潜在产流量之比等于流域实际后损量与最大后损量之比，即

$$\frac{F}{S}=\frac{R_{suf}}{P-I_\alpha} \tag{16-30}$$

按流域一次降雨径流水量平衡式：

$$P=R_{suf}+I_\alpha+F \tag{16-31}$$

将式（16－31）代入式（16－30）消去 F 得到

$$R_{suf}=\frac{(P-I_\alpha)^2}{P+S-I_\alpha},\quad P>I_\alpha \tag{16-32}$$

注意初损未满足时不产流：

$$R_{suf}=0,\quad P\leqslant I_\alpha \tag{16-33}$$

根据经验，引入 $I_\alpha=0.2S$，代入式（16－32）后得到

$$R_{suf}=\frac{(P-0.2S)^2}{P+0.8S},\quad P>0.2S \tag{16-34}$$

$$R_{suf}=0,\quad P\leqslant 0.2S \tag{16-35}$$

此即 SCS 模型的产流计算公式。为确定 S 值，模型归纳出下式：

$$S=254\times\left(\frac{100}{CN}-1\right) \tag{16-36}$$

式中，CN 是一个综合反映前期土壤湿润程度、流域坡度、土地利用方式和土壤类型等因素的综合参数。SCS 模型根据前期降水量的大小将前期水分条件划分为干旱、正常和湿润 3 个等级，并收集整理了不同土地利用方式和土壤类型的 CN 值，制作了 CN 查算表供使用，查算表参见文献［10］。

当采用 SCS 模型计算地面径流量时，不再单独计算林冠截留量，截留的径流损失已经包含在 I_α 中。计算出地面径流量后，由水量平衡式（16－31）计算下渗水量 F。

（2）格林-安普特法。格林-安普特公式即第六章的式（6－6）：

$$f_n=K\left(1+\frac{h_c}{z}\right) \tag{16-37}$$

式中　f_n——土壤下渗能力；

K——饱和土壤水渗透系数（饱和水力传导度）；

z——饱和锋面下渗深度；

h_c——饱和锋面处的毛管吸力。

应用时将格林-安普特公式转化为下渗能力与土壤含水量的关系就可用于计算下渗水

量，原理与第六章所述相同。

计算林冠截留量后得到落地雨，再计算地面下渗，采用土层垂向分层，逐层计算下渗水量和土壤含水量。

4. 壤中流计算

坡地土壤饱和深度为

$$H_{sat}=\frac{2W_{sat,\ excess}}{1000\phi_d L_{hill}} \tag{16-38}$$

式中　H_{sat}——水文响应单元坡地土壤饱和深度；

$W_{sat,excess}$——饱和层可流出水量，即饱和层自由水蓄量；

L_{hill}——坡面长度；

ϕ_d——土壤总空隙度 ϕ_{soil} 与土壤达到田间持水量时的剩余空隙度 ϕ_{fc} 之差，即

$$\phi_d=\phi_{soil}-\phi_{fc} \tag{16-39}$$

坡地壤中流出流为

$$Q_{sub}=H_{sat}v_{sub} \tag{16-40}$$

式中　v_{sub}——壤中流流速，由下式计算：

$$v_{sub}=K_{sat}slp \tag{16-41}$$

式中　slp——水文响应单元坡地的坡度；

K_{sat}——土壤饱和传导度。

将式（16-38）代入式（16-40）得到最终的壤中流计算式：

$$Q_{sub}=0.024\left(\frac{2W_{sat,\ excess}K_{sat}slp}{\phi_d L_{hill}}\right) \tag{16-42}$$

5. 地下径流计算

水文响应单元第 i 个计算时段地下水进入河网的流量经两级地下水水库调蓄。第一级水库出流为

$$W_{g,\ i}=W_{g,\ i-1}e^{-\frac{1}{\delta}}+R_{g,\ i}(1-e^{-\frac{1}{\delta}}) \tag{16-43}$$

式中　δ——坡地地下水出流滞后时间；

$R_{g,i}$——土层补给地下水库的地下径流量。

第二级水库出流为

$$G_{g,\ i}=Q_{g,\ i-1}e^{-\alpha\Delta t}+W_{g,\ i}(1-e^{-\alpha\Delta t})U \tag{16-44}$$

式中　$Q_{g,i}$——当前计算时段地下水注入水文响应单元河网的流量；

$Q_{g,j-1}$——前一个计算时段地下水注入水文响应单元河网的流量；

α——地下水退水系数；

$W_{g,j}$——当前计算时段坡地补给河网的地下水水量；

U——单位转换系数，将水文响应单元上深度表示的水量转换为流量单位。

对不闭合流域，SWAT 模型还引入了深层地下水计算，计算方法和上述地下径流计算类似，但出流流入外流域。

SWAT 模型的汇流计算包括地面径流坡面汇流、水文响应单元河网汇流和流域河道

汇流。

（1）地面径流坡面汇流。用式（16-45）计算地面径流注入水文响应单元河网的流量：

$$Q_{suf,\ i}=(R_{suf,\ i}+Q_{suf,\ i-1})(1-e^{-\frac{\tau_{suf}}{K}}) \quad (16-45)$$

式中　$Q_{suf,i}$——当前计算时段地面径流注入水文响应单元河网的流量；

$Q_{suf,i-1}$——前一计算时段地面径流注入水文响应单元河网的流量；

$R_{suf,i}$——由 SCS 模型计算的地面净雨量；

K——坡地汇流时间；

τ_{suf}——地面径流延迟系数。

（2）水文响应单元河网汇流。地面径流、壤中流、地下径流注入水文响应单元河网后，再进入河网汇流阶段，河网汇流采用河网汇流单位线计算：

$$Q_{i+\tau}=C_sQ_i+(1-C_s)Q_{Z,\ i} \quad (16-46)$$

第 i 时段由坡地进入河网的流量为

$$Q_{Z,\ i}=Q_{suf,\ i}+Q_{sub,\ i}+Q_{g,\ i} \quad (16-47)$$

式中，时变参数 C_s 仍可由第十一章所述方法计算。

（3）流域河道汇流。各水文响应单元出口断面出流流量经河道洪水演算方法演算至研究流域出口断面后叠加，得到流域出口断面流量过程。河道洪水演算可采用马斯京根法或第十章所述的特征河长法。

径流模拟时，模型输入数据有 4 类：DEM 数据、模型参数数据、模型变量初值、水文气象数据。

（1）DEM 数据。需要的气象输入数据有降水量、日最高气温和日最低气温、太阳辐射、风速和相对湿度。这些数据都可以由一个气象模型从空间和时间两个方面模拟产生。在 1999 年以前的版本中，观测的降雨、最高气温和最低气温可以直接输入模型，太阳辐射、风速和相对湿度总量由气象模拟模型模拟产生。2000 年版中进行了改进，后 3 项数值也可以作为模型的直接输入数据。

（2）模型参数数据。植物截流参数 C_{int}、$LAI_{\max}$，可以对流域植被面积分类后确定各水文响应单元的这两个参数值。对于 SCS 模型的产流参数 CN、土壤湿润程度、流域坡度，通常根据土地利用方式和土壤类型等数据确定这些参数。蒸发参数 $esco$，根据土壤性质垂向分布情况确定其值。土壤总空隙度 ϕ_{soil}、土壤达到田间持水量时的剩余空隙度 ϕ_{fc}、土壤饱和传导度 K_{sat}，两者均根据面积分类的土壤性质确定。坡地地下水出流滞后时间 δ、下水退水系数 α、地面径流延迟系数 τ_{suf} 均可以分析流量过程线初步给定，再经模型调试确定。其余地形参数可由 DEM 计算出。

（三）TOPMODEL 模型

TOPMODEL 模型是一个以地形为基础的、基于变源面积概念的半分布式水文模型，由 Beven 和 Kirkby 于 1979 年提出，经过几十年的发展，在水文领域得到十分广泛的应用。TOPMODEL 与新安江模型一样采用蓄满产流的概念，理论上适用于湿润与半湿润地区。

TOPMODEL 模型属于第三类分布式水文模型，其显著特点是利用地形指数来反映流域水文现象，即以地形指数的空间变化来模拟径流产生的变动产流面积，尤其是模拟地表或地下饱和水源面积的变动，简化流域降水径流过程的模拟。TOPMODEL 模型在集总式水文模型和分布式流域水文模型之间起到了承上启下的作用，将集总式水文模型计算和参数方面的优点与分布式水文模型物理理论较好地结合在了一起。模型具有结构简单、优选参数少、物理概念明确、模拟精度高、易于 GIS 相结合等优点。

1. 地貌指数的计算

地貌指数 $\ln(a/\tan\beta)$ 中 a 指任意网格单元的单位过流宽度对应的汇水面积，$\tan\beta$ 指任意网格单元的水流方向的坡度。为了模拟平坦区域水流的发散现象，TOPMODEL 模型一般采用多流向算法计算网格单元上游汇水面积。

(1) 多流向算法。多流向算法是将任一单元的上坡汇水面积分配到所有的顺坡方向流出，目前普遍使用的是多流向 D 8 算法。算法规定任意网格单元的可能流向指向相邻 8 个网格中心，如图 16-5 所示。实际流向是 8 个可能方向中的顺坡方向，即坡度为正的方向。算法还规定 4 个对角线方向的过流宽度（即等高线长度）为$\sqrt{2}\Delta l/4$，其余 4 个方向的过流宽度为 $\Delta l/2$，这里的 Δl 是正方形网格的长度。设当前单元的顺坡向为 n 个，按坡度大小和过流宽度分配上坡汇水面积，坡度越大，过流宽度越长的方向分配汇水面积越大，即有

$$\Delta A_j = A_c \frac{L_j \tan\beta_j}{\sum_{j=1}^{n} L_j \tan\beta_j} \tag{16-48}$$

式中　A_c——当前网格上游汇水面积；

ΔA_j——向顺坡下游分配的汇水面积；

L_j——第 j 个顺坡方向的水面宽；

$\tan\beta_j$——第 j 个顺坡方向的地面坡度。

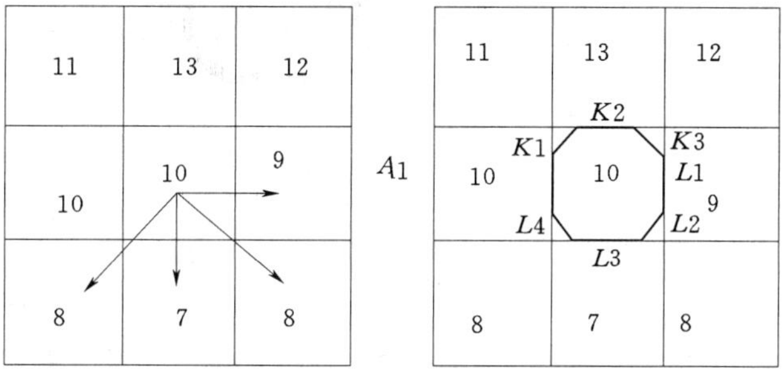

图 16-5　多流向算法示意图

(2) 网格单元的坡度。按出流水面宽 L_j 加权平均各顺坡方向坡度 $\tan\beta_j$，得到的加权平均值作为网格单元的坡度 $\tan\beta$，即

$$\tan\beta = \frac{\sum_{j=1}^{n} L_j \tan\beta_j}{\sum_{j=1}^{n} L_j} \tag{16-49}$$

(3) 单位过流宽度对应的汇水面积。顺坡水流方向的过流宽度为

$$L=\sum_{j=1}^{n}L_j \tag{16-50}$$

注意当前网格单元的上游汇水面积，实际上表示流域降落单位深度净雨时的汇集水量，该水量按水流方向的过流宽度分配于下游网格，单位过流宽度对应的汇水面积应是

$$a=\frac{A_c}{\sum_{i=1}^{n}L_j} \tag{16-51}$$

已知 $\tan\beta$ 和 a 任意网格单元的地貌指数则可求出。

2. 模型原理和结构

流域变动产流理论（variable source area concept，VSAC）是构成 TOPMODEL 产流机制的理论基础，是将动态非均匀的、复杂的水文物理现象概化为简单直观的水文过程的理论依据。图 16-6 是 TOPMODEL 物理概念示意图。在整个计算过程中，源面积是不断变化的，亦称变动产流面积。流域源面积的位置受流域地形和土壤水力特性两个因素的影响，一般位于河道附近，随着下渗的持续，饱和面积向河道两边的坡面延伸，这种延伸同时受到来自山坡上部的非饱和壤中流的影响。所以，在一定意义上，变动产流面积可看作河道系统的延伸。TOPMODEL 主要通过流域缺水量来确定源面积的大小和位置，而缺水量的大小可由地形指数计算，因此 TOPMODEL 被称为以地形为基础的水文模型。

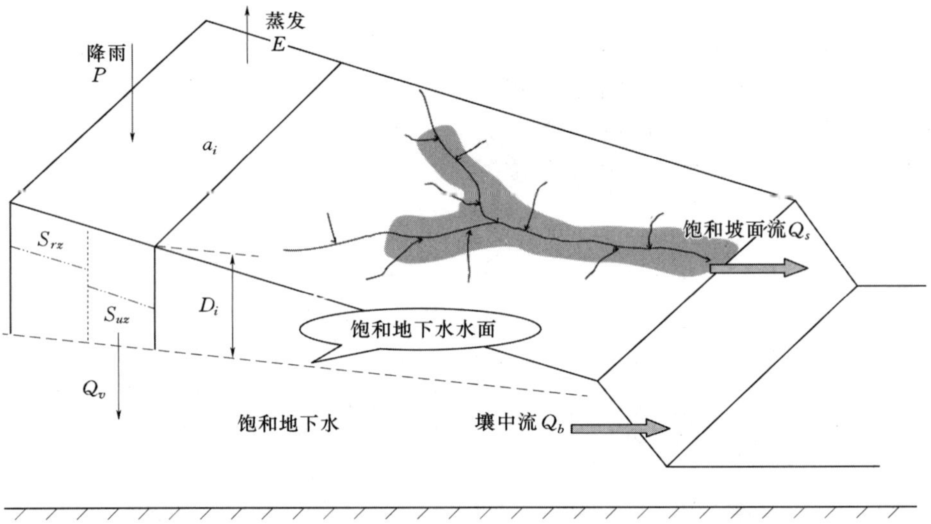

图 16-6 TOPMODEL 物理概念示意图

TOPMODEL 模型假设在流域内任何一处的土壤里有三个不同的含水区：第一个是植被根系区 S_{rz}；其次是土壤非饱和区 S_{uz}（或称重力排水层）；第三个就是饱和地下水区，用饱和地下水面距流域土壤表面的深度 D_i（或缺水深度）来表示，如图 16-6 所示。若将流域划分为若干个单元网格，那么对于每一个单元网格，其水分运动规律如下：降水首先被植被冠层截留后渗入植被根系区，存贮在根系层的水部分被蒸发，当植被根系层土壤含水量满足田间持水量后多余的水分进入土壤非饱和区。非饱和区的土壤水以一定的速

率 q_v 垂直进入饱和地下水带（或饱和含水带）。在饱和地下水带，水分通过侧向运动形成壤中流 q_b（或基流）。随着降雨下渗的不断进行，饱和地下水面不断抬高，如果有一部分面积地下水位抬升至地表面形成饱和面，就会产生饱和坡面流 q_s（或地面径流），饱和坡面流主要产生于这种饱和地表面（或源面积）上。将 q_b、q_s 分别在整个流域上积分，得到 Q_b 和 Q_s。因此在 TOPMODEL 中，流域总径流是壤中流 Q_b 和饱和坡面流 Q_s 之和。

$$Q=Q_b+Q_s \tag{16-52}$$

（1）蒸发计算。模型规定蒸发只发生在植被根系区，按一层蒸发模式计算：

$$E_i=E_p\frac{S_{rz,i}}{S_{r\max,i}} \tag{16-53}$$

式中　E_i——网格单元 i 的蒸发量；

E_p——流域蒸发能力；

$S_{rz,i}$——网格单元 i 的植被根系区的蓄水深；

$S_{r\max,i}$——网格单元 i 的植被根系区最大蓄水深。

（2）降雨期间土层的水分下渗。降雨经植被根系区截流蒸发后，剩余水量下渗进入土壤非饱和区。土壤非饱和区蓄水量再下渗进入土壤饱和区，下渗水量取决于土壤非饱和区蓄水深及土壤性质。土壤性质用一个控制下渗速率的参数反映。计算公式如下：

$$q_{v,i}=\frac{S_{uz,i}}{SD_it_d} \tag{16-54}$$

式中　$q_{v,i}$——网格单元 i 的土壤非饱和区下渗量；

$S_{uz,i}$——网格单元 i 的土壤非饱和区蓄水深；

SD_i——网格单元 i 的土壤非饱和区最大蓄水深；

t_d——控制下渗速率的参数。

全流域下渗水量为：

$$Q_v=\sum_i q_iA_i \tag{16-55}$$

式中　Q_v——全流域下渗水量；

q_i——地貌指数相同的网格单元的出流；

A_i——地貌指数相同的网格单元集合而成的面积，A_i 的分布可由 DEM 算出。

（3）饱和地下水面深度计算。饱和地下水面深度决定了进入河槽的土壤渗流量及饱和坡面流的大小，是模型计算的核心部分。模型有如下假定。

1）认为饱和地下水的运动始终处于稳定状态，即网格单元 i 的侧向土壤渗流率只取决于上游汇水面积的水量，而与该网格单元的垂向地下水入渗无关，即

$$q_i=Ra_i \tag{16-56}$$

式中　q_i——网格单元 i 的侧向单位过流宽度的土壤渗流率；

R——流域产流率（单位时间的产流量），假定其为全流域均匀分布；

a_i——网格单元 i 的单位过流宽度相应的汇水面积。

2）地表饱和水力传导度 T_0 在全流域均匀分布。

3）网格单元 i 的土壤饱和水力传导度 $T_i(z)$ 随地下水水面深度 z 增加呈指数递

减，即：

$$T_i(z)=T_0\exp(z_i/S_{zm}) \tag{16-57}$$

式中　S_{zm}——非饱和区最大蓄水深。

4）饱和地下水的水力坡度可以由地表局部坡度近似。根据这条假设，按达西公式就有网格单元 i 的侧向土壤渗流率（壤中流产流率）为：

$$q_i=T_i(z)\tan\beta_i \tag{16-58}$$

联合式（16－56）～式（16－58）知

$$Ra_i=T_0\tan\beta_i\exp(z_i/S_{zm}) \tag{16-59}$$

上式解出 z_i 得

$$z_i=-S_{zn}\ln\left(\frac{a_iR}{T_0\tan\beta_i}\right) \tag{16-60}$$

全流域 A 的地下水面深度 $\overline{z}$ 为

$$\overline{z}=\frac{1}{A}\int_A z_i\,dA=\frac{1}{A}\int_A\left[-S_{zn}\ln\left(\frac{a_iR}{T_0\tan\beta_i}\right)\right]dA=\frac{S_{zn}}{A}\int_A\left[-\ln\left(\frac{a_i}{T_0\tan\beta_i}\right)-\ln R\right]dA \tag{16-61}$$

为消去未知量 R，从式（16－60）中解出 R 代入式（16－61）得

$$\overline{z}=S_{zn}\left[-\frac{1}{A}\int_A\ln\left(\frac{a_i}{T_0\tan\beta_i}\right)dA+\frac{z_i}{S_{zn}}+\ln\left(\frac{a_i}{T_0\tan\beta_i}\right)\right]=S_{zn}\left[-\lambda+\frac{z_i}{S_{zn}}+\ln\left(\frac{a_i}{\tan\beta_i}\right)\right]$$

或写作

$$z_i=\overline{z}-S_{zn}\left[\ln\left(\frac{a_i}{\tan\beta_i}\right)-\lambda\right] \tag{16-62}$$

其中

$$\lambda=\frac{1}{A}\int_A\ln\left(\frac{a_i}{\tan\beta_i}\right)dA$$

利用 DEM 可计算出常数 λ 和每个网格单元的地貌指数。

（4）饱和地面径流计算。由式（16－37）算出的 z_i 为负值，意味着有饱和坡面流产生，在地下水面冒出地面的网格单元上，饱和坡面流产流量 Q_s 等于非饱和区土层蓄水量 $S_{uz,i}$ 减去最大蓄水量 S_{um}，计算如下：

当计算出 $z_i<0$ 时，令　$Q_s=\dfrac{1}{\Delta t}\sum_i(S_{uz,i}-S_{zm})A_i$，$z_i=0$ 且 $S_{uz,i}=S_{zm}$

当计算出 $z_i\geqslant 0$ 时，令　$Q_s=0$　（16－63）

（5）壤中流计算。壤中流从河槽两侧进入河槽，故对式（16－58）沿河道线积分即可：

$$Q_b=\int_L q_i\,dL=\int_L T_i(z)\tan\beta_i\,dL=\int_L T_0\exp(z_i/S_{zm})\tan\beta_i\,dL \tag{16-64}$$

将式（16－37）代入式（16－39），得

$$Q_b=\int_L T_0\tan\beta\exp\left[-\frac{\overline{z}}{S_{zm}}-\lambda+\ln\left(\frac{a}{\tan\beta}\right)\right]\mathrm{d}L=T_0\exp\left[-\frac{\overline{z}}{S_{zm}}\right]\exp(-\lambda)\int_L a\,\mathrm{d}L \tag{16-65}$$

注意到 $\int_L a\,\mathrm{d}L=A$ 是流域面积，式（16-40）进一步表示为

$$Q_b=T_0\exp[(-\overline{z})/S_{zm}]\exp(-\lambda)A \tag{16-66}$$

（6）流域平均地下水深度计算。给定初值后可按水量平衡式逐时段计算：

$$\overline{z}^{t+1}=\overline{z}^{t}-\frac{Q_v^t-Q_b^t}{A}\Delta t \tag{16-67}$$

给定 $\overline{z}$ 的初值后，可应用式（16-42）逐时段计算流域平均地下水深度。

（7）流域汇流。饱和坡面流和壤中流在坡面上的汇流可分别用线性水库延缓一个时间出流模拟。河道汇流采用河道线逐网格进行马斯京根流量演算。如图 16-7 所示，a 和 d 是河道线上的网格单元，b、c 是与河道相邻的坡面网格单元。马斯京根流量演算式为

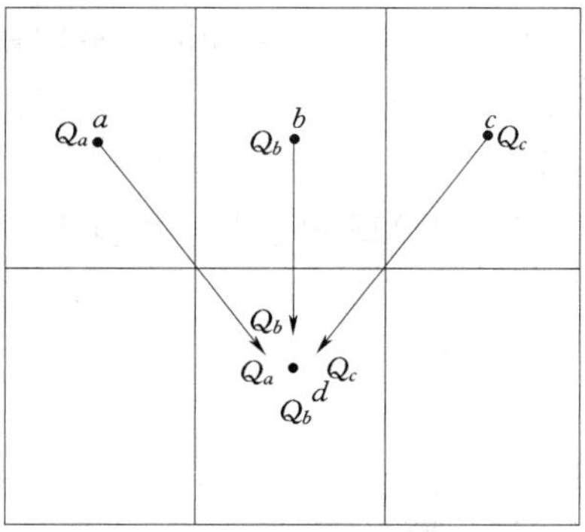

图 16-7　基于栅格的马斯京根逐网格流量演算法

$Q_{t+1}^{(d_a)}=C_0Q_{t+1}^{(a)}+C_1Q_t^{(a)}+C_2Q_t^{(d_a)}$　［网格单元 a 的流量 $Q^{(a)}$ 演算至 d 得 $Q^{(d_a)}$］

$Q_{t+1}^{(d_b)}=C_0Q_{t+1}^{(b)}+C_1Q_t^{(b)}+C_2Q_t^{(d_b)}$　［网格单元 b 的流量 $Q^{(b)}$ 演算至 d 得 $Q^{(d_b)}$］

$Q_{t+1}^{(d_c)}=C_0Q_{t+1}^{(c)}+C_1Q_t^{(c)}+C_2Q_t^{(d_c)}$　［网格单元 c 的流量 $Q^{(c)}$ 演算至 d 得 $Q^{(d_c)}$］

$Q_{t+1}^{(d)}=Q_{t+1}^{(d_a)}+Q_{t+1}^{(d_b)}+Q_{t+1}^{(d_c)}+Q_t^{(d_0)}$　［演算的 3 个流量与 d 单元自身产流量 Q^{d_0} 叠加］

式中，马斯京根演算系数由式（16-68）计算：

$$C_0=\frac{0.5\Delta t-Kx}{K-Kx+0.5\Delta t}$$

$$C_1=\frac{0.5\Delta t+Kx}{K-Kx+0.5\Delta t}$$

$$C_2=\frac{K-Kx-0.5\Delta t}{K-Kx+0.5\Delta t} \tag{16-68}$$

式中　x——反映河道水面线形状及河道调蓄能力的参数；

K——反映河道洪水波传播速度的参数。

模型的输入数据分为 4 类：DEM 数据、模型参数数据、模型变量初值、雨量和蒸发数据。模型的参数包括产流参数和汇流参数。产流参数有 4 个，它们是 $S_{r\max}$、T_0、S_{zm}、t_d，其各自的含义已在前面内容所述。产流参数也有 4 个，它们是河道汇流马斯京根流量演算参数 x 和 K，饱和坡面流线性水库汇流演算参数 C_s，壤中流线性水库汇流演算参数 C_b。

饱和坡面和壤中流线性水库演算公式分别为

$$Q'_{s,t+\Delta t}=C_sQ_{s,t}+(1-C_s)Q'_{s,t} \tag{16-69}$$

$$Q'_{b,\ t+\Delta t}=C_bQ_{b,\ t}+(1-C_s)Q'_{b,\ t} \tag{16-70}$$

式中　$Q_{s,t}$——t 时刻坡面上计算的饱和坡面流流量；

$Q'_{s,t}$——t 时刻经线性水库演算后延迟出流的饱和坡面流流量；

$Q_{b,t}$——t 时刻坡面上计算的壤中流流量；

$Q'_{b,t}$——t 时刻经线性水库演算后延迟出流的壤中流流量。

（四）HEC－HMS 模型

HEC－HMS 模型是美国陆军工程师团水文工程中心（HEC）开发的分布式水文模型，可以模拟长期或短期的流域降雨-径流及洪水演进过程。模型综合考虑流域内气候环境、降雨空间分布和下垫面条件的不均匀性，而且充分描述了地表参数变化对流域水文过程的影响。

HEC－HMS 模型首先根据 DEM 将流域划分成若干个计算子流域和河段，每个子流域代表一个计算单元；其次对每一个计算单元进行产、汇流计算；最后在每个河段上进行河道演算至流域出口断面。

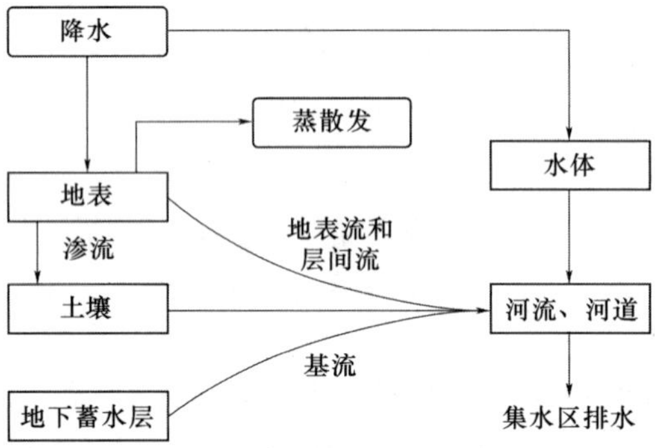

图 16－8　典型的 HEC－HMS 流域径流形成示意图

HEC－HMS 模型将流域降雨径流过程概化为降雨损失、坡面汇流、河道演算和基流 4 个部分，HEC－HMS 模型径流过程示意图见图 16－8。

HEC－HMS 模型主要模块包括径流量、直接径流、基流和河道水流计算模型。每个部分都包含多种计算方法，通过不同方法的组合运用，实现多种产汇流模型的耦合计算，改进洪水模拟。

1. 径流量计算

HEC－HMS 将流域中的所有陆地和水面划分为：①直接相连的不透水表面；②透水表面。流域中直接相连的不透水表面是流域中没有渗透、蒸发或其他水量损失并且对径流产生贡献的部分。透水面上的降雨会发生损失。

HEC－HMS 模型采用以下方法计算径流量：

（1）初始常速率损失法。

（2）亏欠常速率模型。

（3）SCS 曲线数（CN）损失法。

（4）格林安普特损失法。

（5）连续土壤-湿度计算法

2. 直接径流计算（地面径流和层间流）

HEC－HMS 中包含两类模型模拟流域净雨的直接径流过程：经验模型（Empirical model）和概念模型（Conceptual model）。经验模型也被称为系统理论模型，传统的各种单位线模型就是这类模型。系统理论模型是一种黑箱模型，是不考虑产流过程内部细节的情况下建立径流和净雨之间的联系。模型的方程及参数具有有限的物理意义，模型和参数是通过拟合及优化的方法来选择。概念模型是指动波模型，模型尽可能地描述了控制流域地面及较小集水河道中的地表水运动的物理机制。

3. 基流计算

HEC－HMS模型提供了三种用于模拟流域基流的方法，分别是常数月变化法、指数衰退法和线性水库法。

4. 河道水流计算

HEC－HMS中的河道水流模型包括修正的Puls模型、马斯京根（Muskingum）模型、延迟（Lag）模型、动波模型（Kinematic－wave）、马斯京根-康奇模型（Muskingum－Cunge）等。每一种模型都以上游水文过程作为边界条件计算下游的水文过程。模型通过求解连续方程和运动方程进行验算。

思　考　题

1. 试分析基于系统学理论建立的水文模型所具有的特点。

2. 试分析类似于 MIKESHE 的数学物理水文模型有何特点，模型需要考虑哪些水文过程，对模型的输入数据有何要求？

参 考 文 献

［1］ 施成熙，梁瑞驹．陆地水文学原理［M］．北京：中国工业出版社，1964.
［2］ 南京大学地理系，中山大学地理系．普通水文学［M］．北京：人民教育出版社，1978.
［3］ R. K. 林斯雷，等．工程水文学［M］．刘光文等译．北京：水利出版社，1981.
［4］ 赵人俊．流域水文模拟——新安江模型与陕北模型［M］．北京：水利电力出版社，1984.
［5］ R. 赫尔曼．水文学导论（中译本）［M］．北京：高等教育出版社，1985.
［6］ 王如意，易任．应用水文学［M］．台湾：国立编译馆，1986.
［7］ 胡方荣，侯宁光．水文学原理（一）［M］．北京：水利电力出版社，1988.
［8］ 于维忠．水文学原理（二）［M］．北京：水利电力出版社，1988.
［9］ M. J. 柯克比．山坡水文学（中译本）［M］．哈尔滨：哈尔滨工业大学出版社，1989.
［10］ 袁作新．流域水文模型［M］．北京：水利电力出版社，1990.
［11］ 沈晋，王文焰，沈冰．动力水文实验研究［M］．西安：陕西科学技术出版社，1991.
［12］ 文康，金管生，李蝶娟．地表径流过程的数学模拟［M］．北京：水利电力出版社，1991.
［13］ 梁学田．水文学原理［M］．北京：水利电力出版社，1992.
［14］ 叶守泽，詹道江．工程水文学［M］．北京：中国水利水电出版社，1999.
［15］ Davtd R. Maldment，张建云，李纪生等译．水文学手册［M］．北京：科学出版社，2002.
［16］ 芮孝芳．径流形成原理［M］．南京：河海大学出版社，2004.
［17］ 熊立华，郭生练，分布式流域水文模型［M］．北京：中国水利水电出版社，2004.
［18］ 芮孝芳．水文学原理［M］．北京：中国水利水电出版社，2005.
［19］ 盛浩然．航空摄影测量　第一册 航空摄影测量基础知识［M］．北京：测绘出版社，1979.
［20］ 陈述彭，鲁学军，同成虎．地理信息系统导论［M］．北京：科学出版社，2000.
［21］ 张超．地理信息系统实习教程［M］．北京：高等教育出版社，2000.
［22］ 总参谋部测绘局．数字地图制图与地理信息工程［M］.．北京：解放军出版社，2000.
［23］ 李家星，赵振兴．水力学（下册）［M］．南京：河海大学出版社，2001.
［24］ 张培昌，杜秉玉，戴铁丕，等．雷达气象学［M］．北京：气象出版社，2001.
［25］ 李爱贞，刘厚凤．气象学与气候学基础［M］．北京：气象出版社，2001.
［26］ 王建．现代自然地理学［M］．北京：高等教育出版社，2001.
［27］ 李志林，朱庆．数字高程模型［M］．武汉：武汉大学出版社，2001.
［28］ 林辉，刘泰龙，李际平．遥感技术基础教程［M］．长沙：中南大学出版社，2002.
［29］ 赵魁义．地球之肾——湿地［M］．北京：化学工业出版社，2002.
［30］ 李杨帆，刘青松．湿地与湿地保护［M］．北京：中国环境科学出版社，2003.
［31］ 秦其明，曹五丰，陈杉．ArcView 地理信息系统实用教程［M］．北京：北京大学出版社，2003.
［32］ 刘光．地理信息系统——基础篇［M］．北京：中国电力出版社，2003.
［33］ 郭庆胜，任晓燕编著．智能化地理信息处理［M］．武汉：武汉大学出版社，2003.
［34］ 王家耀．空间信息系统原理［M］．北京：科学出版社，2004.
［35］ 潘正风，杨正尧．数字测图原理与方法［M］．武汉：武汉大学出版社，2004.
［36］ 芮孝芳，石朋．数字水文学的萌芽及前景［J］．水力水电科技进展，2004，12.
［37］ 刘昌明，李道峰，田英，等．基于 DEM 的分布式水文模型在大尺度流域应用研究［J］．地理科学进展，2003，22（5）.

[38] 熊立华，郭生练，等. TOPMODPL在流域径流模拟中的应用研究 [J]. 水文，2002，22 (5).
[39] 芮孝芳，朱庆平. 分布式流域水文模型研究中的几个问题 [J]. 水利水电科技进展，2002，22 (3).
[40] 吴险峰，刘昌明. 流域水文模型研究的若干进展 [J]. 地理科学进展，2002，21 (4).
[41] 朱雪芹，潘世兵. 流域水文模型和GIS集成技术现状与展望 [J]. 地理与地理信息科学，2003，19 (3).
[42] 孔凡哲，芮孝芳. TOPMODEL中地形指数计算方法的探讨 [J]. 水科学进展，2003，14 (1).
[43] 王中根，刘昌明，黄友波. SWAT模型的结构、原理及应用研究 [J]. 地理科学进展，2003，1.
[44] 朱会义，刘述林，贾绍凤. 自然地理要素空间插值的几个问题 [J]. 地理研究，2004.
[45] 张奇，刘元波，姚静，等. 我国湖泊水文学研究进展与展望 [J]. 湖泊科学，2020，32 (5)：1360-1379.
[46] 舒薇薇，高耶. 湖泊水文情势变化及其生态响应概述 [J]. 湿地科学与管理，2020，16 (1)：69-73.
[47] 章光新. 湿地生态水文与水资源管理 [M]. 北京：科学出版社，2016.
[48] 马荣华，杨桂山，段洪涛，等. 中国湖泊的数量、面积与空间分布 [J]. 中国科学：地球科学，2011，41 (3)：394-401.
[49] 严思睿，刘强，孙涛，等. 湿地生态水文过程及其模拟研究进展 [J]. 湿地科学，2021，19 (1)：98-105.
[50] 吴燕锋，章光新. 流域湿地水文调蓄功能研究综述 [J]. 水科学进展，2021，32 (3)：458-469.
[51] 徐力刚，赖锡军，万荣荣，等. 湿地水文过程与植被响应研究进展与案例分析 [J]. 地理科学进展，2019，38 (8)：1171-1181.
[52] 陈豪. 黑龙江流域水文过程和湿地分布对气候变化的响应及预估研究 [D]. 中国科学院大学（中国科学院空天信息创新研究院），2020.
[53] 韩春，陈宁，孙杉，等. 森林生态系统水文调节功能及机制研究进展 [J]. 生态学杂志，2019，38 (7)：2191-2199.
[54] 马雪华. 森林水文学 [M]. 北京：中国林业出版社，1993.
[55] 张志强. 森林水文：过程与机制 [M]. 北京：中国环境科学出版社，2001.
[56] 陈军锋，李秀彬. 森林植被变化对流域水文影响的争论 [J]. 自然资源学报，2001 (5)：474-480.
[57] 曹云，欧阳志云，郑华，等. 森林生态系统的水文调节功能及生态学机制研究进展 [J]. 生态环境，2006 (6)：1360-1365.
[58] 于静洁，刘昌明. 森林水文学研究综述 [J]. 地理研究，1989 (1)：88-98.
[59] 高甲荣，肖斌，张东升，等. 国外森林水文研究进展述评 [J]. 水土保持学报，2001 (S1)：60-64，75.
[60] 丁永健，寒区水文 [M]. 北京：科学出版社，2017.
[61] 王根绪，张寅生，等. 寒区水文学理论与实践 [M]. 北京：科学出版社，2016.
[62] 秦大河，效存德，丁永建，等. 国际冰冻圈研究动态和我国冰冻圈研究的现状与展望 [J]. 应用气象学报，2006 (6)：649-656.
[63] 程国栋. 中国冰川学和冻土学研究40年进展和展望 [J]. 冰川冻土，1998 (3)：21-34.
[64] 阳勇，陈仁升. 冻土水文研究进展 [J]. 地球科学进展，2011，26 (7)：711-723.
[65] 丁永建，张世强，吴锦奎，等. 中国冰冻圈水文过程变化研究新进展 [J]. 水科学进展，2020，31 (5)：690-702.
[66] 曹伟，盛煜，吴吉春，等. 冻土退化影响下坡面水文过程研究进展及趋势展望 [J]. 水文，2020，

40（2）：1－6.
［67］ 陈仁升，康尔泗，丁永建．中国高寒区水文学中的一些认识和参数［J］．水科学进展，2014，25（3）：307－317.
［68］ 丁永建，效存德．冰冻圈变化及其影响研究［M］．北京：科学出版社，2020.
［69］ 刘元波，吴桂平，赵晓松，等．流域水文遥感的科学问题与挑战［J］．地球科学进展，2020，35（5）：488－496.
［70］ 夏军．生态水文学［M］．北京：科学出版社，2021.
［71］ 杨胜天，赵长森．遥感水文［M］．北京：科学出版社，2015.
［72］ 陈阳宇，等．数字水利［M］．北京：清华大学出版社，2011.
［73］ 张勇传，王乘．数字流域——数字地球的一个重要层次［J］．水电能源科学，2011，19（3）.
［74］ 刘家宏．数字流域模型框架研究及应用［D］．北京：清华大学，2005.
［75］ 张行南，丁贤荣，张晓祥．数字流域的内涵和框架探讨［J］．河海大学学报（自然科学版），2009，37（5）：495－498.
［76］ 李志林，朱庆．数字高程模型［M］．武汉：武汉大学出版社，2001.
［77］ 宋晓猛，张建云，占车生，等．基于DEM的数字流域特征提取研究进展［J］．地理科学进展，2013，32（1）：31－40.
［78］ 许有鹏，陈钦峦，朱静玉．遥感信息在水文动态模拟中的应用［J］．水科学进展，1995（2）：156－161.
［79］ 傅国斌，李丽娟，刘昌明．遥感水文应用中的尺度问题［J］．地球科学进展，2001（6）：755－760.
［80］ 任立良，刘新仁．数字高程模型信息提取与数字水文模型研究进展［J］．水科学进展，2000（4）：463－469.
［81］ 刘家宏，王光谦，王开．数字流域研究综述［J］．水利学报，2006（2）：240－246.
［82］ 水利部水文局，长江水利委员会水文局．水文情报预报技术手册［M］．北京：中国水利水电出版社，2010.
［83］ 徐宗学．水文模型［M］．北京：科学出版社，2017.
［84］ 贾仰文，王浩，倪广恒，等．分布式流域水文模型原理与实践［M］．北京：中国水利水电出版社，2005.
［85］ 张金存，芮孝芳．分布式水文模型构建理论与方法述评［J］．水科学进展，2007，18（2）：286－292 .
［86］ 李向新．HEC－HMS水文建模系统原理方法应用［M］．北京：中国水利水电出版社，2015.
［87］ Neitsch S. L，Aronld J. G，Williams J. R.. Soil and Water Assessment Tool User's Manual 99.2［M］．1999，808 East Blackland Rd，Temple，Texas－76502：USDA，Agriculture Research Service and Grassl and Soil and Water Research Laboratory.
［88］ Singh V. P.. Computer Models of Watershed Hydrology［M］．USA：Water Resources Publications，1995.
［89］ Beven K. J，Kirkby M. J.. A physically based variable contributing area model of basin hydrology［J］．Hydrological Science Bulletin，1979，24（1）.
［90］ Abbott M. B，Bathurst J. C，Cunge J. A，O'Connell P. E，Rasmussen J.. Anintroduction To the European Hydrological System-Systeme Hydrologique European，"SHE"，1：History and Philosop of a Physically-Based，Distributed Modelling System［J］．Journal of Hydrology，1986a，87.
［91］ Abbott M. B，Bathurst J. C，Cunge J. A，O'Connell P. E，Rasmussen J. An introduce tion to the European Hydrological System-Systeme Hydrologique European，"SHE"，2：Structure of a Physically-based，Distributed Modelling System［J］．Journal of Hydrology，1986b，87.

[92] Wigmosta M. S, Vail L. W, Lettenmier D. P.. A distribute hydrology vegetation model for complex terrain [J]. Water Resources Research, 1994, 30 (6).

[93] Liu Z, Todini E.. Towards a comprehensive physically-based rainfall-runoff model [J]. Hydrology and Earth System Sciences, 2002, 6 (5).

[94] Kite G. W. Computer Models of Watershed Hydrology [J]. Colorado: Water Resources Publications, 1995.

[95] W. Flügel. Delineating Response Units by Geographical Information System Analyses for Regional Hydrological Modeling Using PRMSMINIS In the Drainage Basin of the River Brol Germany, In J. D. Kalma and M. Sivapalan (eds). Scale Issues in Hydrological Modeling [J]. John Wiley & Sons, Baffins Lane, Chichester, 1995, 181-202.

[96] Kevin Wayne King. Model Development And Data Collection for Whole Turfgrass Systems: [dissertation] [J]. Texas: Texas A&M University, 2001.

[97] Takeuchi K, Ao T. Q and Ishidaira H. Hydro-Environmental Simulation for Water Quantity and Quality Management of a Large Basin-Application of Modified TOPMODEL [J]. International Workshop on Barriers to Sustainable Management of Water Quantity and Quality, 12-15, May 1998, Wuhan, China.

[98] Chow VT, Maidment DR, Applied Hydrology [M]. McGraw-Hill: New York. Mays LW. 1988.

[99] J. W. Pomeroy, L. Li. Prairie and arctic areal snow cover mass balance using a blowing snow model [J]. John Wiley & Sons, Ltd, 2000, 105 (D21).

[100] Georg Kaser, Martin Großhauser, Ben Marzeion. Contribution potential of glaciers to water availability in different climate regimes [J]. Proceedings of the National Academy of Sciences, 2010, 107 (47).

[101] Blöschl, G., Reszler, C., et al. A spatially distributed flash flood forecasting model [J]. Environmental Modelling & Software, 2008, 23 (4): 464-478.

[102] Tolson BA, Shoemaker CA. Cannonsville reservoir watershed SWAT2000 model development, calibration and validation [J]. Journal of Hydrology, 2007, 337: 68-86.

[103] Bennett, T. H.. Development and application of a continuous soil moisture accounting algorithm for the Hydrologic Engineering Center Hydrologic Modeling System (HEC-HMS) [D]. CA: UniversityofCalifornia, Davis, 1998.

[104] Beven K J, LamB R, Quinn P et al. TOPMODEL [A] //Computer Models of Watershed Hydrology [C]. Colorado: Water Resources Publications, 1995: 627-668.

[105] Singh V P. Computer models of watershed hydrology [M]. Colorado: Water Resources Publications, 1995.

[106] Tan ZQ, Wang XL, Chen B et al. Surface water connectivity of seasonal isolated lakes in a dynamic lake-floodplain system. Journal of Hydrology, 2019, 579: 124154. DOI: 10. 1016/j. jhydrol. 2019. 124-154.